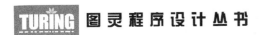

U0127923

深度学习入门❷：自制框架

Building Deep Learning Framework

[日] 斎藤康毅 著

郑明智 译

Beijing · Boston · Farnham · Sebastopol · Tokyo

O'Reilly Japan, Inc.授权人民邮电出版社有限公司出版

人民邮电出版社
北　京

图书在版编目（CIP）数据

深度学习入门. 2，自制框架 / （日）斋藤康毅著；
郑明智译. -- 北京 : 人民邮电出版社，2023.3（2023.12重印）
（图灵程序设计丛书）
ISBN 978-7-115-60751-5

Ⅰ. ①深… Ⅱ. ①斋… ②郑… Ⅲ. ①机器学习
Ⅳ. ①TP181

中国版本图书馆CIP数据核字(2022)第252057号

内 容 提 要

　　深度学习框架中蕴藏着惊人的技术和有趣的机制，本书旨在揭开这些技术和机制的神秘面纱，帮助读者正确理解技术，体会它们的有趣之处。为此，本书会带领读者从零开始创建一个深度学习框架——DeZero。DeZero是本书原创的框架，它用最少的代码实现了现代深度学习框架的功能。本书分60个步骤来完成这个框架，在此过程中，读者会加深对PyTorch、TensorFlow和Chainer等现代深度学习框架的理解，看清深度学习框架的本质。

　　本书沿袭《深度学习入门：基于Python的理论与实现》的风格，语言通俗，代码简洁，讲解详细。在自制框架的过程中，读者还能进一步巩固Python编程和软件开发相关的知识。

　　本书适合对深度学习框架感兴趣的读者阅读。

◆ 著　　　　[日] 斋藤康毅
　　译　　　　郑明智
　　责任编辑　李 佳
　　责任印制　彭志环

◆ 人民邮电出版社出版发行　　北京市丰台区成寿寺路11号
　　邮编 100164　电子邮件 315@ptpress.com.cn
　　网址 http://www.ptpress.com.cn
　　固安县铭成印刷有限公司印刷

◆ 开本：880×1230　1/32　　　　　彩插：2
　　印张：15.75　　　　　　　　　　2023年3月第1版
　　字数：466千字　　　　　　　　2023年12月河北第3次印刷

　　著作权合同登记号　图字：01-2020-4801号

定价：129.80元
读者服务热线：(010)84084456-6009　印装质量热线：(010)81055316
反盗版热线：(010)81055315
广告经营许可证：京东市监广登字20170147号

版 权 声 明

O'Reilly Media, Inc. 介绍

O'Reilly 以"分享创新知识、改变世界"为己任。40 多年来我们一直向企业、个人提供成功所必需之技能及思想，激励他们创新并做得更好。

O'Reilly 业务的核心是独特的专家及创新者网络，众多专家及创新者通过我们分享知识。我们的在线学习（Online Learning）平台提供独家的直播培训、互动学习、认证体验、图书、视频等，使客户更容易获取业务成功所需的专业知识。几十年来 O'Reilly 图书一直被视为学习开创未来之技术的权威资料。我们所做的一切是为了帮助各领域的专业人士学习最佳实践，发现并塑造科技行业未来的新趋势。

我们的客户渴望做出推动世界前进的创新之举，我们希望能助他们一臂之力。

业界评论

"O'Reilly Radar 博客有口皆碑。"

——Wired

"O'Reilly 凭借一系列非凡想法（真希望当初我也想到了）建立了数百万美元的业务。"

——Business 2.0

"O'Reilly Conference 是聚集关键思想领袖的绝对典范。"

——CRN

"一本 O'Reilly 的书就代表一个有用、有前途、需要学习的主题。"

——Irish Times

"Tim 是位特立独行的商人，他不光放眼于最长远、最广阔的领域，并且切实地按照 Yogi Berra 的建议去做了：'如果你在路上遇到岔路口，那就走小路。'回顾过去，Tim 似乎每一次都选择了小路，而且有几次都是一闪即逝的机会，尽管大路也不错。"

——Linux Journal

目　录

前　言

真正的发现之旅，不在于寻找新的风景，

而在于拥有新的眼光。

——马塞尔·普鲁斯特（法国作家，1871—1922）

如今，深度学习正在推动各个领域的创新。自动驾驶技术、疾病自动诊断技术、高精度机器翻译技术、先进的机器人控制技术……这些仿佛在虚拟世界中才会出现的技术近年来正在成为现实，而且在实际生活中得到了应用。令人惊讶的是，这些技术大多因为深度学习才得以实现（或者正在实现）。可以说我们生活在一个由深度学习改变世界的时代。

这股深度学习的热潮催生出众多深度学习框架，包括PyTorch、Chainer[①]、TensorFlow和Caffe等。深度学习领域有很多不同的框架，这些框架每天都在相互竞争中发展。得益于此，全世界的研究人员和工程师可以高效地解决很多问题。可以说深度学习框架是支持和推进深度学习技术发展的不可或缺的动力。

阅读本书的读者也许用过深度学习框架。如今深度学习的学习资料非常丰富，运行环境也已完善，因此，编写深度学习代码也变得非常容易。得益于这些框架，我们只用几十行（甚至几行）代码就可以实现复杂的技术。

[①] Chainer是作者所在的Preferred Networks公司推出的开源机器学习库，在日本有较大影响。Chainer首创的Define-by-Run机制能够以直观、灵活的方式构建复杂的神经网络，获得了研究人员和开发者社区的支持。遗憾的是，2019年12月Preferred Networks公司正式宣布停止Chainer新版本的开发，而转向PyTorch。——译者注

那么，这些被许多人用在许多地方的框架实际上是如何工作的呢？它们采用了什么样的技术，又有什么样的思想作为支撑呢？让我们带着这些问题，开启一段新的旅程吧！

只有创建，才能看见

深度学习的框架中包含着很多惊人的技术和有趣的机制。本书旨在解读它们，帮助读者正确地理解这些技术，让读者感受到这些技术的有趣之处。为了实现这一目标，本书采取"从零开始创建"的做法，也就是从零开始边开发边思考，让大家在运行程序的过程中加深理解。通过这样的体验，读者将了解到深度学习框架的本质。

在创建框架的过程中，读者会学到很多东西，会体验到"我明白了，原来可以用这个技术！""原来这个想法可以这样实现！"之类的瞬间，这些体验是仅仅使用现有工具所无法获得的。有些东西，只有创建，才能理解；有些东西，只有创建，才能被看见。

比如，有人可能认为深度学习框架只不过是一个拼凑了层和函数等组件的库，其实深度学习框架包含的东西远不止于此。可以说框架是一种编程语言，具体来说，它是一种具有求导功能的编程语言（最近也有人称它为"可微分编程语言"）。阅读本书，体验从零开始创建的过程，你就能体会到这一点。

本书的原创框架

深度学习框架在黎明期彼此差异很大，而现代深度学习框架已经进入成熟期，PyTorch、Chainer和TensorFlow等被广泛使用的框架实际上都在朝着同一个方向发展（当然，它们有各自的特点，有不同的用户接口，但它们的设计思想正趋于一致）。本书基于这些共性，设计了一个重视教学的极简框架。因为是从零开始创建的，所以笔者将这个框架命名为DeZero，并为它制作了图1所示的标识。

图1 DeZero的标识

DeZero是本书原创的框架。它的实现以Chainer为基础，同时引入了PyTorch的设计。下面笔者来详细介绍一下它的特点。

1. 极简主义

DeZero是以简单易懂为第一设计原则的框架。在设计方面尽量减少了外部库的使用，内部代码也压缩到了最简。因此，读者不用花费很多时间就能理解DeZero的全部代码。

2. 纯Python

许多深度学习框架使用多种编程语言（如Python和C++等）来实现，而DeZero只用Python来实现。因此，只要懂Python，就可以毫无障碍地阅读DeZero的代码。由于该框架只使用Python来实现，所以我们可以轻松地在智能手机上，或者使用Google Colaboratory等服务在云端运行它。

3. 具备现代深度学习框架的功能

PyTorch、Chainer和TensorFlow等现代深度学习框架有许多相同的功能，其中一个重要的功能是Define-by-Run。Define-by-Run是在进行深度学习计算时在计算之间建立"连接"的机制（正文中将详细介绍这个特性）。本书创建的DeZero框架就是一个Define-by-Run风格的框架，它采用了许多与现代深度学习框架相同的设计。

本系列的前作《深度学习入门：基于Python的理论与实现》《深度学习进阶：自然语言处理》带领大家从零开始实现深度学习，并介绍了它的工作原理。不过，这两本书在实现时以简单为先，计算之间的"连接"都是手动设置的。而真正的框架会自动实现连接，这就需要用到Define-by-Run。本书通过从零开始构建DeZero来让读者了解它的工作原理。在阅读本书之前，读者不需要事先阅读本系列的前两部作品。

增量开发

　　DeZero虽然是一个小框架，但它的内容足够复杂。为了化繁为简，本书将创建DeZero的工程划分为多个小步骤。具体来说，就是依次完成60个步骤，一点点地创建DeZero，本书的目录也是按步骤划分的。

　　比如步骤1是创建DeZero的变量，完成这个步骤只需3行代码。步骤2是给函数编写代码。各步骤的内容都是独立完成的，代码可以实际运行。在本书中，我们会通过这种增量开发的方式来逐步创建DeZero，一边运行代码一边加深理解。

　　此外，通过本书得到的经验也可以运用在软件开发中。体验从头开始创建一个复杂系统的过程是学习软件开发的好方法。考虑到这一点，本书也使用了一些篇幅来介绍软件开发方法的相关内容。

本书的路线图

　　如前所述，本书由60个步骤构成，这60个步骤又可分为如图2所示的5个阶段。下面笔者简单介绍一下每个阶段的内容。

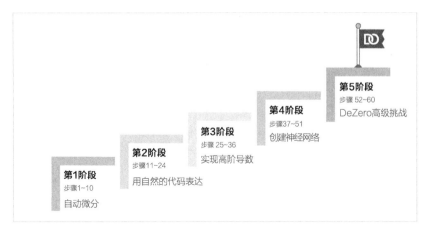

图2　本书结构

- 在第1阶段，我们会为创建DeZero打好基础。在这个阶段，我们只处理简单的问题，用最短的时间实现自动微分的功能(在阅读本书的过程中，读者会逐渐理解自动微分的意思)。

- 在第2阶段，我们将扩展DeZero，使其能以更自然的代码来表达。在第2阶段结束时，我们应该就能使用平常用到的Python语法，比如if语句和for语句等来编写代码。

- 在第3阶段，我们将继续扩展DeZero，使它可以计算二阶导数。要做到这一点，需要使DeZero实现"反向传播的反向传播"。通过了解其工作原理，我们会发现DeZero和现代深度学习框架中蕴含的新的可能性。

- 在第4阶段，我们会让DeZero实现神经网络的功能。这样一来，我们就能用DeZero轻松地构建神经网络。

- 最后在第5阶段，我们将增加对GPU的支持、模型的保存和恢复等深度学习必备的功能，还会研究CNN和RNN等更先进的模型。在深度学习的应用方面，这些都是很重要的问题，但这些问题都不好解决。不过，在这个阶段我们会了解到，(具备Define-by-Run能力的)DeZero可以用简单的代码来解决这些问题。

本书最后完成的DeZero已经被发布到了PyPI（Python Package Index）中。PyPI是Python的软件包仓库。大家可以在命令行使用 `pip install dezero` 命令安装DeZero。当然，也可以在本书创建的DeZero的基础上开发自己的框架，并在网上公开。

踏上创建DeZero之旅

以上就是本书的大致内容。总结一下，本书介绍了从零开始创建原创框架DeZero的过程。DeZero是一个小而强大的框架，我们将通过60个步骤来完成它。在这一过程中，读者会加深对PyTorch、Chainer和TensorFlow等现代深度学习框架的理解。

最后再次强调，本书的目的不仅仅是创建原创框架DeZero，更重要的是通过创建DeZero的旅程，让大家拥有观察现代深度学习框架的"新的视角"。拥有了新的视角，我们就能更广泛、更深入地探索深度学习领域。发现这个新的视角的过程，才是本书真正的价值所在。

好了，准备工作完成了，下面就让我们开启创建DeZero之旅吧！

必要的软件

本书使用的Python版本及外部库如下所示。

- Python 3
- NumPy
- Matplotlib
- CuPy（可选）
- Pillow（可选）

DeZero还提供了能在NVIDIA的GPU上运行的功能作为可选项。要实现这个功能，我们需要用到名为CuPy的外部库。同样，我们还需要选配

Pillow这个图像处理库。除Python之外，本书还使用了以下软件。

- Graphviz

笔者将在步骤25介绍如何安装Graphviz。

文件构成

本书使用的代码可以从以下网址获取。

ituring.cn/book/2863

各文件夹的内容如表1所示。

表1　文件夹的内容

文件夹名	说明
dezero	DeZero的源代码
examples	使用DeZero开发的示例
steps	各步骤的代码文件(`step01.py`~`step60.py`)
tests	DeZero的单元测试

steps文件夹中的step01.py、step02.py等文件与本书各步骤中创建的文件一一对应。我们可以通过以下Python命令运行这些文件(可以在任何目录下运行Python命令)。

```
$ python steps/step01.py
$ python steps/step02.py

$ cd steps
$ python step31.py
```

自动微分

导数广泛应用在现代科学技术的各个领域，尤其在包括深度学习在内的机器学习的各个领域，导数起着核心作用。从某种意义上来说，深度学习框架就是计算导数的工具。因此，本书的主题自然包括导数。换言之，如何利用计算机求导是本书的一个重要知识点。

马上要进入的第1阶段共包括10个步骤。在这个阶段，我们将创建自动微分的机制。这里所说的自动微分指的是由计算机（而不是人）来计算导数。具体来说，就是指在对某个计算（函数）编码后，由计算机自动求出该计算的导数的机制。

在这个阶段，我们将创建代表变量和函数的两个类（Variable类和Function类）。让人惊讶的是，有了这两个类，我们就为自动微分打好了基础。在第1阶段结束时，对于简单的计算（函数），DeZero应该可以自动求出它的导数了。下面就进入创建DeZero的首个阶段吧！

步骤 1
作为"箱子"的变量

本书的第1个步骤是创建DeZero的组成元素——变量。变量是DeZero最重要的组成部分。在这个步骤中，我们将思考变量是如何工作的，并实现变量的功能。

1.1　什么是变量

首先来看一下什么是变量。打开编程入门类图书，你会发现这些图书大多用类似于图1-1的示意图来解释变量。

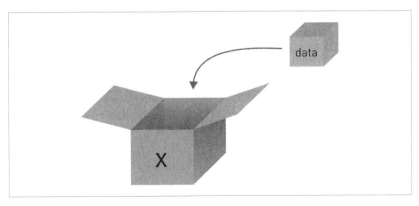

图1-1　变量的示意图

然后这些图书会告诉你，"箱子"就是变量，里面可以存放数据。这种把变量比作"箱子"的说法(在一定程度上)很好地解释了变量的特点。变量的要点可以总结如下。

- "箱子"和数据是不同的东西
- "箱子"里可以存放数据(=赋值)
- 朝"箱子"里看一看就能知道数据是什么(=引用)

下面来实现DeZero的变量，使它具有示意图中"箱子"的特点。

1.2 实现 Variable 类

变量的英语是variable。这里我们把DeZero的变量以Variable类的形式实现。补充一句，类名首字母大写是Python的一条常见的编码规则。这条规则记载在Python的PEP8编码规范中。

下面编写代码，让Variable类具备"箱子"的功能。实现这个功能的最简代码如下所示。

steps/step01.py

```python
class Variable:
    def __init__(self, data):
        self.data = data
```

上面的代码所做的是在初始化时，将传来的参数设置为实例变量data。虽然这段代码很简单，但它可以让Variable类作为"箱子"使用，因为实际的数据被保存在Variable的data里。结合下面的使用示例，我们能更清晰地看出这一点。

steps/step01.py

```
import numpy as np

data = np.array(1.0)
x = Variable(data)
print(x.data)
```

运行结果
```
1.0
```

　　这个例子使用了 NumPy 的多维数组来保存放入"箱子"里的数据。例子中的 x 是一个 Variable 实例，实际的数据在 x 里面。换言之，x 不是数据，而是存放数据的实体，也就是一个存放数据的"箱子"。

 本书在展示代码时，会在代码的右上角标明它出自哪个文件。在上面的示例代码中，代码的右上角写着 steps/step01.py，这表示你可以在本书的随书下载文件[①]中的 step/step01.py 中找到这段代码。有些示例代码的右上角没有记载文件名，这种情况意味着随书下载文件里没有对应的代码文件。

　　机器学习系统使用多维数组作为底层数据结构。因此，DeZero 的 Variable 类要设计成只能处理 NumPy 多维数组的形式。NumPy 多维数组的类是 numpy.ndarray（np.ndarray）。如前面的代码所示，我们可以使用 np.array 函数来创建它的实例。另外，本书后面在提到 numpy.ndarray 实例时，都将其简称为 ndarray 实例。

　　接下来为前面代码中的 x 赋新的数据。代码编写如下。

steps/step01.py

```
x.data = np.array(2.0)
print(x.data)
```

运行结果
```
2.0
```

---

① 随书下载文件通过前言中提到的网址获取。——编者注

如这段代码所示，只要按照 x.data = ... 的方式编写，x 就会被赋上新的数据。这样 Variable 类就可以作为一个"箱子"使用了。

以上就是步骤1实现的所有代码。虽然现在 Variable 类只有3行代码，但我们会在此基础上将 DeZero 打造成一个现代框架。

1.3 （补充）NumPy 的多维数组

最后简单介绍一下 NumPy 的多维数组。多维数组是一种数值等元素按照一定规则排列的数据结构。元素的排列顺序是有方向的，这个方向叫作维或轴。图 1-2 是一个多维数组的示例。

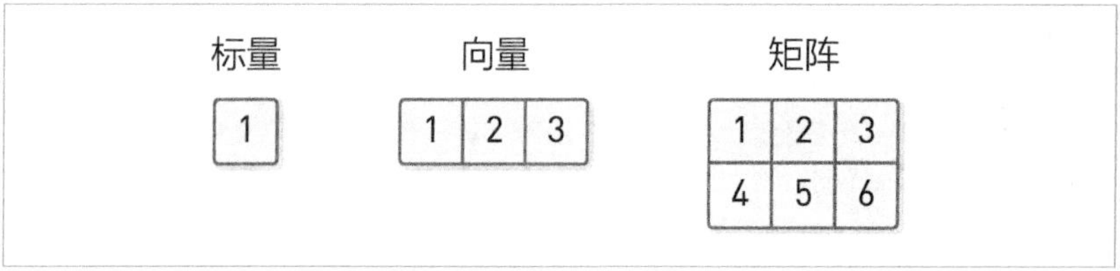

标量	向量	矩阵
1	1 2 3	1 2 3 4 5 6

图1-2　多维数组的示例

图 1-2 中从左到右依次为零维矩阵、一维矩阵、二维矩阵，它们分别叫作标量、向量和矩阵。标量就是简单的一个数。数沿着一个轴排列的是向量，数沿着两个轴排列的是矩阵。

多维数组也叫张量。图 1-2 中从左到右也可以分别叫作零阶张量、一阶张量和二阶张量。

NumPy 的 ndarray 实例中有一个实例变量叫 ndim，ndim 是 number of dimensions 的缩写，表示多维数组的"维度"。下面我们实际用一用它。

```
>>> import numpy as np
>>> x = np.array(1)
>>> x.ndim
0

>>> x = np.array([1, 2, 3])
>>> x.ndim
1

>>> x = np.array([[1, 2, 3],
...               [4, 5, 6]])
>>> x.ndim
2
```

　　上面的代码是启动了Python解释器的交互模式后，在交互模式下运行的（在交互模式下，代码前会出现>>>符号）。如上所述，通过实例变量ndim，我们可以知道数组的维度。

只有在处理向量的时候，我们才需要注意"维度"这个词。比如有一个向量np.array([1, 2, 3])，由于它有3个元素，所以也叫三维向量。向量的维度指的是向量中元素的数量。而在提到三维数组时，数组的维度是指轴（而不是元素）的数量是3。

　　如上所述，ndarray实例可以用来创建标量、向量、矩阵，甚至更高阶的张量。不过本书暂时只涉及标量的计算。后面（从步骤37开始）我们将扩展DeZero，使其支持向量和矩阵的处理。

步骤2
创建变量的函数

在上一步骤中，Variable类可以作为一个"箱子"使用了。不过，现在的它还只是一个"普通箱子"，我们需要一个机制把这个"普通箱子"变为"魔法箱子"。要实现这一点，关键就在于函数。本步骤的主题是函数。

2.1　什么是函数

什么是函数？函数是"定义一个变量与另一个变量之间的对应关系的规则"。这个说法有些生硬，我们来看一个具体的例子。有一个计算平方的函数 $f(x) = x^2$。这时设 $y = f(x)$，那么变量 y 和 x 之间的关系就由函数 f 决定。换言之，"y 是 x 的平方"的关系是由函数 f 决定的。

从这个例子可以看出，函数具有定义变量之间对应关系的作用。图 2-1 是变量与函数的关系示意图。

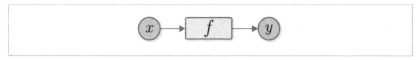

图2-1　变量和函数的关系示意图

图2-1直观地展示了变量 x 和 y 与函数 f 之间的关系。这种用节点和箭头来表示计算的图叫作计算图。本书用圆框表示变量，用方框表示函数。

提到图，大家可能会想到柱状图、饼状图等。不过在计算机科学领域，图是由节点和边组成的数据结构。

2.2　Function类的实现

下面我们从编程的角度思考图2-1表示的函数。具体来说，就是假设变量x和y是之前实现的Variable实例，然后以Function类的形式实现可以处理它们的函数f。这里有两点需要注意。

- 在Function类中实现的方法，其输入应为Variable实例，输出应为Variable实例
- Variable实例的实际数据存在于实例变量data中

在满足这两点的基础上，将Function类按以下方式实现。

```python
class Function:
    def __call__(self, input):
        x = input.data   # 取出数据
        y = x ** 2   # 实际的计算
        output = Variable(y)   # 作为Variable返回
        return output
```

上面的代码实现了__call__方法。__call__方法接收input参数，这里假定传来的input是Variable实例。因此，实际数据存放在input.data中。取出数据后，方法会执行相应的计算（在这个例子中是求平方），然后将结果放到Variable"箱子"里并返回。

__call__方法是一个特殊的Python方法。定义了这个方法后,当 f = Function()时,就可以通过编写 f(...)来调用__call__方法了。

2.3 使用Function类

现在我们来实际使用一下Function类。这里将Variable实例的x输入Function实例的f中。

```
x = Variable(np.array(10))
f = Function()
y = f(x)

print(type(y))    # 使用type(),获取对象的类型
print(y.data)
```

运行结果
`<class '__main__.Variable'>` `100`

上面的代码把Variable和Function结合起来使用了。从运行结果可以看出,y的类型是Variable,其数据存储在y.data中。

这里实现的Function类是一个"对输入值求平方"的具体函数。因此,将其命名为Square这样的具体名称比较合适。此外,今后我们还将增加各种函数(如Sin函数和Exp函数等)。考虑到这一点,最好把Function类作为基类来实现,并在这个类的内部实现所有DeZero函数都有的功能。这里,我们重新设计DeZero的函数,以满足以下两点要求。

- Function类是基类,实现所有函数通用的功能
- 具体函数是在继承了Function类的类中实现的

为了满足这两点，我们将Function类按下面的方式实现。

steps/step02.py

```
class Function:
    def __call__(self, input):
        x = input.data
        y = self.forward(x)    # 具体的计算在forward方法中进行
        output = Variable(y)
        return output

    def forward(self, x):
        raise NotImplementedError()
```

本节实现了两个方法：__call__ 和forward。__call__ 方法执行两项任务：从Variable中取出数据和将计算结果保存到Variable中。其中具体的计算是通过调用forward方法完成的。forward方法的实现会在继承类中完成。

Function类的forward方法会抛出一个异常，目的是告诉使用了Function类的forward方法的人，这个方法应该通过继承来实现。

下面实现一个继承自Function类并对输入值进行平方的类。这个类的名字是Square，代码如下所示。

steps/step02.py

```
class Square(Function):
    def forward(self, x):
        return x ** 2
```

Square类继承自Function类，所以也继承了__call__ 方法。因此，我们只需在forward方法中编写具体的计算代码，就能完成Square类的实现。接下来使用Square类对Variable进行如下处理。

steps/step02.py

```
x = Variable(np.array(10))
f = Square()
y = f(x)
print(type(y))
print(y.data)
```

运行结果

```
<class '__main__.Variable'>
100
```

可以看出，得到的结果和之前的一样。这样我们就完成了步骤2，实现了 Variable 和 Function 类的基本功能。

我们暂时只考虑 Function 的输入和输出仅有一个变量的情况。从步骤11开始，我们将扩展 DeZero，以支持多个变量。

步骤 3
函数的连续调用

目前已经创建了 DeZero 的变量和函数。我们还在上一个步骤实现了一个名为 Square 的用于计算平方的函数类。在本步骤中，我 们会实现一个新的函数，并将多个函数连结起来进行计算。

3.1 Exp 函数的实现

首先在 DeZero 中实现一个新函数。这里我们要实现的是 $y = e^x$ 的计算（其中，e 是自然对数，具体值为 e = 2.718 . . .）。代码如下所示。

steps/step03.py

```python
class Exp(Function):
    def forward(self, x):
        return np.exp(x)
```

与 Square 类的实现过程一样，继承 Function 类，并在 forward 方法中实现要计算的内容。与 Square 类唯一不同的是，forward 方法的内容由 x ** 2 变成了 np.exp(x)。

3.2 函数的连续调用

Function类的__call__方法的输入和输出都是Variable实例。因此，DeZero函数自然可以连续使用。比如 $y = (e^{x^2})^2$ 的计算，我们可以像下面这样编写它的计算代码。

steps/step03.py

```python
A = Square()
B = Exp()
C = Square()

x = Variable(np.array(0.5))
a = A(x)
b = B(a)
y = C(b)
print(y.data)
```

运行结果
```
1.648721270700128
```

上面的代码连续使用了A、B、C这3个函数。这里的关键点是中途出现的4个变量x、a、b、y都是Variable实例。由于Function类的__call__方法的输入和输出都是Variable实例，所以可以像上面的代码一样连续使用多个函数。如图3-1所示，这里进行的计算可以用函数和变量交替排列的计算图来表示。

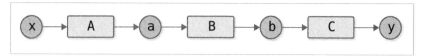

图3-1 使用多个函数的计算图（圆框代表变量，方框代表函数）

我们可以把图3-1那种依次应用多个函数创建的变换看作一个大的函数。这种由多个函数组成的函数叫作复合函数。值得注意的是，即使组成复合函数的每个函数都是简单的计算，我们也可以依次连续使用它们来执行复杂的计算。

　　为什么要用计算图来表示一系列的计算呢？答案是这样能高效地求出每个变量的导数（准确来说，是做好了这样的准备）。这个算法就是**反向传播（back propagation）**。从下一个步骤开始，我们将扩展DeZero，以支持反向传播。

步骤 4
数值微分

现在，我们已经实现了 Variable 类和 Function 类。实现这些类的目的是自动微分。在本步骤中，我们会先复习导数，并尝试用一种叫作数值微分（numerical differentiation）的方法来求导。从下一个步骤开始，我们将实现一种替代数值微分的更高效的算法——**反向传播**。

导数不仅仅在机器学习领域，在其他领域也很重要。从流体力学、金融工程到气象模拟、工程设计优化，很多领域需要进行导数计算，而且这些领域实际上都在使用自动微分的功能。

4.1　什么是导数

什么是导数？简单地说，导数是变化率的一种表示方式。比如某个物体的位置相对于时间的变化率就是位置的导数，即速度。速度相对于时间的变化率就是速度的导数，即加速度。像这样，导数表示的是变化率，它被定义为在极短时间内的变化量。函数 $f(x)$ 在 x 处的导数可用下面的式子表示。

$$f'(x) = \lim_{h \to 0} \frac{f(x+h) - f(x)}{h} \tag{4.1}$$

式子 4.1 中的 $\lim\limits_{h \to 0}$ 表示极限，意思是 h 应尽可能地接近 0。式子 4.1 中的

$\frac{f(x+h)-f(x)}{h}$ 为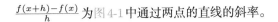图 4-1 中通过两点的直线的斜率。

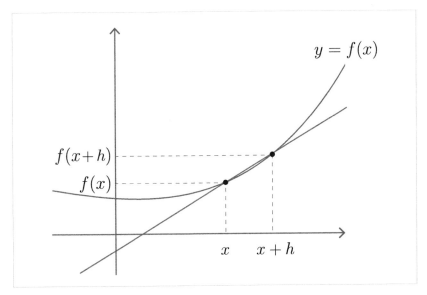

图 4-1　曲线 $y = f(x)$ 和通过其两点的直线

　　如图 4-1 所示，函数 $f(x)$ 在 x 和 $x + h$ 两点之间的变化率为 $\frac{f(x+h)-f(x)}{h}$。让 h 的值尽可能地接近 0，就可以求出 x 处的变化率。这就是 $y = f(x)$ 的导数。另外，在 $y = f(x)$ 的可导区间内，对于该区间内的任何 x，式子 4.1 都成立。因此，式子 4.1 中的 $f'(x)$ 也是一个函数，我们称之为 $f(x)$ 的**导函数**。

4.2　数值微分的实现

　　下面根据导数的定义式，即式子 4.1 来实现求导。需要注意的是，计算机不能处理极限值。因此，这里的 h 表示一个近似值。例如我们可以用 $h = 0.0001$（$= $ 1e-4）这种非常小的值来计算式子 4.1。利用微小的差值获得函数变化量的方法叫作**数值微分**。

　　数值微分使用非常小的值 h 求出的是真的导数的近似值。因此，这个值包含误差。中心差分近似是减小近似值误差的一种方法。中心差分近似计算的不是 $f(x)$ 和 $f(x + h)$ 的差，而是 $f(x - h)$ 和 $f(x + h)$ 的差。图4-2中的粗线表示的就是中心差分近似。

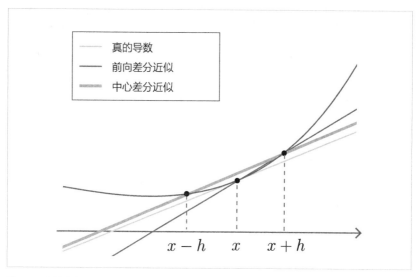

图4-2　比较真的导数、前向差分近似和中心差分近似

　　如图4-2所示，计算过 x 和 $x + h$ 这两点的直线的斜率的方法称为前向差分近似，计算 $x - h$ 和 $x + h$ 这两点间斜率的方法称为中心差分近似，中心差分近似实际产生的误差更小。这一点的证明超出了本书的范围，不过我们从图4-2中直线的斜率可以直观地得出这个结论。中心差分近似的直线斜率为 $\frac{f(x+h)-f(x-h)}{2h}$（注意分母是 $2h$）。

中心差分近似比前向差分近似更接近真的导数这个结论可以通过泰勒展开来证明。相关证明过程请阅读参考文献 [1] 等资料。

　　下面我们来实现使用中心差分近似求数值微分的函数，该函数的名称为

numerical_diff(f, x, eps=1e-4)。这里的参数 f 是被求导的函数，是 Function 类的实例。参数 x 为求导的变量，是 Variable 类的实例。参数 eps 代表一个微小的值，默认值是 1e-4 [①]（eps 是 epsilon 的缩写）。数值微分可通过以下代码实现。

steps/step04.py

```python
def numerical_diff(f, x, eps=1e-4):
    x0 = Variable(x.data - eps)
    x1 = Variable(x.data + eps)
    y0 = f(x0)
    y1 = f(x1)
    return (y1.data - y0.data) / (2 * eps)
```

只要注意 Variable 实例变量 data 中包含实际数据即可。下面我们使用这个函数求步骤3中实现的 Square 类的导数。

steps/step04.py

```python
f = Square()
x = Variable(np.array(2.0))
dy = numerical_diff(f, x)
print(dy)
```

运行结果

```
4.000000000004
```

由上面的运行结果可知，$y = x^2$ 在 $x = 2.0$ 时计算得到的导数值为 4.000000000004。不包含误差的导数值是 4.0，可以说这个结果大体正确。

导数也可以通过解析解的方式求解。解析解的方式求解是指只通过式子的变形推导出答案。在上面的例子中，根据导数的公式可知，$y = x^2$ 的导数为 $\frac{dy}{dx} = 2x$（$\frac{dy}{dx}$ 是 y 对 x 求导的符号）。因此，$y = x^2$ 在 $x = 2.0$ 处的导数为 4.0。这个 4.0 是不包含误差的值。前面的数值微分结果虽然不是正好为 4.0，但我们可以看出误差是相当小的。

---

① 1e-4 表示 0.0001。

4.3 复合函数的导数

我们在前面接触的是 $y = x^2$ 这种简单的函数。接下来尝试对复合函数求导。下面求 $y = (e^{x^2})^2$ 的导数 $\frac{\mathrm{d}y}{\mathrm{d}x}$。代码如下所示。

steps/step04.py

```python
def f(x):
    A = Square()
    B = Exp()
    C = Square()
    return C(B(A(x)))

x = Variable(np.array(0.5))
dy = numerical_diff(f, x)
print(dy)
```

运行结果
```
3.2974426293330694
```

上面的代码将一系列的计算组合成了一个名为 f 的函数。函数在 Python 中也是对象，所以可以作为参数传给其他函数。在上面的例子中，函数 f 作为参数传给了 numerical_diff 函数。

运行上面的代码，得到的导数是 3.297...。这意味着，如果 x 从 0.5 变成一个微小的值，y 值的变化幅度将是这个微小值的 3.297... 倍。

现在我们已经成功实现了"自动"求导。只要用代码来定义要完成的计算（前面的例子定义了函数 f），程序就会自动求出导数。使用这种方法，无论多么复杂的函数组合，程序都能自动求出导数。今后函数的种类越来越多的话，不管是什么计算，只要是可微函数，程序就能求出它的导数。不过遗憾的是，数值微分的方法存在一些问题。

4.4　数值微分存在的问题

数值微分的结果包含误差。在多数情况下，这个误差非常小，但在一些情况下，计算产生的误差可能会很大。

数值微分的结果中容易包含误差的主要原因是"精度丢失"。中心差分近似等求差值的方法计算的是相同量级数值之间的差，但由于精度丢失，计算结果中会出现有效位数减少的情况。以有效位数为4的情况为例，在计算两个相近的值之间的差时，比如 $1.234 - 1.233$，其结果为 0.001，有效位数只有1位。本来可能是 $1.234\ldots - 1.233\ldots = 0.001434\ldots$ 之类的结果，但由于精度丢失，结果变成 0.001。同样的情况也会发生在数值微分的差值计算中，精度丢失使结果更容易包含误差。

数值微分更严重的问题是计算成本高。具体来说，在求多个变量的导数时，程序需要计算每个变量的导数。有些神经网络包含几百万个以上的变量（参数），通过数值微分对这么多的变量求导是不现实的。这时，反向传播就派上了用场。从下一个步骤开始，笔者将介绍反向传播。

另外，数值微分可以轻松实现，并能计算出大体正确的数值。而反向传播是一种复杂的算法，实现时容易出现bug。我们可以使用数值微分的结果检查反向传播的实现是否正确。这种做法叫作**梯度检验**（gradient checking），它是一种将数值微分的结果与反向传播的结果进行比较的方法。步骤10实现了梯度检验。

步骤 5
反向传播的理论知识

我们通过数值微分成功求出了导数。但是，数值微分在计算成本和精度方面存在问题。反向传播可以解决这两个问题。也就是说，反向传播不仅能高效地求导，还能帮助我们得到误差更小的值。本步骤只介绍反向传播的理论知识，不对其进行实现。从下一个步骤开始，我们再去实现反向传播。

5.1　链式法则

理解反向传播的关键是**链式法则（连锁律）**。链（chain）可以理解为链条、锁链等，在这里表示多个函数连接在一起使用。链式法则意为连接起来的多个函数（复合函数）的导数可以分解为各组成函数的导数的乘积。

下面看一个链式法则的具体例子。假设有一个函数 $y = F(x)$，这个函数 F 由 3 个函数组成：$a = A(x)$、$b = B(a)$ 和 $y = C(b)$。该函数的计算图如图 5-1 所示。

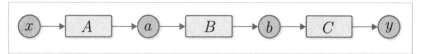

图 5-1　复合函数的例子

这时，y 对 x 的导数可以用式子 5.1 表示。

$$\frac{\mathrm{d}y}{\mathrm{d}x} = \frac{\mathrm{d}y}{\mathrm{d}b}\frac{\mathrm{d}b}{\mathrm{d}a}\frac{\mathrm{d}a}{\mathrm{d}x} \tag{5.1}$$

如式子 5.1 所示，y 对 x 的导数可以表示为各函数的导数的乘积。换言之，复合函数的导数可以分解为各组成函数导数的乘积。这就是链式法则。式子 5.1 所表示的链式法则也可以像下面这样写成包含 $\frac{\mathrm{d}y}{\mathrm{d}y}$ 的形式。

$$\frac{\mathrm{d}y}{\mathrm{d}x} = \frac{\mathrm{d}y}{\mathrm{d}y}\frac{\mathrm{d}y}{\mathrm{d}b}\frac{\mathrm{d}b}{\mathrm{d}a}\frac{\mathrm{d}a}{\mathrm{d}x} \tag{5.2}$$

$\frac{\mathrm{d}y}{\mathrm{d}y}$ 是对自身求导，导数值永远为 1。计算时通常省略 $\frac{\mathrm{d}y}{\mathrm{d}y}$ 这种针对自身的导数，但考虑到反向传播的实现，这里特意加上了这一项。

$\frac{\mathrm{d}y}{\mathrm{d}y}$ 是 y 对 y 的导数。即使 y 变化的幅度很小，y 自身也会变化同样大小的值。因此，不管对于什么函数，变化率总是 1。

5.2 反向传播的推导

下面仔细观察式子 5.2。式子 5.2 表示复合函数的导数可以分解为各函数导数的乘积。但是，它并没有规定各导数相乘的顺序。当然，这一点我们可以自由决定。这里，我们按照式子 5.3 的方式以输出到输入的顺序进行计算[1]。

$$\frac{\mathrm{d}y}{\mathrm{d}x} = \left(\left(\frac{\mathrm{d}y}{\mathrm{d}y}\frac{\mathrm{d}y}{\mathrm{d}b}\right)\frac{\mathrm{d}b}{\mathrm{d}a}\right)\frac{\mathrm{d}a}{\mathrm{d}x} \tag{5.3}$$

式子 5.3 按照从输出到输入的顺序进行导数的计算，计算方向与平时相反。这时，式子 5.3 的计算流程如图 5-2 所示。

---

[1] 我们也可以考虑改变括号的位置使计算按照输入到输出的方向依次进行。这种计算方法叫作"前向模式的自动微分"。关于前向模式的自动微分，请阅读步骤 10 的专栏部分。

$$\frac{\mathrm{d}y}{\mathrm{d}x} = \left(\left(\left(\frac{\mathrm{d}y}{\mathrm{d}y}\,\frac{\mathrm{d}y}{\mathrm{d}b}\right)\frac{\mathrm{d}b}{\mathrm{d}a}\right)\frac{\mathrm{d}a}{\mathrm{d}x}\right)$$

① $\dfrac{\mathrm{d}y}{\mathrm{d}y}\,\dfrac{\mathrm{d}y}{\mathrm{d}b} = \dfrac{\mathrm{d}y}{\mathrm{d}b}$

② $\dfrac{\mathrm{d}y}{\mathrm{d}b}\,\dfrac{\mathrm{d}b}{\mathrm{d}a} = \dfrac{\mathrm{d}y}{\mathrm{d}a}$

③ $\dfrac{\mathrm{d}y}{\mathrm{d}a}\,\dfrac{\mathrm{d}a}{\mathrm{d}x} = \dfrac{\mathrm{d}y}{\mathrm{d}x}$

图5-2 从输出端的导数开始依次进行计算的流程（参见彩图）

在图5-2中，导数是按照从输出y到输入x的方向依次相乘计算得出的。通过这种方法，最终得到$\frac{\mathrm{d}y}{\mathrm{d}x}$。图5-3是相应的计算图。

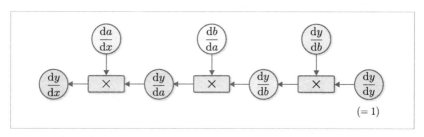

图5-3 求$\frac{\mathrm{d}y}{\mathrm{d}x}$的计算图

下面仔细观察图5-3。我们先从$\frac{\mathrm{d}y}{\mathrm{d}y}(=1)$开始，计算它与$\frac{\mathrm{d}y}{\mathrm{d}b}$的乘积。这里的$\frac{\mathrm{d}y}{\mathrm{d}b}$是函数$y=C(b)$的导数。因此，如果用$C'$表示函数$C$的导函数，我们就可以把式子写成$\frac{\mathrm{d}y}{\mathrm{d}b} = C'(b)$。同样，有$\frac{\mathrm{d}b}{\mathrm{d}a} = B'(a)$，$\frac{\mathrm{d}a}{\mathrm{d}x} = A'(x)$。基于以上内容，图5-3可以简化成图5-4。

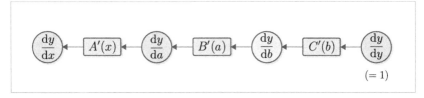

图5-4　简化后的反向传播计算图（$A'(x)$的乘法在图中简化表示为节点$A'(x)$）

图5-4中把导函数和乘号合并表示为一个函数节点。这样导数计算的流程就明确了。从图5-4中可以看出，"y对各变量的导数"从右向左传播。这就是反向传播。这里重要的一点是传播的数据都是y的导数。具体来说，就是$\frac{dy}{dy}$、$\frac{dy}{db}$、$\frac{dy}{da}$和$\frac{dy}{dx}$这种"y对 × × 变量的导数"在传播。

像式子5.3那样将计算顺序规定为从输出到输入，是为了传播y的导数。换言之，就是把y当作"重要人物"。如果按照从输入到输出的顺序计算，输入x就是"重要人物"。在这种情况下，传播的导数将是$\frac{dx}{dx} \rightarrow \frac{da}{dx} \rightarrow \frac{db}{dx} \rightarrow \frac{dy}{dx}$这种形式，也就是对$x$的导数进行传播。

许多机器学习问题采用了以大量参数作为输入，以损失函数作为最终输出的形式。损失函数的输出（在许多情况下）是一个标量值，它是"重要人物"。这意味着我们需要找到损失函数对每个参数的导数。在这种情况下，如果沿着从输出到输入的方向传播导数，只要传播一次，就能求出对所有参数的导数。因为该方法的计算效率较高，所以我们采用反向传播导数的方式。

5.3　用计算图表示

下面我们把正向传播的计算图（图5-1）和反向传播的计算图（图5-4）以上下排列的方式画出来。

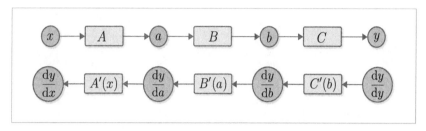

图5-5　正向传播和反向传播

从图5-5可以看出，正向传播和反向传播之间存在明确的对应关系。例如，正向传播时的变量a对应于反向传播时的导数$\frac{\mathrm{d}y}{\mathrm{d}a}$。同样，$b$对应于$\frac{\mathrm{d}y}{\mathrm{d}b}$，$x$对应于$\frac{\mathrm{d}y}{\mathrm{d}x}$。我们也可以看出函数之间存在对应关系。例如，函数$B$的反向传播对应于$B'(a)$，$A$对应于$A'(x)$。这样一来，我们可以认为变量有普通值和导数值，函数有普通计算（正向传播）和求导计算（反向传播）。于是，反向传播就设计好了。

最后来关注一下图5-5中$C'(b)$的函数节点。它是$y = C(b)$的导数，但要注意的是，计算$C'(b)$需要用到b的值。同理，要计算$B'(a)$就得输入a的值。这意味着进行反向传播时需要用到正向传播中使用的数据。因此，在实现反向传播时，需要先进行正向传播，并且存储各函数输入的变量值，也就是前面例子中的x、a和b，之后就能对每个函数进行反向传播的计算了。

以上就是反向传播理论知识的相关内容，这是本书的难点之一。大家现在可能还没完全弄明白，但是实际运行代码后，就会理解得越来越透彻。在下一个步骤，我们将实现反向传播，并通过实际运行代码来验证它。

步骤 6
手动进行反向传播

上一个步骤介绍了反向传播的机制。本步骤将扩展现有的Variable类和Function类，实现通过反向传播来求导的功能。首先是Variable类。

6.1　Variable类的功能扩展

下面实现支持反向传播的Variable类。为此，我们要扩展Variable类，除普通值(data)之外，增加与之对应的导数值(grad)。阴影部分是新增加的代码。

steps/step06.py

```python
class Variable:
    def __init__(self, data):
        self.data = data
        self.grad = None
```

上面的代码在类中增加了一个新的实例变量grad。实例变量data和grad都被设置为NumPy的多维数组(ndarray)。另外，grad被初始化为None，我们要在通过反向传播实际计算导数时将其设置为求出的值。

 梯度(gradient)是对包含多个变量的向量和矩阵等求导的导数。因此Variable类中增加了一个名为grad的变量，grad是gradient的缩写。

6.2　Function类的功能扩展

接下来是Function类。在前面的步骤中，Function类实现了进行普通计算的正向传播（forward方法）的功能。在此基础上，我们新增以下两个功能。

- 计算导数的反向传播（backward方法）功能
- 调用forward方法时，保有被输入的Variable实例的功能

下面的代码实现了这两个功能。

steps/step06.py

```python
class Function:
    def __call__(self, input):
        x = input.data
        y = self.forward(x)
        output = Variable(y)
        self.input = input  # 保存输入的变量
        return output

    def forward(self, x):
        raise NotImplementedError()

    def backward(self, gy):
        raise NotImplementedError()
```

在上面的代码中，__call__方法将输入的input设置为实例变量。这样一来，当调用backward方法时，向函数输入的Variable实例就可以作为self.input使用。

6.3　Square类和Exp类的功能扩展

接下来实现具体函数的反向传播（backward）。首先从计算平方的Square类开始。由于$y = x^2$的导数是$\frac{\mathrm{d}y}{\mathrm{d}x} = 2x$，所以这个类可以按照如下方式实现。

steps/step06.py

```python
class Square(Function):
    def forward(self, x):
        y = x ** 2
        return y

    def backward(self, gy):
        x = self.input.data
        gx = 2 * x * gy
        return gx
```

上面的代码增加了用于反向传播的 backward 方法。这个方法的参数 gy 是一个 ndarray 实例，它是从输出传播而来的导数。backward 返回的结果是通过这个参数传播来的导数和 "$y = x^2$ 的导数" 的乘积。这个返回结果会进一步向输入方向传播。

接下来是计算 $y = \mathrm{e}^x$ 的 Exp 类。由于 $\frac{\mathrm{d}y}{\mathrm{d}x} = \mathrm{e}^x$，所以这个类可以按下面的方式实现。

steps/step06.py

```python
class Exp(Function):
    def forward(self, x):
        y = np.exp(x)
        return y

    def backward(self, gy):
        x = self.input.data
        gx = np.exp(x) * gy
        return gx
```

6.4 反向传播的实现

这样就做好准备工作了。下面我们尝试通过反向传播对图 6-1 的计算求导。

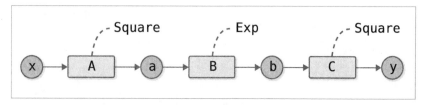

图6-1 进行反向传播的复合函数

首先编写图6-1所示的正向传播的代码。

```
                                                      steps/step06.py
A = Square()
B = Exp()
C = Square()

x = Variable(np.array(0.5))
a = A(x)
b = B(a)
y = C(b)
```

接着通过反向传播计算 y 的导数。为此，我们需要按照与正向传播相反的顺序调用各函数的 backward 方法。图6-2是这个反向传播计算的计算图。

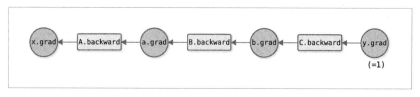

图6-2 反向传播的计算图

从图6-2可以看出各个函数的 backward 方法的调用顺序，也能看出应该将 backward 方法的结果赋给哪个变量的 grad。下面是反向传播的实现。

```
y.grad = np.array(1.0)
b.grad = C.backward(y.grad)
a.grad = B.backward(b.grad)
x.grad = A.backward(a.grad)
print(x.grad)
```

运行结果
```
3.297442541400256
```

反向传播从 $\frac{\mathrm{d}y}{\mathrm{d}y} = 1$ 开始。因此，我们将输出 y 的导数设为 np.array(1.0)。之后，只要按照 C→B→A 的顺序调用 backward 方法即可。这样就可以对各变量求出导数。

运行上面的代码后，得到的 x.grad 的结果是 3.297442541400256。这就是 y 对 x 的导数。顺带一提，步骤 4 的数值微分的结果是 3.2974426293330694，这两个结果几乎一样。这说明反向传播的实现是正确的，更准确地说，这个实现大概率是正确的。

这样就完成了反向传播的实现。虽然我们得到了正确的运行结果，但是反向传播的顺序 C→B→A 是通过编码手动指定的。在下一个步骤，我们会把这项工作自动化。

步骤7
反向传播的自动化

在上一个步骤中，我们实现的反向传播成功运行。但是，我们不得不手动编写进行反向传播计算的代码。这就意味着每次进行新的计算时，都得编写这部分代码。比如在图7-1所示的情况下，我们必须为每个计算图编写反向传播的代码。这样不但容易出错，还浪费时间，所以我们让Python来做这些无聊的事情吧。

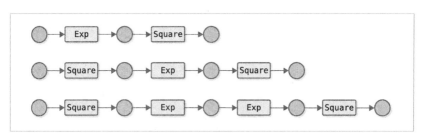

图7-1　各种计算图的例子（变量名省略，函数用类名表示）

接下来要做的就是让反向传播自动化。准确来说，就是要建立这样一个机制：无论普通的计算流程（正向传播）中是什么样的计算，反向传播都能自动进行。我们马上要接触到Define-by-Run的核心了。

Define-by-Run是在深度学习中进行计算时，在计算之间建立"连接"的机制。这种机制也称为动态计算图。关于Define-by-Run及其优点的详细信息，请阅读步骤24的专栏。

图7-1所示的计算图都是流水线式的计算。因此，只要以列表的形式记录函数的顺序，就可以通过反向回溯自动进行反向传播。不过，对于有分支的计算图或多次使用同一个变量的复杂计算图，只借助简单的列表就不能奏效了。我们接下来的目标是建立一个不管计算图多么复杂，都能自动进行反向传播的机制。

其实只要在列表的数据结构上想想办法，将所做的计算添加到列表中，或许可以对任意的计算图准确地进行反向传播。这种数据结构叫作Wengert列表(也叫tape)。本书不对Wengert列表进行说明，感兴趣的读者请阅读参考文献[2]和参考文献[3]等。另外，关于借助Wengert列表实现Define-by-Run的优点，请阅读参考文献[4]等。

7.1 为反向传播的自动化创造条件

在实现反向传播的自动化之前，我们先思考一下变量和函数之间的关系。首先从函数的角度来考虑，即思考"从函数的角度如何看待变量"。从函数的角度来看，变量是以输入和输出的形式存在的。如图7-2左图所示，函数的变量包括"输入变量"(input)和"输出变量"(output)(图中的虚线表示引用)。

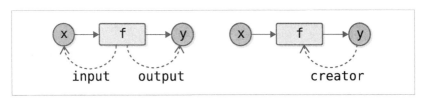

图7-2 从函数的角度来看其与变量的关系(左图)和从变量的角度来看其与函数的关系(右图)

那么从变量的角度来看，函数是什么样的呢？这里要强调的是变量是由函数"创造"的。也就是说，函数是变量的"父母"，是creator（创造者）。如果变量没有作为创造者的函数，我们就可以认为它是由非函数创造的，比如用户给出的变量。

下面在代码中实现图7-2所示的函数和变量之间的"连接"。我们让这个"连接"在执行普通计算（正向传播）的那一刻创建。为此，先在Variable类中添加以下代码。

steps/step07.py

```
class Variable:
    def __init__(self, data):
        self.data = data
        self.grad = None
        self.creator = None

    def set_creator(self, func):
        self.creator = func
```

上面的代码添加了一个名为creator的实例变量，之后添加了用于设置creator的set_creator方法。下面我们在Function类中添加以下代码。

steps/step07.py

```
class Function:
    def __call__(self, input):
        x = input.data
        y = self.forward(x)
        output = Variable(y)
        output.set_creator(self)   # 让输出变量保存创造者信息
        self.input = input
        self.output = output   # 也保存输出变量
        return output
```

上面的代码通过正向传播的计算，创建了一个名为output的Variable实例。对于创建的output变量，代码让它保存了"我（函数本身）是创造者"的信息。这是动态建立"连接"这一机制的核心。为了兼顾下一个步骤，这里将输出设置为实例变量 output。

> DeZero 的动态计算图的原理是在执行实际的计算时，在变量这个"箱子"里记录它的"连接"。Chainer 和 PyTorch 也采用了类似的机制。

这样一来，Variable 和 Function 之间就有了"连接"，我们就可以反向遍历计算图了。具体的实现代码如下所示。

```
A = Square()
B = Exp()
C = Square()

x = Variable(np.array(0.5))
a = A(x)
b = B(a)
y = C(b)

# 反向遍历计算图的节点
assert y.creator == C
assert y.creator.input == b
assert y.creator.input.creator == B
assert y.creator.input.creator.input == a
assert y.creator.input.creator.input.creator == A
assert y.creator.input.creator.input.creator.input == x
```

首先介绍一下 assert（断言）语句，它的用法是 assert…。如果这里的…不为 True，就会抛出异常。因此可以使用 assert 语句来检查条件是否得到满足。上面的代码在运行时没有发生任何问题（没有抛出异常），这意味着 assert 语句的所有条件都得到了满足。

上面的代码通过 Variable 实例变量 creator 找到前一个 Function，然后通过 Function 的实例变量 input 找到前一个 Variable。它们的连接方式如图7-3所示。

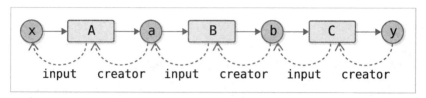

图7-3 以y为起点反向遍历计算图

如图7-3所示，计算图是由函数和变量之间的"连接"构建而成的。更重要的是，这个"连接"是在计算实际发生的时候（数据在正向传播中流转的时候）形成的。变量和函数连接的这个特征就是Define-by-Run。换言之，"连接"是通过数据的流转建立起来的。

图7-3这种带有"连接"的数据结构叫作连接节点。节点是构成图的一个元素，连接则代表对另一个节点的引用。也就是说，我们用了一个叫作"连接节点"的数据结构来表示计算图。

7.2 尝试反向传播

下面利用变量和函数之间的连接，尝试实现反向传播。首先实现从y到b的反向传播。代码如下所示（为了便于理解，这里附上了计算图）。

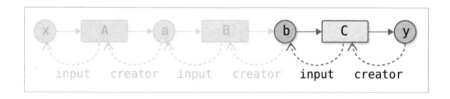

```
y.grad = np.array(1.0)

C = y.creator      # 1. 获取函数
b = C.input        # 2. 获取函数的输入
b.grad = C.backward(y.grad)   # 3. 调用函数的backward方法
```

上面的代码从y的实例变量creator获取函数，从函数的input获取输入
变量，然后调用函数的backward方法。下面是从变量b到变量a反向传播的
计算图和代码。

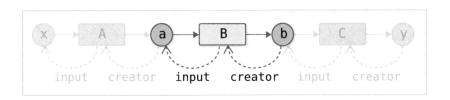

```
B = b.creator  # 1. 获取函数
a = B.input    # 2. 获取函数的输入
a.grad = B.backward(b.grad)  # 3. 调用函数的backward方法
```

上述代码执行的反向传播的逻辑与之前的相同。具体来说，该流程如下
所示。

1. 获取函数

2. 获取函数的输入

3. 调用函数的backward方法

最后是从变量a到变量x的反向传播。

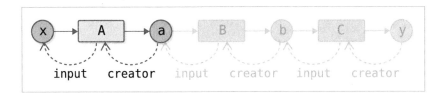

```
A = a.creator  # 1. 获取函数
x = A.input    # 2. 获取函数的输入
x.grad = A.backward(a.grad)  # 3. 调用函数的backward方法
print(x.grad)
```

运行结果

```
3.297442541400256
```

这样就完成了所有的反向传播。

7.3　增加 backward 方法

从前面这些反向传播的代码可以看出，它们有着相同的处理流程。准确来说，是从一个变量到前一个变量的反向传播逻辑相同。为了自动完成这些重复的处理，我们在 Variable 类中添加一个新的方法——backward。

```python
class Variable:
    def __init__(self, data):
        self.data = data
        self.grad = None
        self.creator = None

    def set_creator(self, func):
        self.creator = func

    def backward(self):
        f = self.creator  # 1. 获取函数
        if f is not None:
            x = f.input  # 2. 获取函数的输入
            x.grad = f.backward(self.grad)  # 3. 调用函数的backward方法
            x.backward()  # 调用自己前面那个变量的backward方法(递归)
```

backward 方法和此前反复出现的流程基本相同。具体来说，它从 Variable 的 creator 获取函数，并取出该函数的输入变量，然后调用函数的 backward 方法。最后，它会针对自己前面的变量，调用它的 backward 方法。这样每个变量的 backward 方法就会被递归调用。

如果Variable实例的creator是None，那么反向传播就此结束。这种情况意味着Variable实例是由非函数创造的，主要来自用户提供的变量。

下面使用这个新的Variable自动进行反向传播。

steps/step07.py

```
A = Square()
B = Exp()
C = Square()

x = Variable(np.array(0.5))
a = A(x)
b = B(a)
y = C(b)

# 反向传播
y.grad = np.array(1.0)
y.backward()
print(x.grad)
```

运行结果

```
3.297442541400256
```

只要像上面那样调用变量y的backward方法，反向传播就会自动进行。运行结果和之前的一样。这样我们就打好了对DeZero来说最重要的自动微分的基础。

步骤8
从递归到循环

在上一个步骤中，我们向 Variable 类添加了 backward 方法。考虑到处理效率的改善和今后的功能扩展，本步骤将改进 backward 方法的实现方式。

8.1 现在的 Variable 类

再来看一下前面实现的 Variable 类的 backward 方法。

steps/step07.py

```
class Variable:
    ...  # 省略代码

    def backward(self):
        f = self.creator
        if f is not None:
            x = f.input
            x.grad = f.backward(self.grad)
            x.backward()
```

我们需要注意的一点是 backward 方法调用了（朝着输入方向的）前一个变量的 backward 方法。由此，"backward 方法内调用 backward 方法，被调用的 backward 方法内再次调用 backward 方法"的处理会不断延续下去（直到碰到一个 self.creator 函数为 None 的 Variable 变量）。这是一个递归结构。

本书为了节省篇幅，有时候会省略部分代码。省略的部分用"..."表示（这个省略号与出现在 Python 解释器的换行处的"..."含义不同）。

8.2 使用循环实现

接下来将前面的"使用递归实现"替换为"使用循环实现"。代码如下所示。

```
steps/step08.py
```

```python
class Variable:
    ...

    def backward(self):
        funcs = [self.creator]
        while funcs:
            f = funcs.pop()  # 获取函数
            x, y = f.input, f.output  # 获取函数的输入
            x.grad = f.backward(y.grad)  # backward调用backward方法

            if x.creator is not None:
                funcs.append(x.creator)  # 将前一个函数添加到列表中
```

上面的实现使用了循环。关键点在于按顺序向 funcs 列表里添加应该处理的函数。在 while 循环中，通过 funcs.pop() 获取要处理的函数，将其作为变量 f，然后调用函数 f 的 backward 方法。通过 f.input 和 f.output 获取函数 f 的输入变量和输出变量，就可以正确地设置 f.backward() 的参数和返回值。

列表的 pop 方法会删除列表末尾的元素，并取出这个元素的值。例如，对于 funcs = [1, 2, 3]，如果执行 x = funcs.pop()，3 就会被取出，funcs 变为 [1, 2]。

8.3 代码验证

接下来使用前面的Variable类来求导。这里运行的是和上一个步骤相同的代码。

steps/step08.py

```
A = Square()
B = Exp()
C = Square()

x = Variable(np.array(0.5))
a = A(x)
b = B(a)
y = C(b)

# 反向传播
y.grad = np.array(1.0)
y.backward()
print(x.grad)
```

运行结果

```
3.297442541400256
```

和上一个步骤得到的结果一样。这样实现方式就从递归变成了循环。在步骤15，我们将感受到循环带来的好处。届时要处理的是复杂的计算图，不过在使用循环的情况下，代码实现很容易扩展到复杂的计算图的处理，而且循环的执行效率也会变高。

每次递归调用函数时，函数都会将处理过程中的结果保留在内存中（或者说保留在栈中），然后继续处理。因此一般来说，循环的效率更高。不过，对现代计算机来说，使用少量的内存是没有问题的。有时可以通过尾递归的技巧，使递归处理能够按照循环的方式执行。

这样就完成了反向传播的基础实现。接下来，我们将扩展当前版本的DeZero，以执行更复杂的计算。下一个步骤要做的是提高DeZero的易用性。

步骤9
让函数更易用

DeZero现在可以通过反向传播进行计算了。它还拥有一项名为Define-by-Run的能力，可以在运行时在计算之间建立"连接"。为了使DeZero更加易用，本步骤将对DeZero的函数进行3项改进。

9.1　作为Python函数使用

此前，DeZero中使用的函数是作为Python的类实现的。举例来说，在使用Square类进行计算的情况下，我们需要编写如下代码。

```
x = Variable(np.array(0.5))
f = Square()
y = f(x)
```

上面的代码是分两步计算平方的：创建一个Square类的实例；调用这个实例。但是从用户的角度来看，分两步完成有点啰唆（虽然可以写成y = Square()(x)，但观感很差）。用户更希望把DeZero的函数当作Python函数使用。为此，需要添加以下代码。

```
def square(x):
    f = Square()
    return f(x)

def exp(x):
    f = Exp()
    return f(x)
```

上面的代码实现了 square 和 exp 两个函数。这样我们就可以将 DeZero 的函数当作 Python 函数使用了。顺便提一下，上面的代码也可以像下面这样写成一行。

steps/step09.py

```
def square(x):
    return Square()(x)  # 编写在一行内

def exp(x):
    return Exp()(x)
```

上面的代码没有像 f = Square() 这样通过变量名 f 来引用，而是直接写成了 Square()(x)，这样也是可以的。接下来我们使用一下前面实现的两个函数。

```
x = Variable(np.array(0.5))
a = square(x)
b = exp(a)
y = square(b)

y.grad = np.array(1.0)
y.backward()
print(x.grad)
```

运行结果

```
3.297442541400256
```

如上所示，用 Variable 封装 np.array(0.5) 后，就可以像使用 NumPy 进行计算一样来编码了。另外，函数现在也支持连续调用，示例代码如下所示。

```
x = Variable(np.array(0.5))
y = square(exp(square(x)))   # 连续调用
y.grad = np.array(1.0)
y.backward()
print(x.grad)
```

运行结果

```
3.297442541400256
```

这样我们就可以编写更自然的代码进行计算。以上是第1项改进。

9.2 简化 backward 方法

第2项要改进的地方是减少用户在反向传播方面所做的工作。具体来说，就是省略前面代码中的y.grad = np.array(1.0)。每次反向传播时我们都要重新编写这行代码，为了省略它，我们需要在Variable的backward方法中添加阴影部分的两行代码。

steps/step09.py

```
class Variable:
    ...

    def backward(self):
        if self.grad is None:
            self.grad = np.ones_like(self.data)

        funcs = [self.creator]
        while funcs:
            f = funcs.pop()
            x, y = f.input, f.output
            x.grad = f.backward(y.grad)

            if x.creator is not None:
                funcs.append(x.creator)
```

如上所示，如果变量grad为None，则自动生成导数。代码中通过np.ones_

like(self.data) 创建了一个 ndarray 实例，该实例的形状和数据类型与 self. data 的相同，元素为1。如果 self.data 是标量，那么 self.grad 也是标量。

之前的代码中输出的导数是 np.array(1.0)，而上面的代码使用了 np.ones_like()。这么编写的原因是 Variable 中的 data 和 grad 的数据类型是一样的。如果 data 的数据类型是 32 位浮点数，那么 grad 的数据类型也是 32 位浮点数。顺带一提，如果编写的是 np.array(1.0)，它的数据类型就是 64 位的浮点数。

之后如果再做某个计算，只需对最终输出的变量调用 backward 方法就能求得导数。下面是示例代码。

steps/step09.py

```
x = Variable(np.array(0.5))
y = square(exp(square(x)))
y.backward()
print(x.grad)
```

运行结果
```
3.297442541400256
```

9.3 只支持 ndarray

DeZero 的 Variable 只支持 ndarray 实例的数据。但是，有些用户很可能会不小心使用 float 或 int 等数据类型，例如 Variable(1.0) 和 Variable(3) 等。考虑到这一点，我们再做一点优化，使 Variable 成为只能容纳 ndarray 实例的"箱子"。具体来说，就是当把 ndarray 实例以外的数据放入 Variable 时，让 DeZero 立即抛出错误(None 是允许放入的)。这项改进有望让用户在早期发现问题。下面我们在 Variable 类的初始化部分添加以下代码。

steps/step09.py

```
class Variable:
    def __init__(self, data):
        if data is not None:
            if not isinstance(d.ata, np.ndarray):}
                raise TypeError('{} is not supported'.format(type(data)))

        self.data = data
        self.grad = None
        self.creator = None
```

在上面的代码中，如果作为参数的 data 不是 None，也不是 ndarray 实例，就会引发 TypeError 异常。这时，程序会输出代码中指定的字符串作为错误提示。现在，可以像下面这样使用 Variable。

steps/step09.py

```
x = Variable(np.array(1.0))  # OK
x = Variable(None)  # OK

x = Variable(1.0)  # NG: 错误发生!
```

运行结果

```
TypeError: <class 'float'> is not supported
```

在上面的代码中，如果数据为 ndarray 或 None，就可以顺利创建 Variable。但如果是其他的数据类型，比如上面代码中的 float，DeZero 就会抛出一个异常。这样一来，用户就能立刻知道自己使用了错误的数据类型。

这项改进也带来一个问题，这个问题是由 NumPy 自身的特点所导致的。在解释这个问题之前，我们先看看下面的 NumPy 代码。

```
x = np.array([1.0])
y = x ** 2
print(type(x), x.ndim)
print(type(y))
```

运行结果

```
<class 'numpy.ndarray'> 1
<class 'numpy.ndarray'>
```

代码中的 x 是一维的 ndarray。x ** 2(平方)的结果 y 的数据类型是 ndarray。这是预期的结果，问题出现在下面这种情况。

```
x = np.array(1.0)
y = x ** 2
print(type(x), x.ndim)
print(type(y))
```

运行结果

```
<class 'numpy.ndarray'> 0
<class 'numpy.float64'>
```

上面代码中的 x 是零维的 ndarray，而 x ** 2 的结果是 np.float64，这是 NumPy 的运行方式[①]。换言之，如果用零维的 ndarray 实例进行计算，结果将是 ndarray 实例以外的数据类型，如 numpy.float64、numpy.float32 等。这意味着 DeZero 函数的输出 Variable 可能是 numpy.float64 或 numpy.float32 类型的数据。但是，Variable 中的数据只允许保存 ndarray 实例。为了解决这个问题，我们首先准备以下函数作为工具函数。

steps/step09.py

```
def as_array(x):
    if np.isscalar(x):
        return np.array(x)
    return x
```

上面的代码使用 np.isscalar 函数来检查 numpy.float64 等属于标量的类型(它也可以用来检查 Python 的 int 和 float)。下面是使用 np.isscalar 函数的示例代码。

---

① CuPy 的实现方法几乎与 NumPy 相同，只是在 "零维 ndarray 的类型" 这一点上不同。在使用 CuPy 时，对 cupy.ndarray 的计算结果始终是 cupy.ndarray，与维度无关。

```
>>> import numpy as np
>>> np.isscalar(np.float64(1.0))
True
>>> np.isscalar(2.0)
True
>>> np.isscalar(np.array(1.0))
False
>>> np.isscalar(np.array([1, 2, 3]))
False
```

从这些例子可以看出，通过np.isscalar(x)可以判断x是否为ndarray实例。如果不是，则使用as_array函数将其转换为ndarray实例。实现as_array这个工具函数之后，在Function类中添加以下阴影部分的代码。

steps/step09.py

```
class Function:
    def __call__(self, input):
        x = input.data
        y = self.forward(x)
        output = Variable(as_array(y))
        output.set_creator(self)
        self.input = input
        self.output = output
        return output

    ...
```

上面的代码在将正向传播的结果y封装在Variable中时使用了as_array(y)，这样可以确保输出结果output是ndarray实例的数据。即使使用零维的ndarray实例进行计算，所有的数据也会是ndarray实例。

至此，本步骤的工作就完成了。下一个步骤的主题是测试DeZero。

步骤 10
测试

在软件开发中，测试不可或缺。测试可以暴露错误（bug），自动化测试可以持续保持软件的品质。我们打造的DeZero框架也需要测试。本步骤将介绍测试方法，尤其是深度学习框架的测试方法。

 随着软件规模的扩大，软件测试的方法和规定也逐渐变多。但是不要把测试想得很难，尤其是在软件开发的早期阶段。重要的是先建立起测试的意识。本步骤要进行的不是全面的测试，而是尽可能简单的测试。

10.1 Python 的单元测试

在Python中进行测试的一个很方便的做法是使用标准库中的unittest。下面对前面的步骤中实现的square函数进行测试。代码如下所示。

steps/step10.py

```
import unittest

class SquareTest(unittest.TestCase):
    def test_forward(self):
        x = Variable(np.array(2.0))
        y = square(x)
        expected = np.array(4.0)
        self.assertEqual(y.data, expected)
```

前面的代码首先导入了 unittest，然后实现了继承 unittest.TestCase 的
SquareTest 类。创建名字以 test 开头的方法后，将测试逻辑写在该方法中。
示例中的测试用于验证 square 函数的输出与预期值是否一致。具体来说，它
验证的是当输入为 2.0 时，输出是否为 4.0。

> 上面的例子使用方法 self.assertEqual 来验证 square 函数的输出与预
> 期值是否一致。这个方法可以判断两个给定对象是否相等。除了这个方法，
> unittest 还提供了 self.assertGreater 和 self.assertTrue 等方法。
> 关于其他方法的更多信息，请阅读参考文献 [8] 等资料。

现在运行上面的测试代码。假定该测试代码在文件 step/step10.py 中。
这时，在终端运行以下命令。

```
$ python -m unittest steps/step10.py
```

像这样在命令中加上参数 -m unittest，就能在测试模式下运行 Python
文件了。另外，只要在 step10.py 文件末尾添加以下代码，就能用 python
steps/step10.py 命令运行测试。

```
# step10.py
unittest.main()
```

现在看看测试的输出。运行上面的命令，程序会输出以下结果。

```
.
----------------------------------------------------------------------
Ran 1 tests in 0.000s

OK
```

这个输出的意思是 "运行了一个测试，结果 OK"。也就是说，测试通过了。
如果测试过程中出现了一些问题，程序就会输出 "FAIL: test_forward(step10.
SquareTest)"，这表示测试失败了。

10.2 square 函数反向传播的测试

接下来添加针对square函数反向传播的测试。在刚刚实现的SquareTest类中添加以下代码。

steps/step10.py

```
class SquareTest(unittest.TestCase):
    ...

    def test_backward(self):
        x = Variable(np.array(3.0))
        y = square(x)
        y.backward()
        expected = np.array(6.0)
        self.assertEqual(x.grad, expected)
```

我们在代码中添加了一个名为test_backward的方法。在方法中通过y.backward()来求导，然后检查导数的值是否等于预期值。另外，代码中设置的预期值(expected)6.0是手动计算出来的。

现在再来测试一下上面的代码。输出结果如下所示。

```
..
----------------------------------------------------------------------
Ran 2 tests in 0.001s

OK
```

从结果来看，两项测试都通过了。之后可以采用和前面一样的做法来添加其他的测试用例(输入和预期值)。随着测试用例的增加，square函数的可靠性也会增加。另外，我们也可以在修改代码时进行测试，以此来反复验证square函数的状态。

10.3 通过梯度检验来自动测试

我们在前面写了一个反向传播的测试方法。其中，导数的预期值是手动计算出来的。实际上有一种代替手动计算的自动测试方法，该方法叫作**梯度检验**（gradient checking）。梯度检验是将数值微分得到的结果与反向传播得到的结果进行比较。如果二者相差很大，则说明反向传播的实现有问题。

步骤4实现了数值微分。数值微分容易实现，并能得出大体正确的导数值。因此，可以通过与数值微分的结果进行比较来测试反向传播的实现是否正确。

梯度检验是一种高效的测试方式，我们只要准备输入值即可。下面添加基于梯度检验的测试方法。这里我们会使用在步骤4中实现的numerical_diff函数，这个函数的代码也会一并列出，兼作复习。

steps/step10.py

```python
def numerical_diff(f, x, eps=1e-4):
    x0 = Variable(x.data - eps)
    x1 = Variable(x.data + eps)
    y0 = f(x0)
    y1 = f(x1)
    return (y1.data - y0.data) / (2 * eps)


class SquareTest(unittest.TestCase):
    ...

    def test_gradient_check(self):
        x = Variable(np.random.rand(1))   # 生成随机的输入值
        y = square(x)
        y.backward()
        num_grad = numerical_diff(square, x)
        flg = np.allclose(x.grad, num_grad)
        self.assertTrue(flg)
```

前面的代码会在进行梯度检验的test_gradient_check方法中生成一个随机的输入值，然后，通过反向传播求出导数，再利用numerical_diff函数通过数值微分求导，最后检查这两种方法得到的数值是否基本一致。这里使用的是NumPy函数np.allclose。

np.allclose(a, b)用于判断ndarray实例a和b的值是否接近。多近才算近是由np.allclose函数的参数rtol和atol指定的，指定方式如np.allclose (a, b, rtol=1e-05, atol=1e-08)所示。这时，如果a和b的所有元素满足以下条件，则返回True。

$$|a - b| \leq (atol + rtol * |b|)\ ^{①}$$

另外，atol和rtol的值有时需要根据要进行梯度检验的计算对象（函数）加以微调。调整基准可以参照参考文献[5]等资料。添加了上面的梯度检验之后，再次进行测试。这次得到的结果如下。

```
...
--------------------------------------------------------------------
Ran 3 tests in 0.001s

OK
```

在可以自动微分的深度学习框架中，我们可以像上面那样利用梯度检验建立一个半自动的测试机制。这样可以系统地构建更广泛的测试用例。

10.4 测试小结

在创建DeZero方面，关于测试，了解以上知识就足够了。读者可以根据前面的步骤编写DeZero的测试代码。不过，本书之后的内容省略了测试相关的说明。如果读者觉得需要添加测试代码，请自行编写。

---

① |.|表示绝对值。

通常，我们会在一个地方汇总管理所有测试代码文件。本书的测试代码也统一放在 tests 目录下（该目录下还包含了另行实现的用于测试的工具函数的代码）。有兴趣的读者可以看看这些测试代码，其中很多代码与我们在本步骤编写的代码类似。可以使用以下命令一起运行所有测试文件。

```
$ python -m unittest discover tests
```

像这样使用 discover 子命令后，discover 会在其后指定的目录下搜索测试文件，然后将所有找到的文件一起运行。在默认情况下，指定目录下符合 test*.py 模式的文件会被识别为测试文件（模式可以修改）。这样就能一次性运行 tests 目录下的所有测试文件了。

> DeZero 的 tests 目录下也有以 Chainer 的结果为正确答案的测试。例如在测试 sigmoid 函数时，测试代码使用 DeZero 和 Chainer 分别对相同的输入进行计算，然后比较这两个输出是否大体相同。

DeZero 的 GitHub 仓库还集成了 Travis CI（参考文献 [9]）。Travis CI 是一个持续集成服务。在对 DeZero 的 GitHub 仓库[①]的代码进行 push 和 Pull Request 操作时，测试会自动运行。如果结果有问题，Travis CI 会通过电子邮件通知。另外，DeZero 的 GitHub 仓库首页会显示图 10-1 这样的界面。

图 10-1　DeZero 的 GitHub 仓库的首页界面

---

① 具体网址可通过 ituring.cn/article/521545 查看。

　　如图 10-1 所示，界面上会显示"build: passing"徽章。这个徽章意味着测试通过（如果测试失败，界面上会显示"build: failed"徽章）。通过与 CI 工具的协作，源代码能够不断得到测试。这样可以确保代码的可靠性。

　　DeZero 现在还是一个小软件，我们会把它发展成更大的软件。引入本步骤介绍的测试机制后，我们有望持续保持代码的可靠性。以上就是第1阶段的内容。

　　在第1阶段，我们一步一个脚印地创建了 DeZero。最初的 DeZero 只有一个"小箱子"（变量），现在它已经发展到能够运行反向传播这种复杂算法的规模了。但是，现在实现的反向传播只能应用于简单的计算。从下一个阶段开始，我们将进一步扩展 DeZero，使其可以应用于更复杂的计算。

专栏：自动微分

深度学习框架的核心技术是反向传播。有些资料将反向传播称为"自动微分"。需要注意的是，"自动微分"指代的是范围更加具体的一种技术，在学术领域尤其如此。下面是对自动微分的补充说明。

自动微分指的是自动求出导数的做法（技术）。"自动求出导数"是指由计算机（而非人）求出导数。具体来说，它是指在对某个计算（函数）编码后，计算机会自动求出该计算的导数的系统。

计算机程序求导的方法主要有3种。

第1种方法是数值微分。如同步骤4中实现的那样，首先给变量以微小的差异并执行普通计算（正向传播），重复两次该操作，然后基于输出的差值计算得到近似的导数。数值微分虽然容易实现，但也存在一些问题，比如输出中包含误差、在处理多变量的函数时计算成本高等。

第2种方法是符号微分（symbolic differentiation）。这是使用导数公式求导的方法。输入是式子，输出也是式子（式子可以用树状结构的数据形式表示）。这种方法被用在Mathematica和MATLAB等软件中。

符号微分的输出是求导后的表达式，即导函数，这时还没有进行任何数值计算。在得到导函数之后，我们就可以求出某个特定值（如 $x = 3.0$）上的导数了。

符号微分的问题是式子很容易变得臃肿。特别是在不考虑优化的实现中，式子很快就会变"大"（可以说是式子"大爆炸"）。但深度学习中处理的计算需要高效地对大量变量求出导数"值"（而不是表达式），这就需要使用更合适的方法了。

第3种方法是自动微分。这是一种采用链式法则求导的方法。我们对某个函数编码后，可以通过自动微分高效地求出高精度的导数。反向传播也是自动微分的一种。更准确地说，自动微分可以大体分为两种：前向模式的自动微分和反向模式的自动微分。反向传播相当于反向模式的自动微分。

 反向传播（反向模式的自动微分）将导数从输出到输入的方向传播。前向模式的自动微分则与之相反，导数的传播方向是从输入到输出。这两种方法都利用链式法则来求导，但路径并不相同。如果输出只有一个，要计算的是这个输出变量的导数，那使用反向模式的自动微分再合适不过了。许多机器学习问题的输出是一个变量，所以使用反向模式的自动微分。本书不对前向模式的自动微分做过多说明，对前向模式的自动微分感兴趣的读者可以阅读参考文献[6]和参考文献[7]。

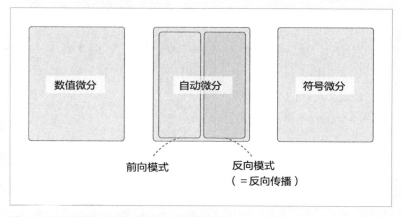

图 A-1　汇总了前面介绍的计算机程序求导的方法

　　如图 A-1 所示，自动微分是用计算机求导的一种方法。深度学习框架中实现的是反向模式的自动微分。不过有些资料不区分前向模式和反向模式，笼统地将反向传播称为"自动微分"。

 在学术领域，自动微分的研究有很长的历史，积累了许多重要的研究成果。遗憾的是，此前自动微分与机器学习领域没有什么交集。近来，随着深度学习的蓬勃发展，自动微分领域受到越来越多的关注，机器学习和编程语言等领域与自动微分领域开始了新的交流。

第2阶段

用自然的代码表达

我们已经完成了构建DeZero的第1阶段的工作，现在它可以自动求出特定计算的导数。假设计算图由平方或指数函数等函数类组成（笔直的计算图），它的导数就可以通过调用backward方法自动求得。

下面进入第2阶段。这个阶段的主要目标是扩展当前的DeZero，使它能够执行更复杂的计算。具体来说，我们将修改DeZero的基础代码，使它能够处理接收多个输入的函数和返回多个输出的函数。我们还将扩展DeZero，使它可以用自然的代码来表达，例如能够使用+和*等运算符。

第2阶段结束时，DeZero会被打包为一个Python包。这样，第三方也能使用DeZero了。下面进入第2阶段吧！

步骤11
可变长参数(正向传播篇)

之前涉及的函数,其输入输出都只有一个变量,如y = square(x)和y = exp(x)等,但有些函数需要多个变量作为输入,例如图11-1所示的加法运算和乘法运算的情况。

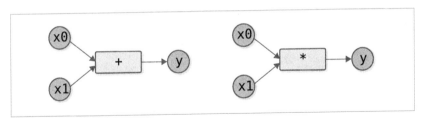

图11-1　加法运算的计算图和乘法运算的计算图(乘法运算用*表示)

另外,有些函数可能有多个输出,例如图11-2所示的函数。

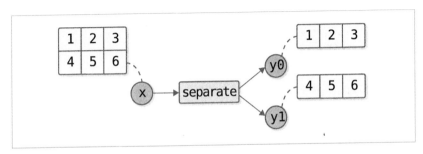

图11-2　有多个输出的计算图示例(分割多维数组的函数)

考虑到这些情况，我们来扩展DeZero，使其可以处理可变长的输入和输出。可变长意味着参数（或返回值）的数量可以发生变化，数量可以是不小于1的任意整数值。下面修改Function类以支持可变长的参数和返回值。

11.1 修改Function类

现在修改Function类以支持多个输入和输出。为此，我们考虑将变量放入一个列表（或元组）中进行处理。换言之，修改后的Function类像之前一样接收"一个参数"并返回"一个值"。不同的是，参数和返回值被修改为列表，列表中包含需要的变量。

Python的列表和元组能保存多条数据。列表用[]将数据括起来，如[1, 2, 3]；元组用()将数据括起来，如(1, 2, 3)。列表和元组的主要区别是，元组一旦创建，其元素就不能改变了。例如，对于元组x = (1, 2, 3)，不能用x[0] = 4等方法来改变元素，但如果是列表，就可以改变。

首先回顾一下前面已经实现的Function类，代码如下所示。

steps/step10.py

```python
class Function:
    def __call__(self, input):
        x = input.data
        y = self.forward(x)
        output = Variable(as_array(y))
        output.set_creator(self)
        self.input = input
        self.output = output
        return output

    def forward(self, x):
        raise NotImplementedError()

    def backward(self, gy):
        raise NotImplementedError()
```

Function的 __call__ 方法将实际数据从 Variable 这个 "箱子" 里取出，然后通过 forward 方法进行具体的计算。然后，它把结果封装在 Variable 中，并让结果记住 Function 是它的 "创造者"。在此基础上，我们将 __call__ 方法的参数和返回值修改为列表。

steps/step11.py

```python
class Function:
    def __call__(self, inputs):
        xs = [x.data for x in inputs]
        ys = self.forward(xs)
        outputs = [Variable(as_array(y)) for y in ys]

        for output in outputs:
            output.set_creator(self)
        self.inputs = inputs
        self.outputs = outputs
        return outputs

    def forward(self, xs):
        raise NotImplementedError()

    def backward(self, gys):
        raise NotImplementedError()
```

上面的代码将参数和返回值改为列表。除了将变量放入列表进行处理这一点，其余处理的逻辑与之前的一样。另外，这里使用了**列表生成式写法**创建了新的列表。

列表生成式写法具体来说就是 xs = [x.data for x in inputs] 这样的写法，此处示例表示对于 inputs 列表中的各元素 x 取出相应的数据 (x.data)，并创建一个由这些元素组成的新列表。

以上就是新的 Function 类的代码。接下来，我们使用这个新的 Function 类来实现一个具体的函数。首先实现执行加法运算的 Add 类。

11.2　Add类的实现

下面实现Add类的 forward 方法。需要注意的是参数和返回值应该是列表（或元组）。为了满足这一点，我们需要将代码编写成下面这样。

steps/step11.py

```python
class Add(Function):
    def forward(self, xs):
        x0, x1 = xs
        y = x0 + x1
        return (y,)
```

Add类的参数是包含两个变量的列表，所以通过 x0, x1 = xs 可以取出 xs 列表的元素。然后使用这些元素进行计算。在返回结果时，使用 return(y,)（也可以写成"return y,"）来返回一个元组。这么处理后，我们就可以像下面这样使用Add类了。

steps/step11.py

```python
xs = [Variable(np.array(2)), Variable(np.array(3))]  # 初始化为列表
f = Add()
ys = f(xs)  # ys是元组
y = ys[0]
print(y.data)
```

运行结果

```
5
```

如上面的代码所示，DeZero能正确地计算出 2 + 3 = 5。输入变成列表后，DeZero可以处理多个变量；输出变成元组后，DeZero可以支持多个变量。现在的正向传播支持可变长的参数和返回值了，不过实现代码有些烦琐，因为使用Add类的人需要准备列表作为输入变量，并接收元组作为返回值。这种用法很别扭。在下一个步骤，我们将改进目前的实现，使代码更加自然。

步骤 12
可变长参数（改进篇）

在上一个步骤，我们扩展了 DeZero 以支持可变长参数。不过，代码仍有改进空间。为了提高 DeZero 的易用性，这里对它进行两项改进。第 1 项改进针对的是使用 Add 类（或具体的函数类）的人，第 2 项改进针对的是实现 Add 类的人。先看第 1 项改进。

12.1　第 1 项改进：使函数更容易使用

在上一个步骤，我们使用 Add 类进行了计算。图 12-1 左侧是当时编写的代码。

```
xs = [Variable(np.array(2)),
      Variable(np.array(3))]

f = Add()

ys = f(xs)
y = ys[0]
```
→
```
x0 = Variable(np.array(2))
x1 = Variable(np.array(3))

f = Add()

y = f(x0, x1)
```

图 12-1　当前代码（左）和改进后的代码（右）

如图 12-1 左侧的代码所示，目前 Add 类的参数归并到了列表中，结果以元组的形式返回。不过图 12-1 右侧的代码更加自然：不将参数归并到列表，而是直接将参数传递给 Add 类，结果也直接作为变量返回。第 1 项改进就是想办法写出这样自然的代码。

下面着手进行修改。我们要修改 Function 类。下面的阴影部分是对之前的代码所做的修改。

```
class Function:
    def __call__(self, *inputs ):  # ①添加星号
        xs = [x.data for x in inputs]
        ys = self.forward(xs)
        outputs = [Variable(as_array(y)) for y in ys]

        for output in outputs:
            output.set_creator(self)
        self.inputs = inputs
        self.outputs = outputs

        # ②如果列表中只有一个元素，则返回第 1 个元素
        return outputs if len(outputs) > 1 else outputs[0]
```

首先看②处。这行代码在 outputs 只有一个元素时返回的是该元素，而不是一个列表。这意味着如果函数的返回值只有一个，那么这个变量将被直接返回。

接下来看①处。在定义函数时，我们在参数前添加了一个星号。这样就能在不使用列表的情况下调用具有任意个参数（**可变长参数**）的函数。我们从下面的示例可以很清楚地看出可变长参数的用法。

```
>>> def f(*x):
...     print(x)

>>> f(1,2,3)
(1, 2, 3)

>>> f(1, 2, 3, 4, 5, 6)
(1, 2, 3, 4, 5, 6)
```

如上面的代码所示，如果在定义函数时给参数加上星号，那么在调用函

数时，所有参数就能以带星号的形式被一次性拿到。在对代码做上述修改之后，DeZero 的函数类（Add 类）可以按照下面的方式使用。

```
x0 = Variable(np.array(2))
x1 = Variable(np.array(3))
f = Add()
y = f(x0, x1)
print(y.data)
```

运行结果

5

　　这种编写方式对使用 Add 类的人来说更自然。到这里我们就完成了第 1 项改进，下面开始进行第 2 项改进。

12.2　第 2 项改进：使函数更容易实现

　　第 2 项改进针对的是实现 Add 类的人。目前，要实现 Add 类，需要编写图 12-2 左侧所示的代码。

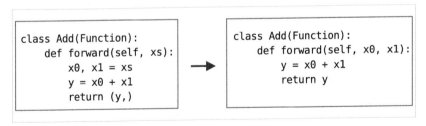

图 12-2　现在的代码（左）和改进后的代码（右）

　　如图 12-2 左侧的代码所示，具体的处理编写在 Add 类的 forward 方法中。在这个实现中，参数以列表的形式传递，返回值以元组的形式返回。当然，图 12-2 右侧的代码更为理想。在该代码下，forward 方法的参数直接接收变量，直接返回结果变量。第 2 项改进就是实现这样的代码。

我们按如下方式修改Function类，完成第2项改进。

steps/step12.py

```python
class Function:
    def __call__(self, *inputs):
        xs = [x.data for x in inputs]
        ys = self.forward(*xs)  # ①使用星号解包
        if not isinstance(ys, tuple):  # ②对非元组情况的额外处理
            ys = (ys,)
        outputs = [Variable(as_array(y)) for y in ys]

        for output in outputs:
            output.set_creator(self)
        self.inputs = inputs
        self.outputs = outputs

        return outputs if len(outputs) > 1 else outputs[0]
```

首先是①处的self.forward(*xs)。这里在调用函数时在参数前加上了星号，由此可解包列表。解包是指将列表中的元素展开并将这些元素作为参数传递的过程。例如在xs = [x0, x1]的情况下，调用self.forward(*xs)就相当于调用self.forward(x0, x1)。

接着是②处。如果ys不是元组，就把它修改为元组。这样在forward方法的实现中，如果返回的元素只有1个，就可以直接返回这个元素。基于这些修改，我们可以按如下方式实现Add类。

steps/step12.py

```python
class Add(Function):
    def forward(self, x0, x1):
        y = x0 + x1
        return y
```

上面的代码定义了def forward(self, x0, x1):。此外，结果可以写成return y这种只返回一个元素的形式，这样对实现Add类的人来说，DeZero就更好写了。到这里，我们就完成了第2项改进。

12.3 add 函数的实现

最后添加代码，使 Add 类能作为 Python 函数使用。

steps/step12.py

```python
def add(x0, x1):
    return Add()(x0, x1)
```

我们可以使用这个 add 函数进行如下计算。

steps/step10.py

```python
x0 = Variable(np.array(2))
x1 = Variable(np.array(3))
y = add(x0, x1)
print(y.data)
```

运行结果
5

　通过前面的改进，我们可以用更自然的代码处理函数的可变长参数了。这里只实现了加法运算，基于同样的做法，我们还可以实现乘法运算和除法运算。不过，现在支持可变长参数的只有正向传播。在下一个步骤，我们将实现支持可变长参数的反向传播。

步骤 13
可变长参数（反向传播篇）

通过上一个步骤的修改，现在函数可以支持多个输入和输出了。我们还修改了正向传播的实现方式，并确认了修改后的代码仍能正确地进行计算。修改完正向传播后就轮到反向传播了。本步骤将修改反向传播的实现。

13.1　支持可变长参数的 Add 类的反向传播

在实现反向传播之前，我们先来看看图 13-1 中加法运算的计算图。

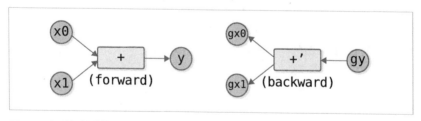

图 13-1　加法运算计算图的正向传播和反向传播（求 y = x0 + x1 的导数的函数用 +' 表示）。

如图 13-1 所示，加法运算的正向传播有两个输入和一个输出。反向传播的情况正好相反，有一个输入和两个输出。从表达式来看，当 $y = x_0 + x_1$ 时，由导数公式可得 $\frac{\partial y}{\partial x_0} = 1$，$\frac{\partial y}{\partial x_1} = 1$。

式子(函数)$y = x_0 + x_1$有两个输入变量。这种有多个输入变量的函数称为**多元函数**。在多元函数中，只对一个输入变量求导(将其他变量视为常数)，得到的是**偏导数**。偏导数的导数符号是∂。拿例子中的$\frac{\partial y}{\partial x_0}$来说，它表示我们只关注$x_0$并对其求导，$x_0$以外的变量一律视为常数。本书在后面提到偏导数时，也会将其简称为导数。此外，即使是仅有一个变量的情况，在式子中我们也会使用符号∂。

在加法运算的反向传播中，从输出端传播的导数乘以1后的值就是输入变量$(x_0$、$x_1)$的导数。换言之，加法运算的反向传播就是把上游的导数原封不动地"传走"。考虑到这些内容，我们按如下方式实现Add类。

steps/step13.py

```python
class Add(Function):
    def forward(self, x0, x1):
        y = x0 + x1
        return y

    def backward(self, gy):
        return gy, gy
```

在上面的代码中，backward方法有一个输入和两个输出。当然，为了支持这种有多个返回值的情况，我们必须修改反向传播的实现。在DeZero中，这是通过Variable类的backward方法实现的。

13.2　修改Variable类

现在来看看Variable类的backward方法。复习一下当前Variable类的代码，具体如下所示。

steps/step12.py

```python
class Variable:
    ...

    def backward(self):
```

```
    if self.grad is None:
        self.grad = np.ones_like(self.data)

    funcs = [self.creator]
    while funcs:
        f = funcs.pop()
        x, y = f.input, f.output   # ①获取函数的输入和输出
        x.grad = f.backward(y.grad)   # ②调用backward方法

        if x.creator is not None:
            funcs.append(x.creator)
```

这里需要注意的是阴影部分的代码。首先，while循环中①的部分用于获取函数的输入输出变量。②的部分用于调用函数的backward方法。目前，①的代码只支持函数的输入输出变量只有一个的情况。下面我们对代码进行修改，使其能够支持多个变量。修改后的代码如下所示。

steps/step13.py

```
class Variable:
    ...

    def backward(self):
        if self.grad is None:
            self.grad = np.ones_like(self.data)

        funcs = [self.creator]
        while funcs:
            f = funcs.pop()
            gys = [output.grad for output in f.outputs]   # ①
            gxs = f.backward(*gys)   # ②
            if not isinstance(gxs, tuple):   # ③
                gxs = (gxs,)

            for x, gx in zip(f.inputs, gxs):   # ④
                x.grad = gx

                if x.creator is not None:
                    funcs.append(x.creator)
```

这里共修改了4处。①处将输出变量outputs的导数汇总在列表中。②

处调用了函数 f 的反向传播。这里调用了 f.backward(*gys) 这种参数前带有星号的函数对列表进行解包(展开)。③处所做的处理是，当 gxs 不是元组时，将其转换为元组。

代码中的②和③处与上一个步骤改进正向传播的做法相同。②的代码在调用 Add 类的 backward 方法时，将参数解包后传递。③的代码使得 Add 类的 backward 方法可以简单地返回元素而不是元组。

代码中的④处将反向传播中传播的导数设置为 Variable 的实例变量 grad。这里，gxs 和 f.inputs 的每个元素都是一一对应的。准确来说，如果有第 i 个元素，那么 f.input[i] 的导数值对应于 gxs[i]。于是代码中使用 zip 函数和 for 循环来设置每一对的导数。以上就是 Variable 类的新 backward 方法。

13.3　Square 类的实现

现在 Variable 类和 Function 类已经支持可变长的输入和输出了。我们还实现了一个 Add 类作为具体的函数。最后，我们需要改进目前使用的 Square 类，使其支持新的 Variable 类和 Function 类。要修改的地方只有一处(阴影部分)。

steps/step13.py

```
class Square(Function):
    def forward(self, x):
        y = x ** 2
        return y

    def backward(self, gy):
        x = self.inputs[0].data    # 修改前为 x = self.input.data
        gx = 2 * x * gy
        return gx
```

如上面的代码所示，由于 Function 类的实例变量已经从 input(单数形式)变为 inputs(复数形式)，所以 Square 需修改为从 inputs 中取出输入变量 x。

这样新的 Square 类就完成了。下面使用 add 函数和 square 函数实际进行计算。

steps/step13.py

```
x = Variable(np.array(2.0))
y = Variable(np.array(3.0))

z = add(square(x), square(y))
z.backward()
print(z.data)
print(x.grad)
print(y.grad)
```

运行结果

```
13.0
4.0
6.0
```

上面的代码计算了 $z = x^2 + y^2$。在使用 DeZero 的情况下，这个计算可以写成 z = add(square(x), square(y)) 的形式。之后只要调用 z.backward() 就能自动求出导数了。

通过以上修改，我们实现了支持多个输入和输出的自动微分的机制。后面只要按部就班地编写需要的函数，就可以实现更复杂的计算。不过，当前的 DeZero 还存在一个问题。在下一个步骤，我们将解决这个问题。

步骤 14
重复使用同一个变量

当前的 DeZero 有一个问题，每当重复使用同一个变量，这个问题就会出现。例如，图 14-1 所示的 y = add(x, x) 的情况。

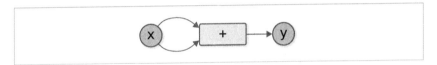

图 14-1　y = add(x, x) 的计算图

DeZero 在用相同变量进行加法运算时不能正确求导。下面测试一下，看看实际的结果是什么样的。

```
x = Variable(np.array(3.0))
y = add(x, x)
print('y', y.data)

y.backward()
print('x.grad', x.grad)
```

运行结果
```
y 6.0
x.grad 1.0
```

上面的代码以 x = 3.0 进行了加法运算。在这种情况下，y 的值是 6.0，这是正确的结果。但是，x 的导数(x.grad)是 1.0，这是错误的结果。当

$y = x + x$ 时，$y = 2x$，所以导数的正确结果为 $\frac{\partial y}{\partial x} = 2$。

14.1 问题的原因

为什么会出现错误的结果呢？原因在于下面 Variable 类中阴影部分的代码。

steps/step13.py

```python
class Variable:
    ...

    def backward(self):
        if self.grad is None:
            self.grad = np.ones_like(self.data)

        funcs = [self.creator]
        while funcs:
            f = funcs.pop()
            gys = [output.grad for output in f.outputs]
            gxs = f.backward(*gys)
            if not isinstance(gxs, tuple):
                gxs = (gxs,)

            for x, gx in zip(f.inputs, gxs):
                x.grad = gx    # 这里有错误！！

                if x.creator is not None:
                    funcs.append(x.creator)
```

如上所示，当前代码是直接用从输出端传播的导数进行赋值的。因此，在计算中重复使用同一个变量时，传播的导数的值会被替换。拿上面的加法运算来说，导数的传播如图 14-2 所示。

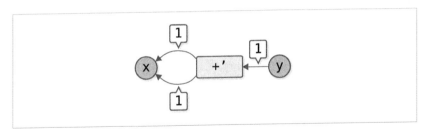

图 14-2　y = add(x，x) 的反向传播（箭头上方和下方显示了传播的导数的值）

图 14-2 显示了传播的导数的值。在这个例子中，x 的导数的正确结果是 $1 + 1 = 2$。也就是说，我们要求出传播的导数的和，但是，目前的实现方式是覆盖这个值。

14.2　解决方案

解决方案很简单。基于以上内容，我们按如下方式修改 Variable 类。

steps/step14.py

```python
class Variable:
    ...

    def backward(self):
        if self.grad is None:
            self.grad = np.ones_like(self.data)

        funcs = [self.creator]
        while funcs:
            f = funcs.pop()
            gys = [output.grad for output in f.outputs]
            gxs = f.backward(*gys)
            if not isinstance(gxs, tuple):
                gxs = (gxs,)

            for x, gx in zip(f.inputs, gxs):
                if x.grad is None:
                    x.grad = gx
                else:
                    x.grad = x.grad + gx
```

```
        if x.creator is not None:
            funcs.append(x.creator)
```

如上面的代码所示,如果是第1次设置导数(grad),做法就和此前一样,直接用从输出端传来的导数进行赋值。之后如果再传来导数,则"加上"这个导数。

 上面的代码使用x.grad = x.grad + gx对导数进行了加法运算。看起来这行代码也可以改为x.grad += gx这种使用了加法赋值运算符(+=)的形式,但实际上这种写法会出现问题。具体原因和背景知识有些复杂,而且脱离了深度学习的本质,所以在此不进行讨论。感兴趣的读者请参考本书的附录A,其中详细介绍了这个问题。

这样就可以重复使用同一个变量了。下面再来试试之前出现问题的计算。

steps/step14.py

```
x = Variable(np.array(3.0))
y = add(x, x)
y.backward()
print(x.grad)
```

运行结果
```
2.0
```

运行上面的代码,我们得到了正确结果2.0。接着,试着把x连加三次。

steps/step14.py

```
x = Variable(np.array(3.0))
y = add(add(x, x), x)
y.backward()
print(x.grad)
```

运行结果
```
3.0
```

结果是 3.0。根据 $y = x + x + x = 3x$ 可知导数为 3，与代码运行结果一致。这样，重复使用同一个变量的实现就完成了。

14.3　重置导数

本步骤要做的唯一修改就是在代码中加上反向传播的导数。不过，我们要注意使用同一个变量进行不同计算的情况。笔者以下面的代码为例进行说明。

```python
# 第1个计算
x = Variable(np.array(3.0))
y = add(x, x)
y.backward()
print(x.grad)

# 第2个计算(使用同一个x进行其他计算)
y = add(add(x, x), x)
y.backward()
print(x.grad)
```

运行结果
```
2.0
5.0
```

上面的代码做了 2 个导数计算。假如为了节省内存要重复使用 Variable 实例的 x，那么在第 2 次使用 x 时，x 的导数会加在第 1 次使用 x 时的导数上。因此，第 2 次求出的导数 5.0 是错误的计算结果，正确结果是 3.0。

为了解决这个问题，我们要在 Variable 类中添加一个名为 cleargrad 的方法来初始化导数。

steps/step14.py

```python
class Variable:
    ...

    def cleargrad(self):
        self.grad = None
```

cleargrad方法用于初始化导数。我们只要在方法中设置self.grad = None即可。这个方法可以帮助我们利用同一个变量求出不同计算的导数。拿前面的例子来说，代码可以写成下面这样。

```
# 第1个计算
x = Variable(np.array(3.0))
y = add(x, x)
y.backward()
print(x.grad)  # 2.0

# 第2个计算(使用同一个x进行不同的计算)
x.cleargrad()
y = add(add(x, x), x)
y.backward()
print(x.grad)  # 3.0
```

运行结果

```
2.0
3.0
```

这次正确求出了第2个计算的导数(第2个计算的导数为3.0，结果正确)。因此，在调用第2个计算的y.backward()之前调用x.cleargrad()，就可以重置变量中保存的导数。这样就可以使用同一个变量来执行其他计算了。

DeZero的cleargrad方法可以用来解决优化问题。优化问题是寻找函数的最小值或最大值的问题。例如，在步骤28中，我们会最小化Rosenbrock函数，届时将使用cleargrad方法。

到这里，本步骤的内容就结束了。通过这个步骤的工作，Variable类进一步得到了提升。不过还有一个重要的问题需要解决。在下一个步骤，我们将解决这个问题。问题解决后，Variable类就完成了。

步骤15

复杂的计算图（理论篇）

前面我们处理的都是图 15-1 这种笔直的计算图。

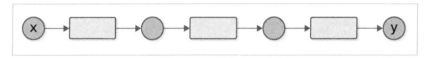

图 15-1　笔直的计算图

然而，变量和函数并不局限于这种简单的连接方式。我们的 DeZero 已经得到了一定的发展，现在可以创建像图 15-2 这样的计算图了。

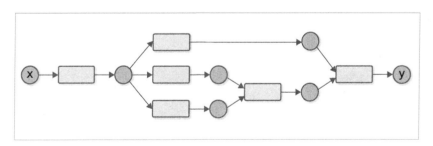

图 15-2　更复杂的"连接"的例子

图 15-2 所示的计算重复使用了同一个变量，也使用了支持多个变量的函数。通过这样的方式，我们可以建立更复杂的"连接"。不过遗憾的是，DeZero 不能正确地求出这类计算的导数。准确来说，它无法正确地进行这种复杂"连接"的反向传播。

图的连接方式叫作**网络拓扑**（topology）。本步骤的目标是支持各种拓扑结构的计算图。我们将引入新的思路，让 DeZero 不管计算图的连接方式是什么样的，都能正确求导。

15.1　反向传播的正确顺序

DeZero 的问题出在哪里呢？为了找出原因，我们来思考一下图 15-3 这个相对简单的计算图。当前的 DeZero 针对这个计算图进行计算会得出错误的导数。

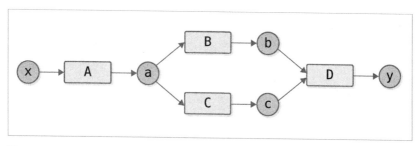

图 15-3　中途出现分支后，分支又连接在一起的计算图示例

我们要注意图 15-3 中的变量 a，它是在计算过程中出现的变量。通过上一个步骤可知，对于重复使用同一变量的情况，我们需要在反向传播时加上从输出端传来的导数。因此，要想求出 a 的导数（式子为 $\frac{\partial y}{\partial a}$），就要使用从 a 的输出端传来的两个导数。这两个导数传播出去之后，导数就可以从 a 向 x 传播了。基于以上内容，反向传播的流程如图 15-4 所示。

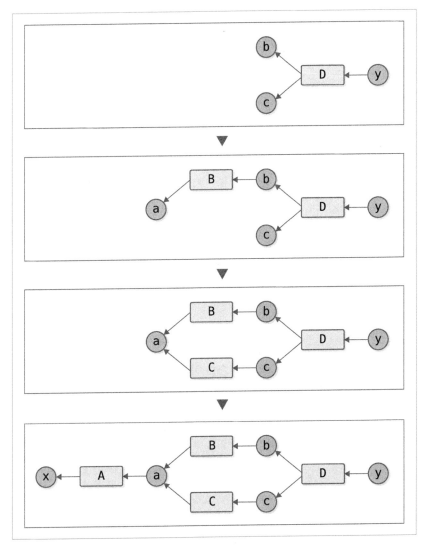

图 15-4　反向传播的正确顺序

　　图 15-4 是由变量 y 向变量 x 传播导数的流程。再次强调一下，这里需要注意的是 "在向变量 a 传播两个导数之后，从 a 向 x 传播导数" 这一点。此时，从函数的角度来看，反向传播是按照 D、B、C、A 的顺序进行的。不过，B 和

C的顺序可以调换，所以D、C、B、A的顺序也正确。在进行函数A的反向传播之前，要先完成函数B和函数C的反向传播。

15.2　当前的DeZero

当前的DeZero会按照图15-4所示的顺序进行反向传播吗？先来看看当前Variable类的实现代码。注意看下面的阴影部分。

steps/step14.py

```python
class Variable:
    ...

    def backward(self):
        if self.grad is None:
            self.grad = np.ones_like(self.data)

        funcs = [self.creator]
        while funcs:
            f = funcs.pop()
            gys = [output.grad for output in f.outputs]
            gxs = f.backward(*gys)
            if not isinstance(gxs, tuple):
                gxs = (gxs,)

            for x, gx in zip(f.inputs, gxs):
                if x.grad is None:
                    x.grad = gx
                else:
                    x.grad = x.grad + gx

                if x.creator is not None:
                    funcs.append(x.creator)
```

需要注意的是funcs列表。在while循环中，我们将待处理的候选函数添加到了funcs列表的末尾（funcs.append(x.creator)），然后，从列表末尾取出下一个要处理的函数（funcs.pop()）。根据这个处理流程，反向传播会按照图15-5所示的流程进行。

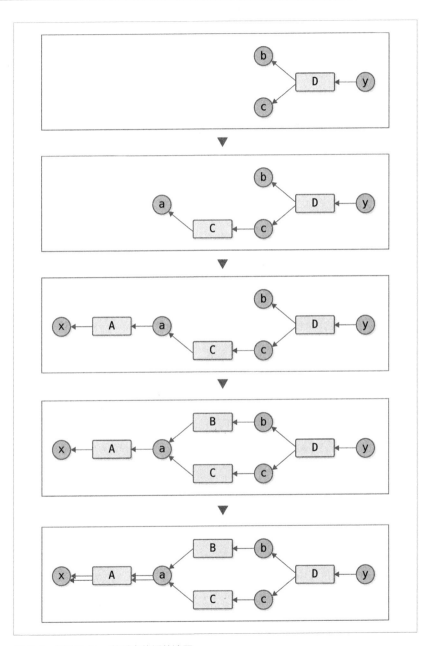

图15-5　当前DeZero的反向传播的流程

从图15-5可以看出，要处理的函数的顺序为D、C、A、B、A。问题有两个：一个是C后面是A；一个是函数A的反向传播被调用了两次。对比一下前面的代码，看看为什么会出现这样的问题。

首先，D被添加到funcs列表中，流程从状态[D]开始。接下来取出函数D，然后将D的输入变量（D.inputs）的创造者B和C添加到funcs列表中（图15-6）。

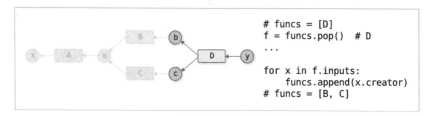

图15-6　函数D的反向传播（右侧为funcs列表相关的代码）

此时funcs列表的值是[B, C]。之后，该列表的最后一项C会被取出。然后C的输入变量的创造者A会被添加到列表中。此时，funcs列表的值变为[B, A]（图15-7）。

# funcs = [B, C]
f = funcs.pop() # C
# funcs = [B]
...

for x in f.inputs:
    funcs.append(x.creator)
# funcs = [B, A]

图15-7　函数C的反向传播和相应的代码

最后取出了列表末尾的A，问题就出在这里。这里本应该取出B，结果取出了A。

到目前为止，我们处理的都是笔直的计算图。对于这样的计算图，我们可以从列表中取出元素，无须考虑要处理的函数的顺序。这是因为从列表取出元素时，列表中总是只有一个元素。

15.3　函数的优先级

funcs 列表包含了接下来要处理的候选函数列表，但现在的做法是（直接）取出候选列表中的最后一个元素。当然，我们需要的是从 funcs 列表中取出合适的函数。拿刚才的例子来说，我们要从 [B, A] 列表中取出更接近输出方的 B。解决这个问题的办法是给函数赋予优先级。如果 B 的优先级比 A 的优先级高，就可以先取出 B。

应当如何设置优先级呢？其中一种方法是"解析"给定的计算图。比如可以使用一种叫作"拓扑排序"的算法，根据节点的连接方式给节点排序。这种排好的顺序就是优先级。还有一种不依赖该算法的简单方法，这种方法我们见过。

我们见过在进行普通计算（即正向传播）时，函数生成变量的过程。换言之，我们已经知道了哪个函数生成了哪个变量。由此，我们可以按照图 15-8 的方式记录函数和变量的"辈分"关系。

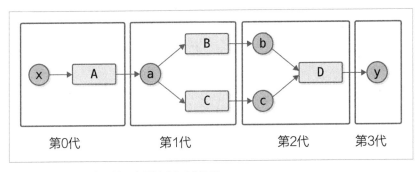

第0代　　　　　第1代　　　　　第2代　　　　第3代

图15-8　正向传播中函数和变量的"辈分"关系

图 15-8 所示的"辈分"关系正好与优先级相对应。在反向传播时，如果按照从后代到先代的顺序处理，就可以保证"子辈"在"父辈"之前被取出。以图 15-8 为例，在函数 B 和函数 A 之间做选择时，会先取出"后代"B。以上就是按照正确的顺序进行反向传播的方法，在下一个步骤，我们将实现这种方法。

步骤 16
复杂的计算图（实现篇）

本步骤将实现上一步骤提到的方法。首先在正向传播中实现"辈分"的设置，然后在反向传播中，按照从后代到先代的顺序取出函数。修改完成后，无论计算图多么复杂，反向传播都会按照正确的顺序进行。

16.1　增加"辈分"变量

首先在 Variable 类和 Function 类中增加实例变量 generation。generation 表示函数（或变量）属于哪一代。下面先来看看 Variable 类的代码，类中增加的代码如下所示。

steps/step16.py

```python
class Variable:
    def __init__(self, data):
        if data is not None:
            if not isinstance(data, np.ndarray):
                raise TypeError('{} is not supported'.format(type(data)))

        self.data = data
        self.grad = None
        self.creator = None
        self.generation = 0

    def set_creator(self, func):
        self.creator = func
        self.generation = func.generation + 1
    ...
```

Variable类将generation初始化为0。之后，当set_creator方法被调用时，它将generation的值设置为父函数的generation值加1。如图16-1所示，由f.generation的值为2的函数创建的变量，其y.generation的值为3。以上就是对Variable类所做的修改。

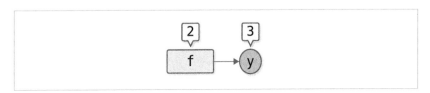

图16-1　变量的generation的关系图（generation的值显示在节点上方）

接下来是Function类。Function类的generation被设置为与输入变量的generation相同的值。如图16-2的左图所示，输入变量只有一个，它的generation的值为4，这时函数的generation的值也为4。

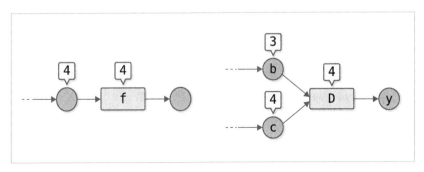

图16-2　函数的generation的关系图

在有多个输入变量的情况下，要采用其中最大的generation的值。如图16-2的右图所示，输入变量有两个，它们的generation的值分别为3和4，此时要将函数的generation设为4。为了满足以上几点，我们在Function类中添加以下代码。

steps/step16.py

```
class Function(object):
    def __call__(self, *inputs):
        xs = [x.data for x in inputs]
        ys = self.forward(*xs)
        if not isinstance(ys, tuple):
            ys = (ys,)
        outputs = [Variable(as_array(y)) for y in ys]

        self.generation = max([x.generation for x in inputs])
        for output in outputs:
            output.set_creator(self)
        self.inputs = inputs
        self.outputs = outputs
        return outputs if len(outputs) > 1 else outputs[0]

    ...
```

上面阴影部分的代码用来设置 Function 的 generation。

16.2 按照"辈分"顺序取出元素

通过以上修改,在进行普通计算(即正向传播)时,变量和函数中会设置好 generation 的值。下面来看图 16-3 所示的计算图。

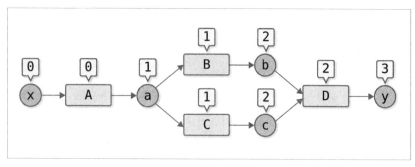

图16-3 计算图中"辈分"的例子

从图16-3可以看到,函数A的 generation 的值是0,函数B和函数C的

generation的值是1，函数D的generation的值是2。按照这种方式设置之后，
DeZero在反向传播中就可以按照正确的顺序取出函数了。例如，generation
的值更大的函数B和函数C可以先于函数A被取出。

> 如前所述，在Variable类的backward方法中，我们把要处理的候补函数
> 放入funcs列表中。之后从列表中取出函数时，首先取出generation的
> 值最大的函数，这样就可以按照正确的顺序进行函数的反向传播了。

接下来要实现的是按照"辈分"顺序取出函数。在此之前，我们先用一
个虚拟的DeZero函数做一个简单的实验。

```
>>> generations = [2, 0, 1, 4, 2]
>>> funcs = []

>>> for g in generations:
...     f = Function()  # 虚拟的函数类
...     f.generation = g
...     funcs.append(f)

>>> [f.generation for f in funcs]
[2, 0, 1, 4, 2]
```

上面的代码准备了虚拟的函数，并将其添加到了funcs列表中。下面我
们从这个列表中取出generation的值最大的函数。代码如下所示。

```
>>> funcs.sort(key=lambda x: x.generation)
>>> [f.generation for f in funcs]
[0, 1, 2, 2, 4]

>>> f = funcs.pop()
>>> f.generation
4
```

上面的代码通过列表的sort方法将列表按generation的值从小到大的顺
序排列。具体做法是指定key=lambda x: x.generation作为sort方法的参数，

如果 x 是列表中的元素，则列表中的元素按照 x.generation 的值从小到大的
顺序排列。然后，使用 pop 方法取出列表的最后一个元素，这个元素就是
generation 的值最大的函数。

> 我们这里要做的只是取出 generation 的值最大的函数，所以没有必要像
> 前面那样对所有元素重新排序。更高效的做法是使用优先队列算法，不
> 过本书没有采用这种方法，感兴趣的读者可以自行实现（提示：Python 有
> **heapq** 模块）。

16.3 Variable 类的 backward

言归正传，我们来看一下 Variable 类的 backward 方法是如何实现的。重
点看修改的部分（阴影部分）。

steps/step16.py

```python
class Variable:
    ...

    def backward(self):
        if self.grad is None:
            self.grad = np.ones_like(self.data)

        funcs = []
        seen_set = set()

        def add_func(f):
            if f not in seen_set:
                funcs.append(f)
                seen_set.add(f)
                funcs.sort(key=lambda x: x.generation)

        add_func(self.creator)

        while funcs:
            f = funcs.pop()
            gys = [output.grad for output in f.outputs]
            gxs = f.backward(*gys)
            if not isinstance(gxs, tuple):
                gxs = (gxs,)
```

```
        for x, gx in zip(f.inputs, gxs):
            if x.grad is None:
                x.grad = gx
            else:
                x.grad = x.grad + gx

            if x.creator is not None:
                add_func(x.creator)
```

　　上面的代码添加了 add_func 函数。此前向列表中添加 DeZero 函数时调用的是 funcs.append(f)，这里改为调用 add_func 函数。在这个 add_func 函数中，DeZero 函数的列表将按照 generation 的值排序。这样一来，在之后取出 DeZero 函数时，我们就可以使用 funcs.pop() 取出 generation 的值最大的函数了。

　　顺带一提，上面的代码在 backward 方法中定义了 add_func 函数。这种用法适用于满足以下两个条件的情况。

- 只在父方法（backward 方法）中使用
- 需要访问父方法（backward 方法）中使用的变量（funcs、seen_set）

　　由于 add_func 函数满足这两个条件，所以我们将它定义在了方法中。

　　上面的实现使用了一个名为 seen_set 的集合（set）。该集合的作用是防止同一个函数被多次添加到 funcs 列表中，由此可以防止一个函数的 backward 方法被错误地多次调用。

16.4　代码验证

　　现在我们可以按照 generation 的值从大到小的顺序取出函数了。这样一来，无论计算图多么复杂，反向传播应该都能以正确的顺序进行。下面试着求出图 16-4 这个计算的导数。计算图和代码如下所示。

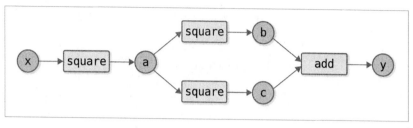

图16-4　此前无法正确处理的计算图的例子

steps/step16.py

```
x = Variable(np.array(2.0))
a = square(x)
y = add(square(a), square(a))
y.backward()

print(y.data)
print(x.grad)
```

运行结果
```
32.0
64.0
```

　　从运行结果来看，求出的 x 的导数是 64.0。我们使用式子来确认一下，也就是求 $y = (x^2)^2 + (x^2)^2$，即 $y = 2x^4$ 的导数。由于 $y' = 8x^3$，所以 $x = 2.0$ 时的导数为 64.0，与上面的运行结果一致。

　　我们终于可以处理复杂的计算图了。图16-4 所示的计算图比较简单，但其实 DeZero 已经可以对连接方式比较复杂的计算图求导了，比如图16-5 这样的计算图。

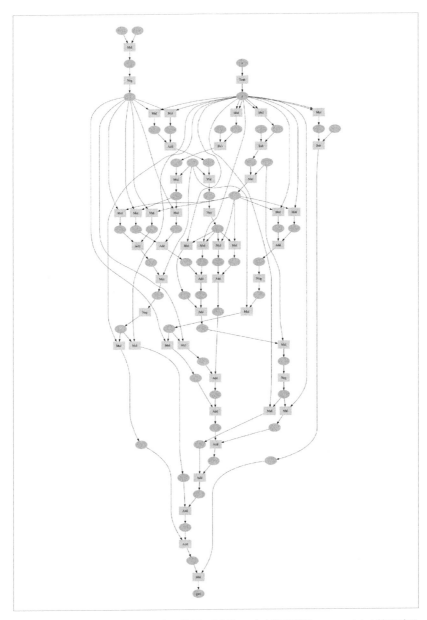

图16-5　连接方式更加复杂的计算图的例子（步骤35中实际创建的 y = tanh(x) 的四阶导数的计算图）

　　本步骤到此结束。这个步骤是整本书中比较难的一个部分。理解了这个步骤的内容，大家就能很快感受到DeZero的威力了。在下一个步骤，我们来看看DeZero的性能，特别是它的内存使用情况。

步骤 17
内存管理和循环引用

　　DeZero 是一个重视教学的通俗易懂的框架，所以牺牲了一些性能。我们此前确实也没有关注速度和内存的使用情况。在本步骤和下一个步骤，我们会向 DeZero 引入一些可以提高性能的技术。首先来学习一下 Python 的内存管理。

Python 是一门编程语言，它其实也是一个执行 Python 代码的程序。这个程序通常称为 Python 解释器。默认的 Python 解释器是 CPython，它是用 C 语言实现的。本步骤按照 CPython 的做法对 Python 内存管理进行说明。

17.1　内存管理

　　Python 会自动从内存中删除不再需要的对象。这个功能非常好，有效减少了用户自行管理内存的情况。不需要的对象会被 Python 解释器（在幕后）释放出来，这样我们就可以专注于更重要的编程任务了。但是，如果代码写得不好，就可能出现内存泄漏或内存不足等情况，特别是神经网络经常处理大量数据，更容易碰到这些情况。因此，如果内存管理做得不好，就很可能因内存耗尽而花费大量运行时间（如果在 GPU 上运行，会导致内存不足，程序无法继续运行）。

　　下面简单了解一下 Python 是如何管理内存的。Python（准确来说是

CPython)使用两种方式管理内存：一种是引用计数，另一种是分代垃圾回收。这里我们把后者称为GC（Garbage Collection，垃圾回收）。首先来看引用计数的相关内容。

 有些资料也将引用计数方式的内存管理称为垃圾回收（GC）。本书把这种方式的内存管理称为"引用计数"，不将其纳入GC的范畴。

17.2 引用计数方式的内存管理

Python的基础内存管理方式是引用计数。引用计数的机制很简单（因此效率很高）。每个对象在被创建时的引用计数为0，当它被另一个对象引用时，引用计数加1，当引用停止时，引用计数减1。最终，当引用计数变为0时，Python解释器会回收该对象。在引用计数中，当对象不再被需要时，会立即从内存中删除。这就是引用计数方式的内存管理。

以下是导致引用计数增加的情况。

- 使用赋值运算符时
- 向函数传递参数时
- 向容器类型对象（列表、元组和类等）添加对象时

上述情况会导致引用计数增加。示例代码如下所示。

```
class obj:
    pass

def f(x):
    print(x)

a = obj()  # 引用计数为1
f(a)  # 进入函数后引用计数为2
# 离开函数后引用计数为1
a = None  # 引用计数为0
```

　　在上面的代码中，a是由obj()创建的对象[1]的引用。此时该对象的引用计数为1。之后调用了函数f(a)，其中a作为参数传递给函数，所以在函数作用域内，引用计数加1（合计为2）。在对象离开函数作用域时，引用计数减1。最后，当a = None时，对象的引用计数为0（它不再被任何对象引用）。此时，对象会立即从内存中释放。

　　由此可见，引用计数的机制很简单。不过这个简单的机制解决了许多内存使用相关的问题。我们再来看看下面的示例代码。

```
a = obj()
b = obj()
c = obj()

a.b = b
b.c = c

a = b = c = None
```

　　上面的代码创建了a、b、c这3个对象。a引用了b，b引用了c。此时，对象之间的关系如图17-1左图所示。

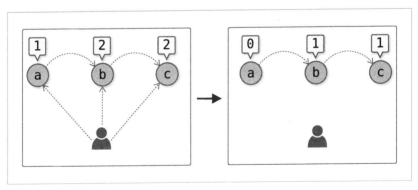

图17-1　对象关系图（虚线表示引用，数字表示引用计数）

---

[1] 在Python中，一切皆为对象。类和函数是对象，基于类创建的实例也是对象。在本步骤中，我们将实例称为对象。

如图17-1右图所示，当a = b = c = None时，对象之间的关系发生变化。此时a的引用计数变为0（b和c的引用计数为1）。因此，a立即被删除。删除a导致b的引用计数从1变成0，因此b也被删除。同理，删除b导致c的引用计数从1变成0，c也被删除。这是一种类似于多米诺骨牌的机制，可以一次性删除用户不再使用的对象。

这就是Python的内存管理方法——引用计数。它解决了很多内存管理的问题，但是，有一个问题是不能用引用计数来解决的，这个问题就是循环引用。

17.3 循环引用

在了解循环引用之前，我们先来看一段示例代码。

```
a = obj()
b = obj()
c = obj()

a.b = b
b.c = c
c.a = a

a = b = c = None
```

上面的代码与之前的代码几乎相同，唯一的区别是这次增加了一个从c到a的引用。这时，3个对象呈环状相互引用。这种状态就是**循环引用**。a、b、c之间的关系如图17-2所示。

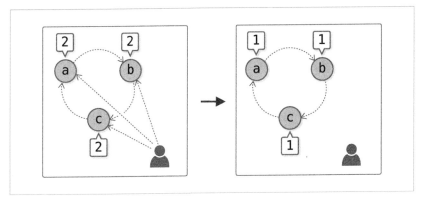

图 17-2　循环引用情况下的对象关系图（虚线表示引用）

图 17-2 右图中的 a、b、c 的引用计数均为 1。这时用户已无法访问这 3 个对象（也就是说，它们是没有用的对象）。但是，如果只设置了 a = b = c = None，那么此时因为循环引用，引用计数不会为 0，对象也不会从内存中释放出来。这时就需要使用第 2 种方法了。这种方法就是 GC（准确来说是分代垃圾回收）。

GC 比引用计数更智能，它可以判断对象是否有用（GC 的原理很复杂，本书不对其进行介绍）。与引用计数不同，GC 会在内存不足等情况下自动被 Python 解释器调用。GC 也支持显式调用，具体做法是导入 gc 模块，然后调用 gc.collect()。

GC 能够正确处理循环引用。因此在使用 Python 编程时，我们通常不需要关心循环引用。不过，（与没有循环引用时的情况相比）使用 GC 推迟内存释放会导致程序整体的内存使用量增加（详见参考文献 [10]）。内存是机器学习，尤其是神经网络运算时的重要资源。因此，在 DeZero 的开发过程中，建议避免循环引用。

以上就是 Python 的内存管理的基础知识。现在我们把目光转回 DeZero。其实当前的 DeZero 中存在循环引用，就在图 17-3 所示的变量和函数部分。

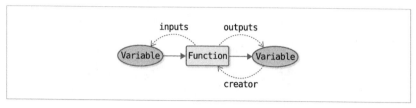

图17-3 Variable 和 Function 的循环引用

如图 17-3 所示，Function 实例引用了输入和输出的 Variable 实例。同时，Variable 实例也引用了作为创建者的 Function 实例。这时，Function 实例和 Variable 实例之间就存在循环引用关系。我们可以使用作为 Python 标准模块的 weakref 来避免循环引用。

17.4 weakref 模块

在 Python 中，我们可以使用 weakref.ref 函数来创建弱引用。弱引用是在不增加引用计数的情况下引用另一个对象的功能。下面是使用 weakref.ref 函数的例子。

```
>>> import weakref
>>> import numpy as np

>>> a = np.array([1, 2, 3])
>>> b = weakref.ref(a)

>>> b
<weakref at 0x103b7f048; to 'numpy.ndarray' at 0x103b67e90>

>>> b()
[1 2 3]
```

上面的代码选用了 ndarray 实例作为对象。a 是它的引用，b 是它的弱引用。b 的输出表明它是 ndarray 的弱引用（weakref）。我们可以编写 b() 来实际访问该引用中的数据。

接着在上面的代码之后运行a = None。结果如下所示。

```
>>> a = None
>>> b
<weakref at 0x103b7f048; dead>
```

如代码所示，ndarray实例通过引用计数这一内存管理方式被删除，b虽然引用了这个对象，但由于是弱引用，所以对引用计数没有影响。这时我们来看b的输出，会发现有dead出现，这表明ndarray实例已经被删除。

在Python解释器上运行是这里展示的弱引用的示例代码正常工作的前提。如果是在IPython或Jupyter Notebook等解释器上运行，b的输出中不会出现dead，因为这些解释器会在幕后持有额外的引用。

下面将weakref机制引入DeZero中。阴影部分是要向Function类添加的代码。

steps/step17.py

```
import weakref

class Function:
    def __call__(self, *inputs):
        xs = [x.data for x in inputs]
        ys = self.forward(*xs)
        if not isinstance(ys, tuple):
            ys = (ys,)
        outputs = [Variable(as_array(y)) for y in ys]

        self.generation = max([x.generation for x in inputs])
        for output in outputs:
            output.set_creator(self)
        self.inputs = inputs
        self.outputs = [weakref.ref(output) for output in outputs]
        return outputs if len(outputs) > 1 else outputs[0]

    ...
```

设置实例变量 self.outputs 的代码被改为拥有对象的弱引用的代码。这样，函数的输出变量会变成弱引用。这处修改完成后，我们还需要修改其他类引用 Function 类的 outputs 的代码。目前，我们需要按如下方式修改 Variable 类的 backward 方法。

steps/step17.py

```
class Variable:
    ...
    def backward(self):
        ...
        while funcs:
            f = funcs.pop()
            # gys = [output.grad for output in f.outputs]
            gys = [output().grad for output in f.outputs]
            ...
```

上面的代码将 [output.grad for ...] 改为 [output().grad for...]。这就解决了 DeZero 中循环引用的问题。

17.5　代码验证

下面我们在没有循环引用的新 DeZero 的基础上运行以下代码。

steps/step17.py

```
for i in range(10):
    x = Variable(np.random.randn(10000))  # 大量数据
    y = square(square(square(x)))  # 进行复杂的计算
```

上面的代码使用循环来多次进行计算。循环中的引用情况如图17-4所示。

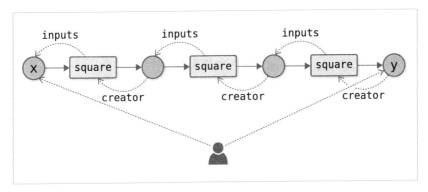

图17-4 x和y被用户引用时的关系图

之后，从图17-4所示的状态开始进行下一个计算（for语句中的第2次计算）时，x和y将被覆盖。此时，用户就不能再次访问之前的计算图了。由于引用计数减至0，所以计算图中使用的所有内存会被立刻清除。这就解决了DeZero中循环引用的问题。

我们可以借助memory profiler（参考文献[11]）等外部库来监测Python中的内存使用情况。实际监测前面代码的内存使用情况，可以发现内存的使用量没有增加。

步骤 18
减少内存使用量的模式

在上一个步骤，我们学习了 Python 的内存管理。本步骤将针对 DeZero 的内存使用量进行两项改进。第 1 项改进是减少反向传播消耗的内存使用量，这项改进提供了立即清除无用导数的机制。第 2 项改进是提供 "不需要反向传播时的模式"，该模式可以省去不必要的计算。

18.1 不保留不必要的导数

第 1 项改进针对的是 DeZero 的反向传播。目前在 DeZero 中，所有的变量都保留了导数，比如下面这个例子。

```
x0 = Variable(np.array(1.0))
x1 = Variable(np.array(1.0))
t = add(x0, x1)
y = add(x0, t)
y.backward()

print(y.grad, t.grad)
print(x0.grad, x1.grad)
```

运行结果

```
1.0 1.0
2.0 1.0
```

在上面的代码中，用户提供的变量是x0和x1。变量t和y是通过计算产生的。当用y.backward()计算导数时，所有变量都会保留它们的导数。不过在多数情况下，尤其在机器学习中，只有终端变量（x0、x1）的导数才需要通过反向传播求得。在上面的例子中，y或t等中间变量的导数基本用不到。因此，我们可以增加一种消除这些中间变量的导数的模式。为此，我们要在当前Variable类的backward方法中添加以下阴影部分的代码。

steps/step18.py

```python
class Variable:
    ...

    def backward(self, retain_grad=False ):
        if self.grad is None:
            self.grad = np.ones_like(self.data)

        funcs = []
        seen_set = set()

        def add_func(f):
            if f not in seen_set:
                funcs.append(f)
                seen_set.add(f)
                funcs.sort(key=lambda x: x.generation)

        add_func(self.creator)

        while funcs:
            f = funcs.pop()
            gys = [output().grad for output in f.outputs]
            gxs = f.backward(*gys)
            if not isinstance(gxs, tuple):
                gxs = (gxs,)

            for x, gx in zip(f.inputs, gxs):
                if x.grad is None:
                    x.grad = gx
                else:
                    x.grad = x.grad + gx

                if x.creator is not None:
                    add_func(x.creator)

            if not retain_grad:
                for y in f.outputs:
                    y().grad = None  # y是weakref
```

上面的代码首先添加 retain_grad 作为方法的参数。如果 retain_grad 为 True，那么所有的变量都会像之前一样保留它们的导数（梯度）。如果 retain_grad 为 False（默认为 False），那么所有中间变量的导数都会被重置。其原理就在于 backward 方法的 for 语句末尾的 y().grad = None，这行代码的意思是不要保留各函数输出变量的导数。这样一来，除终端变量外，其他变量的导数都不会被保留。

之所以写成 y().grad = None，是因为 y 是弱引用，必须以 y() 的形式访问（上一个步骤已经引入了弱引用机制）。另外，设置 y().grad = None 之后，引用计数将变为0，导数的数据会从内存中被删除。

再次运行前面的测试代码。

steps/step18.py

```
x0 = Variable(np.array(1.0))
x1 = Variable(np.array(1.0))
t = add(x0, x1)
y = add(x0, t)
y.backward()

print(y.grad, t.grad)
print(x0.grad, x1.grad)
```

运行结果
```
None None
2.0 1.0
```

在上面的代码中，中间变量 y 和 t 的导数已经被删除。占用的内存空间被立即释放了出来。这样就完成了 DeZero 在内存使用上的第1项改进。下面进行第2项改进。在正式操作之前，我们先来回顾一下当前 Function 类的代码。

18.2　回顾 Function 类

在 DeZero 中计算导数时，要先进行正向传播再进行反向传播。反向传播阶段需要正向传播阶段的计算结果，所以我们需要保存（记住）这些结果。下面的 Function 类的阴影区域就是用来实际保存计算结果的代码。

steps/step18.py

```python
class Function:
    def __call__(self, *inputs):
        xs = [x.data for x in inputs]
        ys = self.forward(*xs)
        if not isinstance(ys, tuple):
            ys = (ys,)
        outputs = [Variable(as_array(y)) for y in ys]

        self.generation = max([x.generation for x in inputs])
        for output in outputs:
            output.set_creator(self)
        self.inputs = inputs
        self.outputs = [weakref.ref(output) for output in outputs]
        return outputs if len(outputs) > 1 else outputs[0]
```

在上面的代码中，函数的输入被一个名为 inputs 的实例变量引用。inputs 引用的变量，其引用计数增加了 1。这意味着在调用 __call__ 方法后，inputs 引用的变量将继续保留在内存中。如果此时不再引用 inputs，那么引用计数将变为 0，inputs 将被从内存中删除。

实例变量 inputs 用于反向传播的计算。因此，在进行反向传播时，要保留 inputs 所引用的变量。不过有些时候并不需要求导，在这种情况下，我们没有必要保留中间计算的结果，也没有必要在计算之间创建 "连接"。

神经网络分为训练（train）和推理（inference）两个阶段。在训练阶段需要求出导数，在推理阶段只进行正向传播。在只进行正向传播时，我们可以把中间的计算结果 "扔掉"，这将大幅缩减内存的使用量。

18.3　使用Config类进行切换

下面扩展DeZero，针对只进行正向传播的情况进行优化。首先需要建立一个能在"启用反向传播模式"和"禁用反向传播模式"之间切换的机制。为此，我们需要使用下面的Config类。Config是Configuration（配置）的缩写。

steps/step18.py

```
class Config:
    enable_backprop = True
```

如上面的代码所示，Config类是一个简单的类，它（目前）只有一个类属性，即布尔类型的enable_backprop。这个属性表示"是否启用反向传播"，如果为True，则表示"启用反向传播模式"。

DeZero的"配置"数据只有一个。因此，Config类没有被实例化，而是作为类使用。类只有一个，而实例可以创建多个。因此，在前面的代码中，Config类被设计为拥有"类属性"。

定义了Config类之后，就可以让Function引用它来切换模式。实际代码如下所示。

steps/step18.py

```
class Function:
    def __call__(self, *inputs):
        xs = [x.data for x in inputs]
        ys = self.forward(*xs)
        if not isinstance(ys, tuple):
            ys = (ys,)
        outputs = [Variable(as_variable(y)) for y in ys]

        if Config.enable_backprop:
            self.generation = max([x.generation for x in inputs])    # ① 设置 "辈分"
            for output in outputs:
```

```
            output.set_creator(self)  # ②设置"连接"
        self.inputs = inputs
        self.outputs = [weakref.ref(output) for output in outputs]

    return outputs if len(outputs) > 1 else outputs[0]
```

如上面的代码所示，只有当 Config.enable_backprop 为 True 时，程序才会执行反向传播的代码。在代码中，①处设置了"辈分"的值，该值用于确定反向传播时节点的遍历顺序，因此在"禁用反向传播模式"下不需要该值。此外，②的 output.set_creator(self) 用于创建计算的"连接"，在"禁用反向传播模式"下它也是没有用的。

18.4 模式的切换

这样就实现了启用反向传播和禁用反向传播的机制。使用这个机制，我们可以按照下面的方式切换模式。

```
Config.enable_backprop = True
x = Variable(np.ones((100, 100, 100)))
y = square(square(square(x)))
y.backward()


Config.enable_backprop = False
x = Variable(np.ones((100, 100, 100)))
y = square(square(square(x)))
```

上面的代码特意准备了一个大的多维数组。它是形状为 (100, 100, 100) 的张量。这里对这个张量连续应用了 3 次 square 函数（对每个元素进行平方）。如果 Config.enable_backprop 为 True，则保留中间计算的结果（至少保留到反向传播结束），这样相应容量的内存就会被占用。反之，如果 Config.enable_backprop 为 False，中间计算的结果就会在使用后被立即删除（准确来说，对象在没有被其他对象引用时，就会从内存中被删除）。

由此便实现了反向传播模式的切换机制。下面我们采用更简单的方式来切换模式。

18.5 使用with语句切换

Python中有一个语法叫with，用于自动进行后处理。该语法比较有代表性的一个使用例子是文件的打开和关闭。如果在不使用with语句的情况下向文件写入一些内容，则需要按如下方式编写代码。

```
f = open('sample.txt', 'w')
f.write('hello world!')
f.close()
```

上面的代码使用open()打开一个文件，往里面写了一些内容后，使用close()关闭文件。每次都写close()有点烦琐，而且可能会忘记写这行代码。为了防止这种情况发生，可以像下面这样使用with语句。

```
with open('sample.txt', 'w') as f:
    f.write('hello world!')
```

在上面的代码中，当处理进入with块时，文件被打开，文件在with块内保持打开状态；当处理退出with块时，文件被关闭（在幕后）。因此，通过with语句，代码可以自动进行"进入with块时的预处理"和"退出with块时的后处理"。

下面使用with语句切换到"禁用反向传播模式"。具体的使用方法如下所示（using_config方法的实现将在后面说明）。

```
with using_config("enable_backprop", False):
    x = Variable(np.array(2.0))
    y = square(x)
```

如上所示，只有在 with using_config("enable_backprop", False): 语句中才是"禁用反向传播模式"。退出 with 语句后，又回到了正常模式（启用反向传播模式）。

我们在实际操作中，常常需要临时将模式切换为"禁用反向传播模式"。例如，在神经网络训练阶段，为了（在训练过程中）评估模型，常常使用不需要梯度的模式。

下面编写代码，使模式切换可以通过 with 语句实现。最简单的方法是使用 contextlib 模块。这里先来说明如何使用 contextlib 模块，它的用法如下所示。

```
import contextlib

@contextlib.contextmanager
def config_test():
    print('start')  # 预处理
    try:
        yield
    finally:
        print('done')  # 后处理


with config_test():
    print('process...')
```

运行结果

```
start
process...
done
```

如代码所示，添加装饰器@contextlib.contextmanager后，就可以创建一个判断上下文的函数了。在这个函数中，yield之前是预处理的代码，yield之后是后处理的代码。这样一来，我们就可以使用with config_test():了。在使用with config_test():的情况下，当处理进入with块的作用域时，预处理会被调用，当处理离开with块的作用域时，后处理会被调用。

with块中可能会发生异常。如果with块中发生了异常，这个异常也会被发送到正在执行yield的地方。因此，yield必须用try/finally括起来。

基于上述内容，我们按如下方式实现using_config函数。

steps/step18.py

```python
import contextlib

@contextlib.contextmanager
def using_config(name, value):
    old_value = getattr(Config, name)
    setattr(Config, name, value)
    try:
        yield
    finally:
        setattr(Config, name, old_value)
```

using_config(name, value)的参数name类型是str，这里将其指定为Config的属性名（类属性名），然后使用getattr函数从Config类中获取指定name的值，最后使用setattr函数来设置新的值。

这样在进入with块时，Config类中用name指定的属性会被设置为value的值。在退出with块时，这个属性会恢复为原始值（old_value）。现在我们来实际使用一下using_config函数。

```
with using_config('enable_backprop', False):
    x = Variable(np.array(2.0))
    y = square(x)
```

　　如上面的代码所示，当不需要反向传播时，程序只在with块中执行正向传播代码。这样可以免去不必要的计算，节省内存，不过每次都要编写with using_config('enable_backprop', False):有点烦琐。这里我们准备一个名为no_grad的函数，代码如下所示。

```
def no_grad():
    return using_config('enable_backprop', False)

with no_grad():
    x = Variable(np.array(2.0))
    y = square(x)
```

　　no_grad函数的实现仅仅是调用using_config('enable_backprop', False)（然后通过return返回），这意味着在不需要计算梯度时调用no_grad函数即可。到这里，本步骤就结束了。今后在不需要计算梯度，只需要计算正向传播时，请使用本步骤实现的"模式切换"。

步骤 19
让变量更易用

DeZero 的基础内容已经完成，现在我们可以创建计算图并实现自动微分了。接下来的任务是让 DeZero 变得更加易用。首先，我们来提高 Variable 类的易用程度。

19.1　命名变量

接下来我们要处理很多变量。如果能对这些变量加以区分，处理起来就会很方便。因此，在本步骤中，我们将为变量设置名字。为此，要在 Variable 类中添加实例变量 name，具体如下所示。

steps/step19.py

```python
class Variable:
    def __init__(self, data, name=None ):
        if data is not None:
            if not isinstance(data, np.ndarray):
                raise TypeError('{} is not supported'.format(type(data)))

        self.data = data
        self.name = name
        self.grad = None
        self.creator = None
        self.generation = 0

    ...
```

　　上面的代码在初始化参数中增加了 name=None，并将其设置给了实例变量 name。这样一来，我们就可以通过 x = Variable(np.array(1.0), 'input_x') 来将变量命名为 input_x 了。如果不为变量命名，名字就是 None，变量就是一个未命名的变量。

允许为变量设置名称，就能在计算图的可视化等场景中将变量的名称显示在图上。计算图的可视化在步骤 25和步骤 26中实现。

19.2　实例变量 ndarray

　　Variable 起到包裹数据的"箱子"的作用。不过对 Variable 的用户来说，重要的不是"箱子"，而是其中的数据。因此，我们需要让 Variable 看上去是数据，即"透明的箱子"。

如步骤 1所述，数值计算和机器学习系统使用多维数组（张量）作为底层数据结构。因此，Variable 类作为 ndarray 的"专用箱子"使用。这里我们的目标是让 Variable 实例看起来像 ndarray 实例。

　　Variable 中有 ndarray 实例。ndarray 实例内置了几个多维数组的实例变量，比如下面代码中使用的实例变量 shape。

```
>>> import numpy as np
>>> x = np.array([[1, 2, 3], [4, 5, 6]])
>>> x.shape
(2, 3)
```

　　如上面的代码所示，多维数组的形状可以通过实例变量 shape 获取。顺带一提，上面的结果 (2, 3) 相当于数学中的 2 × 3 矩阵。下面我们将这个操作扩展到Variable实例。具体实现如下。

```
class Variable:
    ...

    @property
    def shape(self):
        return self.data.shape
```

上面的代码实现了shape方法，这个方法取出了实际数据的shape。这里比较重要的一点是在def shape(self):之前加上一行@property。这样一来，shape方法就可以作为实例变量被访问。我们来试着操作一下。

```
x = Variable(np.array([[1, 2, 3], [4, 5, 6]]))
print(x.shape)  # 用x.shape代替x.shape()来访问
```

运行结果
```
(2, 3)
```

我们可以按照上面的方式通过实例变量shape取出数据的形状。之后可使用同样的做法将ndarray的实例变量添加到Variable中。这里添加以下3个新的实例变量。

```
class Variable:
    ...

    @property
    def ndim(self):
        return self.data.ndim

    @property
    def size(self):
        return self.data.size
```

```
@property
def dtype(self):
    return self.data.dtype
```

上面的代码添加了 ndim、size 和 dtype 这 3 个实例变量，其中 ndim 是维度，size 是元素数，dtype 是数据类型。这样就完成了向 Variable 添加实例变量的工作。ndarray 中还有很多实例变量，当然，这些变量都可以添加进来。不过这项工作很枯燥，本书就不带领大家一一操作了，请读者根据实际需要自行添加。

 到目前为止，本书并没有特别提到 ndarray 实例的 dtype。如果不指定 dtype，ndarray 实例将被初始化为 float64 或 int64（取决于实际环境）。神经网络经常使用的是 float32。

19.3　len 函数和 print 函数

为了能使用 Python 的 len 函数，下面我们来扩展 Variable 类。len 函数是计算对象数量的函数，是 Python 的内置函数。下面是它的使用示例。

```
>>> x = [1, 2, 3, 4]
>>> len(x)
4

>>> x = np.array([1, 2, 3, 4])
>>> len(x)
4

>>> x = np.array([[1, 2, 3], [4, 5, 6]])
>>> len(x)
2
```

如上面的代码所示，对列表等应用 len 函数后，len 函数会返回其中的元素的数量。对 ndarray 实例应用 len，函数会返回第1个维度的元素数量。下面修改代码，使 len 函数也可以应用在 Variable 上。

steps/step19.py

```python
class Variable:
    ...

    def __len__(self):
        return len(self.data)
```

只要像上面那样实现特殊方法 __len__，就能对 Variable 实例应用 len 函数了。这样一来，我们可以写出如下所示的代码。

```python
x = Variable(np.array([[1, 2, 3], [4, 5, 6]]))
print(len(x))
```

运行结果

```
2
```

在 Python 中，像 __init__ 和 __len__ 这种具有特殊意义的方法，一般会在名称前后各加两条下划线。

最后添加一个能够轻松查看 Variable 内容的功能，具体来说就是使用 print 函数将 Variable 中的数据打印出来。先看看如何使用这个功能。

```python
x = Variable(np.array([1, 2, 3]))
print(x)

x = Variable(None)
print(x)

x = Variable(np.array([[1, 2, 3], [4, 5, 6]]))
print(x)
```

运行结果

```
variable([1 2 3])
variable(None)
variable([[1 2 3]
          [4 5 6]])
```

如果像上面那样将 Variable 实例传给 print 函数，要让该函数打印出其中 ndarray 实例的内容。输出要被字符串 variable(...) 括起来，以此告诉用户这是一个 Variable 实例。print 函数还支持数据为 None 的情况和分多行输出的情况。如果分多行输出，可以在第 2 行后用空格调整字符的起始位置，以改善外观。为了满足以上几点要求，我们按如下方式实现 Variable 的 __repr__ 方法。

steps/step19.py

```python
class Variable:
    ...

    def __repr__(self):
        if self.data is None:
            return 'variable(None)'
        p = str(self.data).replace('\n', '\n' + ' ' * 9)
        return 'variable(' + p + ')'
```

我们可以通过重写 __repr__ 方法来自定义 print 函数输出的字符串。返回值是想要输出的字符串。上面的代码通过 str(self.data) 将 ndarray 实例转换为字符串。在幕后，ndarray 实例的 __str__ 函数被调用，数值转换为字符串。之后，转换后的字符串会被字符串 variable 围起来。另外，如果字符串中有换行符 (\n)，函数会在换行符后插入 9 个空格。这样一来，在分多行输出的情况下，数字的起始位置就会对齐。

这样就完成了让 Variable 类成为"透明箱子"的一部分工作。下一个步骤我们将开展后续的工作。

步骤20
运算符重载（1）

在上一个步骤，我们创建了让Variable成为"透明箱子"的机制。不过，这项工作还没有完成，我们还要让Variable支持+和*等运算符。这项工作完成后，在a和b是Variable实例的情况下，我们就可以编写y = a * b这样的代码。这项扩展是本步骤的目标。

我们的最终目标是让Variable实例"看起来"像ndarray实例。这样一来，我们就可以像编写NumPy代码一样使用DeZero。对熟悉NumPy的人来说，这将大大降低学习DeZero的成本。

下面扩展Variable，以支持运算符+和*。在此之前，我们需要实现一个执行乘法运算的函数（加法运算已在步骤11实现）。首先实现执行乘法运算的类Mul（Mul是Multiply的缩写）。

20.1　Mul类的实现

假设有乘法运算 $y = x_0 \times x_1$，可得其导数为 $\frac{\partial y}{\partial x_0} = x_1$ 和 $\frac{\partial y}{\partial x_1} = x_0$。从这个结果可知，其反向传播的步骤如图20-1所示。

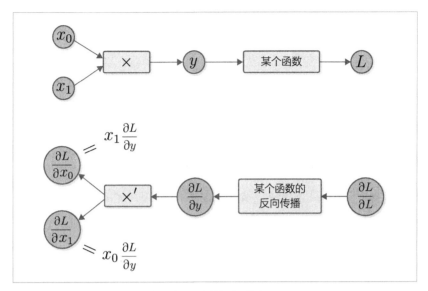

图20-1　乘法运算的正向传播（上图）和反向传播（下图）

如图20-1所示，反向传播中传播的是最终输出的L的导数，准确来说，是L对各变量的导数。这时，L对变量x_0和x_1的导数分别为$\frac{\partial L}{\partial x_0} = x_1 \frac{\partial L}{\partial y}$和$\frac{\partial L}{\partial x_1} = x_0 \frac{\partial L}{\partial y}$。

 我们对输出标量的复合函数感兴趣，因此在图20-1中假设了复合函数最终会输出标量L。

下面实现Mul类。参照图20-1，Mul类可按如下方式实现。

steps/step20.py

```python
class Mul(Function):
    def forward(self, x0, x1):
        y = x0 * x1
        return y
```

```
def backward(self, gy):
    x0, x1 = self.inputs[0].data, self.inputs[1].data
    return gy * x1, gy * x0
```

接下来使用Mul类来实现一个Python函数mul。代码如下所示。

steps/step20.py

```
def mul(x0, x1):
    return Mul()(x0, x1)
```

现在可以使用mul函数进行乘法运算了。示例代码如下所示。

```
a = Variable(np.array(3.0))
b = Variable(np.array(2.0))
c = Variable(np.array(1.0))

y = add(mul(a, b), c)

y.backward()

print(y)
print(a.grad)
print(b.grad)
```

运行结果
```
variable(7.0)
2.0
3.0
```

上面的代码使用add函数和mul函数进行计算，还自动求出了y的导数。不过 y = add(mul(a, b), c) 这种写法让人有些不舒服。我们当然更喜欢 y = a * b + c 这种自然的写法。为了能使用运算符+和*进行计算，下面我们来扩展Variable。要想实现这个目标，需要**重载运算符**。

重载运算符后，在使用运算符+和*时，实际调用的就是用户设置的函数。在Python中，我们通过定义 __add__ 和 __mul__ 等特殊方法来调用用户指定的函数。

20.2　运算符重载

下面先重载乘法运算符*。乘法的特殊方法是__mul__(self, other)(参数self和other的相关内容将在后面解释)。如果定义(实现)了__mul__方法,那么在使用*进行计算时,__mul__方法就会被调用。下面试着实现Variable类的__mul__方法,代码如下所示。

```
Variable:
    ...

    def __mul__(self, other):
        return mul(self, other)
```

上面的代码向已经实现的Variable类中添加了__mul__方法。这样在使用*进行计算时,被调用的就是__mul__方法,这个方法内部又会调用mul函数。下面我们用*运算符做一些计算。

```
a = Variable(np.array(3.0))
b = Variable(np.array(2.0))
y = a * b
print(y)
```

运行结果
```
variable(6.0)
```

上面的代码成功实现了y = a * b的计算。当执行a * b时,实例a的__mul__(self, other)方法被调用。这时,运算符*左侧的a作为self参数、右侧的b作为other参数传给了__mul__方法,具体如图20-2所示。

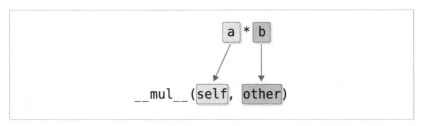

图20-2　向 __mul__ 方法传递参数的示意图

 在上面的例子中，当执行 a * b 的代码时，首先实例a的特殊方法 __mul__ 方法会被调用。如果a中没有实现 __mul__ 方法，那么实例b中 * 运算符的特殊方法会被调用。在这个例子中b在 * 运算符的右侧，所以调用的特殊方法是 __rmul__ 。

这样就完成了 * 运算符的重载。为此，我们实现了 Variable 类的 __mul__ 方法。下面的代码可以达到同样的目的。

steps/step20.py

```
class Variable:
    ...


Variable.__mul__ = mul
Variable.__add__ = add
```

如上所示，在定义 Variable 类后，又写了 Variable.__mul__ = mul。在 Python 中函数也是对象，所以我们可以按上面的公式把函数赋给方法。于是，在调用 Variable 实例的 __mul__ 方法时，mul 函数会被调用。

另外，上面的代码还设置了运算符 + 的特殊方法 __add__。这样就实现了 + 运算符的重载。下面使用 + 和 * 进行一些计算。

steps/step20.py

```
a = Variable(np.array(3.0))
b = Variable(np.array(2.0))
c = Variable(np.array(1.0))

# y = add(mul(a, b), c)
y = a * b + c
y.backward()

print(y)
print(a.grad)
print(b.grad)
```

运行结果

```
variable(7.0)
2.0
3.0
```

　　上面的代码成功实现了y = a * b + c的计算。现在可以使用+和*自由地进行计算了。基于同样的做法还可以实现其他运算符(如 / 和 - 等)的重载。在下一个步骤，我们将继续实现这部分的内容。

步骤21
运算符重载(2)

我们的DeZero越来越好用了。在有Variable实例a和b的情况下,我们可以写出a * b或a + b这样的代码。不过,现在还不能使用a * np.array(2.0)这种将Variable实例与ndarray实例结合起来的代码,也不能使用3 + b这种将Variable实例与数值数据结合起来的代码。如果能将Variable实例与ndarray实例和数值数据结合使用,DeZero会更加好用。本步骤将扩展Variable,使Variable实例能够与ndarray实例,以及int和float等类型的数据一起使用。

21.1 与ndarray一起使用

首先扩展Variable,使Variable实例能够与ndarray实例一起使用。实现这个目标很简单。比如有Variable实例a,在执行代码a * np.array(2.0)时,(在用户看不到的幕后)将这个ndarray实例转换为Variable实例。换言之,只要把该实例转换为Variable(np.array(2.0)),剩下的计算就和之前的一样了。

为此,我们要准备一个工具函数as_variable。该函数会把作为参数传来的对象转换为Variable实例。代码如下所示。

steps/step21.py

```
def as_variable(obj):
    if isinstance(obj, Variable):
        return obj
    return Variable(obj)
```

上面的代码假定参数obj是Variable实例或ndarray实例。如果obj是Variable实例，则不做任何修改直接返回。否则，将其转换为Variable实例并返回。

如下面的代码所示，我们在Function类的__call__方法的开头添加使用了as_variable函数的阴影部分的代码。

steps/step21.py

```
class Function:
    def __call__(self, *inputs):
        inputs = [as_variable(x) for x in inputs]

        xs = [x.data for x in inputs]
        ys = self.forward(*xs)
        ...
```

上面的代码会将作为参数传来的inputs中的各元素x转换为Variable实例。因此，如果传来的是ndarray实例，它将被转换为Variable实例。这样在后续的处理中，所有变量都会变成Variable实例。

DeZero中使用的所有函数(运算)都继承自Function类。在实际运算时，Function类的__call__方法会被调用。因此，如果像上面那样修改了Function类的__call__方法，这个修改将应用于DeZero中使用的所有函数。

下面使用新的DeZero做一些计算。示例代码如下所示。

steps/step21.py

```
x = Variable(np.array(2.0))
y = x + np.array(3.0)
print(y)
```

运行结果
```
variable(5.0)
```

这里运行了代码 y = x + np.array(3.0)。从输出可以看出，结果是正确的。在代码内部，ndarray 实例转换成了 Variable 实例。这样，ndarray 和 Variable 就能一起使用了。

21.2 与 float 和 int 一起使用

下面继续修改 Variable，使其能与 Python 的 int、float，以及 np.float64、np.int64 等类型一起使用。假设 x 是 Variable 实例，我们该怎么做才能让 x + 3.0 这样的代码顺利执行呢？其中一种方法是在 add 函数中添加以下阴影部分的代码。

steps/step21.py

```
def add(x0, x1):
    x1 = as_array(x1)
    return Add()(x0, x1)
```

上面的代码使用了 as_array 函数。这是我们在步骤 9 中实现的函数。如果 x1 是 int 或 float，使用这个函数就可以把它转换为 ndarray 实例。而 ndarray 实例（之后）则会在 Function 类中被转换为 Variable 实例。这样，我们就可以写出如下代码。

steps/step21.py

```
x = Variable(np.array(2.0))
y = x + 3.0
print(y)
```

```
variable(5.0)
```

上面的代码成功地将 float 和 Variable 实例相加并计算出结果。目前我们只修改了 add 函数，使用同样的做法还可以对 mul 等函数进行同样的修改。这样就能通过 + 和 * 将 Variable 实例与 int、float 结合起来计算了。不过当前实现仍存在两个问题。

21.3　问题1：左项为 float 或 int 的情况

当 x 是 Variable 实例时，使用现在的 DeZero 可以正确运行代码 x * 2.0。但是，运行代码 2.0 * x 会出错。在实际运行时，系统提示的错误信息如下所示。

```
y = 2.0 * x
```

```
TypeError: unsupported operand type(s) for *: 'float' and 'Variable'
```

要想了解出现如上错误的原因，可以看看执行代码 2.0 * x 时错误发生的过程。在执行代码 2.0 * x 时，系统会按照以下步骤进行处理。

- 尝试调用在运算符 * 左侧的 2.0 的 __mul__ 方法
- 2.0 是浮点数，__mul__ 方法没能得到实现
- 然后尝试调用在 * 运算符右侧的 x(Variable)的特殊方法
- 由于 x 在运算符的右侧，所以尝试调用的是 __rmul__ 方法（而不是 __mul__）
- 但是 Variable 实例没有实现 __rmul__ 方法

这就是错误发生的过程。重点是，对于 * 这种有两个操作数项的运算符，要调用的特殊方法取决于操作数项是右项还是左项。如果是乘法运算，那么对左项调用 __mul__ 方法，对右项调用 __rmul__ 方法。

基于以上分析，我们知道只要实现__rmul__方法就可以解决这个问题。这时，参数会按照图21-1的方式传给__rmul__方法。

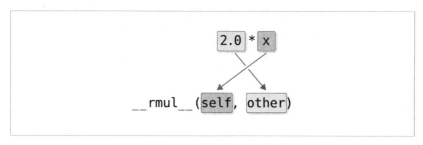

图 21-1　向__rmul__方法传递参数的示意图

如图21-1所示，在__rmul__(self, other)的参数中，self对应自己，即x，other对应另一个操作数项2.0。不过乘法运算的左右项即使交换，结果也不会发生改变。比如2.0 * x和x * 2.0的结果相同。因此，对乘法，我们没有必要区分左右项。对加法也是如此，所以针对+和*，只要设置以下4个特殊方法即可。

steps/step21.py

```
Variable.__add__  = add
Variable.__radd__ = add
Variable.__mul__  = mul
Variable.__rmul__ = mul
```

现在可以任意组合float和int进行计算了。下面是一个使用示例。

steps/step21.py

```
x = Variable(np.array(2.0))
y = 3.0 * x + 1.0
print(y)
```

运行结果

```
variable(7.0)
```

这样就可以将 Variable 实例与 float 及 int 一起使用了。最后还有一个问题需要解决。

21.4　问题 2：左项为 ndarray 实例的情况

还有一个要解决的问题是 ndarray 实例为左项，Variable 实例为右项的计算。比如以下代码。

```
x = Variable(np.array([1.0]))
y = np.array([2.0]) + x
```

在上面的代码中，左项是 ndarray 实例，右项是 Variable 实例。这时，左项 ndarray 实例的 __add__ 方法被调用。当然，这里我们想让右项 Variable 实例的 __radd__ 方法被调用。为此，我们需要指定运算符的优先级。具体来说，就是向 Variable 实例添加 __array_priority__ 属性，并将其值设置为大的整数值。实际的代码如下所示。

```
class Variable:
    __array_priority__ = 200
    ...
```

通过向 Variable 类添加上面的代码，我们可以将 Variable 实例的运算符优先级设置为高于 ndarray 实例的运算符优先级。这样一来，即使左项是 ndarray 实例，右项的 Variable 实例的运算符方法也会被优先调用。

以上就是重载运算符时需要注意的地方。完成本步骤操作后，在使用 DeZero 时，我们就能通过运算符 * 和 + 将 Variable 实例和其他类型的数据连接在一起使用了。在下一个步骤，我们将添加 / 和 - 等运算符。

步骤22
运算符重载(3)

在上一个步骤，我们扩展了DeZero，使其支持*和+这两个运算符。运算符的种类很多，本步骤将实现对表22-1中运算符的支持。

表22-1 本步骤中新增加的运算符

特殊方法	示例
__neg__(self)	-self
__sub__(self, other)	self - other
__rsub__(self, other)	other - self
__truediv__(self, other)	self / other
__rtruediv__(self, other)	other / self
__pow__(self, other)	self ** other

表22-1中的第1个方法 __neg__(self) 对应的是负数运算符，它是只有一个操作数项的运算符(这种运算符称为单目运算符)。因此，这个特殊方法只需要一个参数。剩下的是减法运算、除法运算和幂运算。正如前面提到的那样，这些运算对应的运算符是有两个操作数项的运算符(如a - b和a / b等)。对象可能是右项，也可能是左项，因此特殊方法有两个。不过对于幂运算，我们只考虑x ** 3这样的情况，也就是左项是Variable实例，右项是常数(2或3等int型数据)。

除表22-1中列出的运算符之外，还有其他类型的Python运算符，如a // b和a % b等。此外，还有a += 1和a -= 2等赋值运算符。本步骤只选择并实现那些可能会被频繁使用的操作符，至于其他运算符，请读者根据需要自行添加。本步骤的内容有些单调，大家可以选择跳过。

下面开始编写代码。首先复习一下添加新运算符的步骤。

1. 继承Function类并实现所需的函数类（例：Mul类）
2. 使其能作为Python函数使用（例：mul函数）
3. 为Variable类设置运算符重载（例：Variable.__mul__ = mul）

我们将遵循上面的步骤添加新的运算符。首先是负数。

22.1　负数

负数式子 $y = -x$ 的导数是 $\frac{\partial y}{\partial x} = -1$。因此，在反向传播时，要把从上游（输出方）传来的导数乘以 -1 之后传给下游。基于这一点，我们可以把代码编写成下面这样。

steps/step22.py

```python
class Neg(Function):
    def forward(self, x):
        return -x

    def backward(self, gy):
        return -gy


def neg(x):
    return Neg()(x)

Variable.__neg__ = neg
```

上面的代码实现了Neg类，并实现了Python函数neg。之后将neg赋给特殊方法__neg__，代码就完成了。然后，我们就可以像下面这样使用负数运算符了。

steps/step22.py

```
x = Variable(np.array(2.0))
y = -x  # 求负数
print(y)
```

运行结果

```
variable(-2.0)
```

下面要实现的是减法。

22.2　减法

减法式子 $y = x_0 - x_1$ 的导数为 $\frac{\partial y}{\partial x_0} = 1$ 和 $\frac{\partial y}{\partial x_1} = -1$。因此，在反向传播时，针对从上游传来的导数，把乘以 1 得到的结果作为 x_0 的导数，把乘以 -1 得到的结果作为 x_1 的导数。在此基础上编写的代码如下所示。

steps/step22.py

```
class Sub(Function):
    def forward(self, x0, x1):
        y = x0 - x1
        return y

    def backward(self, gy):
        return gy, -gy

def sub(x0, x1):
    x1 = as_array(x1)
    return Sub()(x0, x1)

Variable.__sub__ = sub
```

如果 x0 和 x1 是 Variable 实例，就可以执行 y = x0 - x1 的计算了。但是，如果 x0 不是 Variable 实例，就无法正确执行 y = 2.0 - x 这样的计算。在这种情况下被调用的是 x 的 __rsub__ 方法，参数以图 22-1 的方式传递。

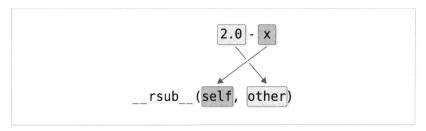

图22-1　向 __rsub__ 方法传递参数的示意图

如图22-1所示，在调用 __rsub__(self, other) 时，减号运算符右项的 x 传给了 self 参数。考虑到这一点， __rsub__ 应按如下方式实现。

steps/step22.py

```
def rsub(x0, x1):
    x1 = as_array(x1)
    return Sub()(x1, x0)  # 交换 x1 和 x0

Variable.__rsub__ = rsub
```

上面的代码准备了函数 rsub(x0, x1)，函数内部交换了 x0 和 x1 的顺序，然后调用了 Sub()(x1, x0)。最后函数 rsub 被赋给特殊方法 __rsub__。

在加法运算和乘法运算中，左项和右项交换并不会影响计算结果，所以我们不必区分左右项，但在减法运算的情况下，就要区分左项和右项了(x0减去x1和x1减去x0的结果是不同的)。因此，我们需要按照前面的方式为右项单独准备一个函数 rsub(x0, x1)。

到这里就完成了减法运算的实现，现在我们可以编写以下代码了。

steps/step22.py

```
x = Variable(np.array(2.0))
y1 = 2.0 - x
y2 = x - 1.0
print(y1)
print(y2)
```

運行結果

```
variable(0.0)
variable(1.0)
```

接下来是除法运算。

22.3　除法

除法式子 $y = \frac{x_0}{x_1}$ 的导数为 $\frac{\partial y}{\partial x_0} = \frac{1}{x_1}$ 和 $\frac{\partial y}{\partial x_1} = -\frac{x_0}{(x_1)^2}$。基于这个结果，我们编写如下代码。

steps/step22.py

```python
class Div(Function):
    def forward(self, x0, x1):
        y = x0 / x1
        return y

    def backward(self, gy):
        x0, x1 = self.inputs[0].data, self.inputs[1].data
        gx0 = gy / x1
        gx1 = gy * (-x0 / x1 ** 2)
        return gx0, gx1

def div(x0, x1):
    x1 = as_array(x1)
    return Div()(x0, x1)

def rdiv(x0, x1):
    x1 = as_array(x1)
    return Div()(x1, x0)  # 交换x1和x0

Variable.__truediv__ = div
Variable.__rtruediv__ = rdiv
```

和减法运算一样，在实现除法运算时，我们也需要为右项和左项分别实现不同的函数。除此之外没有什么特别难的地方了。最后是幂运算。

22.4　幂运算

幂运算用式子 $y = x^c$ 表示，其中 x 称为底，c 称为指数。由导数公式可知，幂的导数为 $\frac{\partial y}{\partial x} = cx^{c-1}$。至于 $\frac{\partial y}{\partial c}$，在实践中需要计算它的情况并不多（当然也可以计算它），因此本书只考虑计算底 x 的导数的情况。也就是说，我们将指数 c 视为常数，不去计算它的导数。考虑到这一点，可将代码编写如下。

steps/step22.py

```python
class Pow(Function):
    def __init__(self, c):
        self.c = c

    def forward(self, x):
        y = x ** self.c
        return y

    def backward(self, gy):
        x = self.inputs[0].data
        c = self.c
        gx = c * x ** (c - 1) * gy
        return gx

def pow(x, c):
    return Pow(c)(x)

Variable.__pow__ = pow
```

上面的代码在 Pow 类初始化时设置指数 c。正向传播 forward(x) 只接受一个变量，即底 x。最后一行代码的意思是将函数 pow 赋给特殊方法 __pow__。这样，我们就可以使用 ** 运算符来进行幂运算了。下面是以上代码的应用示例。

steps/step22.py

```python
x = Variable(np.array(2.0))
y = x ** 3
print(y)
```

运行结果

```
variable(8.0)
```

　　到这里就完成了添加运算符的工作。本步骤虽然有些枯燥，但DeZero的可用性得到了大幅提升。现在我们可以用各种运算符自由地进行四则运算了，甚至还能进行幂运算，能实现的计算也越来越复杂。在下一个步骤，我们会把现有的成果整理成一个Python的包，然后验证当前的DeZero所具备的能力。

步骤 **23**
打包

我们此前是把每个步骤的代码各自汇总成(或者说装进)一个文件,从step01.py开始,到上一个步骤的step22.py结束。现在DeZero已经具有一定的规模了,为了能够使用此前的成果,在本步骤中,我们会把所有的代码打成一个包。

使用Python开发时,常常用到模块、包和库这几个术语。下面笔者来简单介绍一下它们。

模块(module)

模块是Python文件。模块特指那些以方便其他Python程序导入和使用而创建的Python文件。

包(package)

包是多个模块的集合。创建包之前,要先创建一个目录,并向其中添加模块(Python文件)。

库(library)

库是多个包的集合。在文件结构上,它由一个或多个目录组成。包有时也称为库。

23.1 文件结构

先来看看文件结构的设计。我们在每个步骤都编写了代码文件：step01.py、step02.py……为了使用 DeZero 的这些 step 文件，我们创建了 dezero 目录。最终的文件结构如下所示。

```
.
|
├── dezero
|   ├── __init__.py
|   ├── core_simple.py
|   ├── ...
|   └── utils.py
|
├── steps
|   ├── step01.py
|   ├── ...
|   └── step60.py
```

设计好结构之后，就可以在 dezero 目录下添加模块了，由此会创建出一个名为 dezero 的包。这个包就是我们正在创建的框架。今后我们会把代码添加在 dezero 目录下的文件中。

23.2 将代码移到核心类

接下来在 dezero 目录下添加一些文件。此处的目标是将上一步的 step22.py 中的代码移到 dezero/core_simple.py 中（核心文件）。文件名中之所以有 core（核心），是因为已经实现的功能都可以视为 DeZero 的核心功能。该文件最终会被替换为 core.py，考虑到这一点，我们暂时将其命名为 core_simple.py。

下面从 step22.py 中复制以下类到核心文件中。

- Config
- Variable
- Function

- Add(Function)

- Mul(Function)

- Neg(Function)

- Sub(Function)

- Div(Function)

- Pow(Function)

上面的 Add(Function) 中的 (Function) 的意思是该类继承了 Function 类。上面列表中有 Config 类、Variable 类、Function 类，还有 6 个继承自 Function 类的函数类。接下来是 step22.py 中的 Python 函数。我们把以下函数移到核心文件中去。

- using_config

- no_grad

- as_array

- as_variable

- add

- mul

- neg

- sub

- rsub

- div

- rdiv

- pow

最前面的两个函数是 DeZero 的配置函数，用于启用或禁用反向传播。函数 as_array 和 as_variable 用于将传来的参数对象转换为 ndarray 或 Variable。剩下的是 DeZero 自身使用的函数。下面我们直接将 step22.py 中的类和函数复制到核心文件中。

我们此前还实现了一些在DeZero中使用的具体的函数,如Exp类和Square类,exp函数和square函数。但是,这些内容不会纳入核心文件中。我们稍后会把它们添加到dezero/functions.py中。

现在可以从外部的Python文件导入dezero使用了,代码如下所示。

```
import numpy as np
from dezero.core_simple import Variable

x = Variable(np.array(1.0))
print(x)
```

运行结果
```
variable(1.0)
```

如 上 所 示, 编 写 from dezero.core_simple import Variable 即 可 导 入 Variable类。请注意,这里用的是dezero.core_simple。后面我们会引入一种省略core_simple的机制,直接编写from dezero import Variable即可。

使用from ... import ...语法可以直接导入模块中的类和函数等。此外, 使用import XXX as A可以以名称A导入一个名为XXX的模块。例如, 使用import dezero.core_simple as dz就能以名称dz导入dezero.core_simple模块。导入后, 我们可以通过dz.Variable来访问Variable类。

23.3 运算符重载

现在step22.py中的大部分代码已经移动完成了。接下来要把进行运算符重载的代码移到dezero。为此,我们要在dezero/core_simple.py(核心文件)中添加以下函数。

dezero/core_simple.py

```
def setup_variable():
    Variable.__add__     = add
    Variable.__radd__    = add
    Variable.__mul__     = mul
    Variable.__rmul__    = mul
    Variable.__neg__     = neg
    Variable.__sub__     = sub
    Variable.__rsub__    = rsub
    Variable.__truediv__ = div
    Variable.__rtruediv__ = rdiv
    Variable.__pow__     = pow
```

setup_variable 函数用于重载 Variable 的操作符。调用这个函数后，函数内部会设置 Variable 的操作符。那么最好在哪里调用这个函数呢？dezero/__init__.py 文件就很合适。

__init__.py 文件是导入模块时执行的第 1 个文件。拿现在的情况来说，导入 dezero 包中的模块后，首先被调用的是 dezero/__init__.py 中的代码。这里我们在 dezero/__init__.py 中编写以下代码。

dezero/__init__.py

```
from dezero.core_simple import Variable
from dezero.core_simple import Function
from dezero.core_simple import using_config
from dezero.core_simple import no_grad
from dezero.core_simple import as_array
from dezero.core_simple import as_variable
from dezero.core_simple import setup_variable

setup_variable()
```

上面的代码导入了 setup_variable 函数并调用了它。这样一来，dezero 包的用户将始终能够在操作符重载被预先设置了的情况下使用 Variable。另外，在 __init__.py 的顶部有这样一行代码：from dezero.core_simple import Variable。有了这条语句，用户就可以直接使用 dezero 包中的 Variable 类。示例代码如下所示。

```
# 使用dezero的用户的代码

# from dezero.core_simple import Variable
from dezero import Variable
```

如上所示，我们可以把之前写的 `from dezero.core_simple import Variable` 替换成 `from dezero import Variable`。有了dezero/__init__.py中的这些导入语句，对于剩下的Function和using_config等，用户都可以使用这种简洁版的导入方式。

23.4　实际的__init__.py文件

从步骤23到步骤32，本书都会将dezero/core_simple.py作为DeZero的核心文件来使用。从步骤33开始，我们会使用dezero/core.py（替代dezero/core_simple.py）。所以，在dezero/__init__.py中，core_simple.py和core.py会交替导入。实际代码如下所示。

dezero/__init__.py

```
is_simple_core = True

if is_simple_core:
    from dezero.core_simple import Variable
    from dezero.core_simple import Function
    from dezero.core_simple import using_config
    from dezero.core_simple import no_grad
    from dezero.core_simple import as_array
    from dezero.core_simple import as_variable
    from dezero.core_simple import setup_variable

else:
    from dezero.core import Variable
    from dezero.core import Function
    ...
    ...

setup_variable()
```

上面的代码使用 is_simple_core 标识来切换导入语句。当 is_simple_core 为 True 时，从 core_simple.py 导入；当 is_simple_core 为 False 时，从 core. py 导入。

请读者根据章节进度修改 is_simple_core 标识。从现在到步骤32 为 is_ simple_core=True，从步骤33 开始为 is_simple_core=False。

23.5 导入 dezero

这样，我们就得到了 dezero 包。在本步骤的 step23.py 代码文件中，可以编写下面这段代码。

steps/step23.py

```python
if '__file__' in globals():
    import os, sys
    sys.path.append(os.path.join(os.path.dirname(__file__), '..'))

import numpy as np
from dezero import Variable

x = Variable(np.array(1.0))
y = (x + 3) ** 2
y.backward()

print(y)
print(x.grad)
```

运行结果
```
variable(16.0)
8.0
```

上面的代码首先通过 if '__file__' in globals(): 语句检查了 '__file__' 是否被定义为全局变量。如果以 python 命令的形式（如 python steps23.py）运行代码，那么变量 __file__ 会被定义。这时，代码将获取当前文件（step23.

py）的目录路径，并将其父目录添加到模块的搜索路径中。这样无论从哪里运行Python命令，dezero目录下的文件都会被正确导入。例如，命令行中既可以运行 `python steps/step23.py`，也可以运行 `cd steps; python step23.py`。本书的后续章节将省略添加模块搜索路径的代码。

搜索路径的代码是为了导入手头正在开发的dezero目录而临时添加的。如果DeZero是作为一个包安装的（比如通过 `pip install dezero` 安装），DeZero包将被配置在Python搜索路径中。这意味着用户不需要按照前面代码的方式手动添加路径。另外，在Python解释器的交互模式下或在Google Colaboratory等环境下运行代码时，`__file__` 变量没有被定义。考虑到这一点（为了让step文件能够直接在Google Colaboratory中运行），在把父目录添加到搜索路径中时，增加了 `if '__file__' in globals():` 这行代码。

　　以上就是step23.py中的所有代码（没有省略的代码）。现在我们完成了DeZero框架的原型，今后将扩展dezero目录下的文件（模块）。

步骤24
复杂函数的求导

　　DeZero现在支持比较常见的运算符（+、*、-、/ 和 **）。因此，用户可以像编写普通的Python程序一样编写代码。当你对复杂的数学表达式进行编码时，就能体会到这一点的可贵之处了。下面我们尝试求出几个复杂式子的导数。

　　本步骤要探讨的函数是优化问题中经常使用的测试函数。优化问题的测试函数是用来评估各种优化方法的函数。换言之，它们是用于基准测试（benchmark）的函数。这样的函数有好几种。维基百科的"用于优化的测试函数"（Test functions for optimization）页面将这类函数以图24-1的形式总结了出来①。

　　在本步骤中，我们将从图24-1中选择3个函数，尝试求出它们的导数。由此我们可以体会到DeZero的强大。下面先从简单的函数Sphere开始。

---

① 图为本书编写时的版本，之后可能会发生改变。——译者注

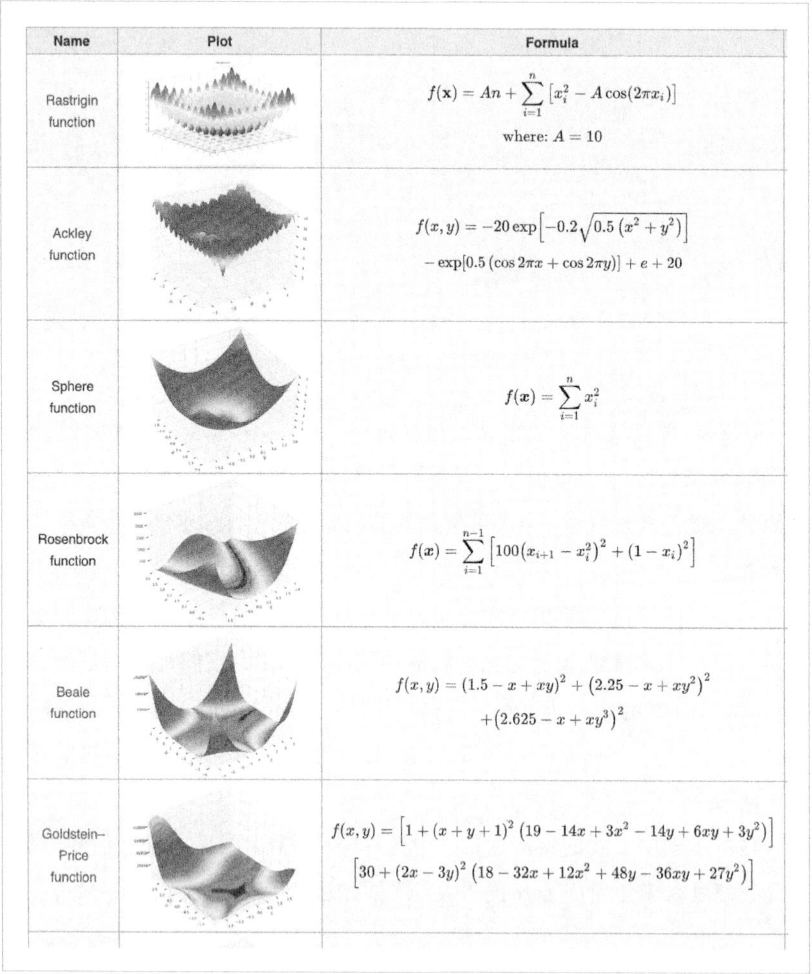

Name	Plot	Formula
Rastrigin function		$f(\mathbf{x}) = An + \sum_{i=1}^{n}\left[x_i^2 - A\cos(2\pi x_i)\right]$ where: $A = 10$
Ackley function		$f(x,y) = -20\exp\left[-0.2\sqrt{0.5\left(x^2 + y^2\right)}\right]$ $-\exp[0.5\left(\cos 2\pi x + \cos 2\pi y\right)] + e + 20$
Sphere function		$f(\boldsymbol{x}) = \sum_{i=1}^{n} x_i^2$
Rosenbrock function		$f(\boldsymbol{x}) = \sum_{i=1}^{n-1}\left[100\left(x_{i+1} - x_i^2\right)^2 + \left(1 - x_i\right)^2\right]$
Beale function		$f(x,y) = (1.5 - x + xy)^2 + \left(2.25 - x + xy^2\right)^2$ $+ \left(2.625 - x + xy^3\right)^2$
Goldstein–Price function		$f(x,y) = \left[1 + (x + y + 1)^2\left(19 - 14x + 3x^2 - 14y + 6xy + 3y^2\right)\right]$ $\left[30 + (2x - 3y)^2\left(18 - 32x + 12x^2 + 48y - 36xy + 27y^2\right)\right]$

图24-1 优化问题中使用的基准测试函数列表（摘自维基百科）

24.1 Sphere 函数

Sphere 函数可用式子表示为 $z = x^2 + y^2$，它是一个将输入变量平方后相加的简单函数。我们的任务是求出它的导数 $\frac{\partial z}{\partial x}$ 和 $\frac{\partial z}{\partial y}$。下面尝试计算 $z = x^2 + y^2$ 在 $(x, y) = (1.0, 1.0)$ 处的导数。代码如下所示。

steps/step24.py

```
import numpy as np
from dezero import Variable

def sphere(x, y):
    z = x ** 2 + y ** 2
    return z

x = Variable(np.array(1.0))
y = Variable(np.array(1.0))
z = sphere(x, y)
z.backward()
print(x.grad, y.grad)
```

运行结果
```
2.0 2.0
```

上面的代码将Sphere的计算编写为 z = x ** 2 + y ** 2。计算结果是 x 和 y 的导数都为 2.0。根据式子 $\frac{\partial z}{\partial x} = 2x$ 和 $\frac{\partial z}{\partial y} = 2y$ 可知，$z = x^2 + y^2$ 在 $(x, y) = (1.0, 1.0)$ 处的导数为 $(2.0, 2.0)$，这与上述运行结果一致。

24.2　matyas 函数

接下来是 matyas 函数。它可用式子表示为 $z = 0.26(x^2 + y^2) - 0.48xy$。使用 DeZero 可将函数按以下方式实现。

steps/step24.py

```
def matyas(x, y):
    z = 0.26 * (x ** 2 + y ** 2) - 0.48 * x * y
    return z

x = Variable(np.array(1.0))
y = Variable(np.array(1.0))
z = matyas(x, y)
z.backward()
print(x.grad, y.grad)
```

运行结果
```
0.040000000000000036 0.040000000000000036
```

如上所示，这里也可以直接把式子转写为代码。做到这一点很容易，因为 DeZero 支持四则运算的运算符。我们不妨来看看当这些运算符不可用时 matyas 函数的代码是什么样子的。

```
def matyas(x, y):
    z = sub(mul(0.26, add(pow(x, 2), pow(y, 2))), mul(0.48, mul(x, y)))
    return z
```

上面的代码可读性较差，由此我们可以体会到能够使用+和**等运算符是多么可贵的一件事。使用这些运算符不仅可以减少打字量，还可以用近似于普通式子的写法来读写代码。最后，我们要挑战的是复杂的 Goldstein-Price 函数。

24.3 Goldstein–Price 函数

Goldstein-Price 函数可用以下式子表示。

$$\left[1 + (x + y + 1)^2 \left(19 - 14x + 3x^2 - 14y + 6xy + 3y^2\right)\right]$$

$$\left[30 + (2x - 3y)^2 \left(18 - 32x + 12x^2 + 48y - 36xy + 27y^2\right)\right]$$

看起来很复杂，但有了 DeZero，编码就没有那么难了。实际编写的代码如下所示。

steps/step24.py

```
def goldstein(x, y):
    z = (1 + (x + y + 1)**2 * (19 - 14*x + 3*x**2 - 14*y + 6*x*y + 3*y**2)) * \
        (30 + (2*x - 3*y)**2 * (18 - 32*x + 12*x**2 + 48*y - 36*x*y + 27*y**2))
    return z
```

对照式子可以很快完成编码。对普通人来说，不使用运算符是写不出这个函数的代码的。下面尝试计算 Goldstein-Price 函数的导数。

```
x = Variable(np.array(1.0))
y = Variable(np.array(1.0))
z = goldstein(x, y)
z.backward()
print(x.grad, y.grad)
```

运行结果
```
-5376.0 8064.0
```

运行上面的代码，可得到 x 的导数为 -5376.0，y 的导数为 8064.0。这些都是正确的结果。就连 Goldstein-Price 函数这样复杂的计算，DeZero 都能求出它的导数。大家可以通过梯度检验来验证结果是否正确。以上就是第 2 阶段的内容。

★★★★★★★★

在第 2 阶段，DeZero 已经有了很大的进步。在这个阶段刚开始的时候，DeZero 只能进行简单的计算，现在它已经可以进行复杂的计算了（准确来说，无论计算图的 "连接" 多么复杂，它都可以正确地进行反向传播）。另外，通过重载运算符，我们可以像编写普通的 Python 程序一样编写代码。从能够自动微分的角度来看，DeZero 可以说是把普通编程变成了可微分编程（differentiable programming）。

DeZero 的基础部分到这里就完成了。在下一个阶段，我们将扩展 DeZero 来进行更复杂的计算。

专栏：Define-by-Run

深度学习框架可以分为两大类：一类是基于Define-and-Run的框架，另一类是基于Define-by-Run的框架。本专栏将介绍这两种方式及其优缺点。

Define-and-Run（静态计算图）

Define-and-Run可以直译为"定义计算图，然后流转数据"。用户定义计算图，然后由框架对计算图进行转换，这样就能流转数据。这个处理流程如图B-1所示。

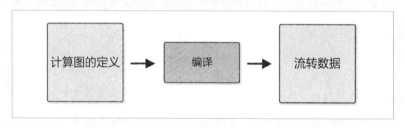

图B-1　Define-and-Run式的框架的处理流程

如图B-1所示，框架转换了计算图的定义。方便起见，我们将这种转换操作称为编译。通过编译，框架将计算图加载到内存中，为数据流转做好准备。这里比较重要的一点是"计算图的定义"和"流转数据"的处理是分开的。查看下面的伪代码可以更清楚地了解这一点。

```
# 虚拟的Define-and-Run式框架的示例代码

# 计算图的定义
a = Variable('a')
b = Variable('b')
c = a * b
d = c + Constant(1)

# 计算图的编译
f = compile(d)

# 数据流转
d = f(a=np.array(2), b=np.array(3))
```

示例代码的前4行定义了计算图。需要注意的是，这4行代码并没有实际进行计算。所以，编程的对象是"符号"，而不是"数值"。顺带一提，这种编程叫作符号式编程（symbolic programming）。

如前面的代码所示，在Define-and-Run式的框架中，用户需要对使用了符号的抽象计算过程（而不是实际的数据）进行编码，而且这些代码必须用领域特定语言来编写。这里所说的领域特定语言是一种由框架自身规则组成的语言。拿上面的例子来说，用户需要遵循"在Constant中存储常量"等规则。此外，如果想使用if语句进行切换操作，则需要通过特殊的操作来实现，这也是领域特定语言的规则。顺带一提，TensorFlow框架使用tf.cond操作实现了if语句。下面是一个具体的例子。

```
import tensorflow as tf

flg = tf.placeholder(dtype=tf.bool)
x0 = tf.placeholder(dtype=tf.float32)
x1 = tf.placeholder(dtype=tf.float32)
y = tf.cond(flg, lambda: x0+x1, lambda: x0*x1)
```

如代码所示，TensorFlow为存储数据的tf.placeholder（容器）创建了计算图。上面的代码使用tf.cond操作根据运行时的flg的值来切换处理。换言之，

TensorFlow通过`tf.cond`操作实现了Python的if语句。

许多Define-and-Run式框架使用领域特定语言来定义计算。领域特定语言换个说法就是运行在Python上的"新编程语言"（考虑到它们有自己的if语句和for语句等流程控制指令，称其为"新编程语言"比较合适）。领域特定语言也是用来求导的语言。在这样的背景下，近来深度学习框架也被称为**可微分编程** 。

以上是对Define-and-Run的简单介绍。在深度学习早期，大部分框架可归类于Define-and-Run。其中比较有代表性的框架有TensorFlow、Caffe、CNTK等（TensorFlow后来也采用了Define-by-Run方式）。作为Define-and-Run的下一代出场的是Define-by-Run，我们的DeZero也采用了这种方式。

Define-by-Run（动态计算图）

Define-by-Run一词的意思是计算图是由数据流定义的。它的特点是"数据的流转"和"计算图的构建"同时进行。

以DeZero为例，当用户流转数据，即进行普通的数值计算时，DeZero会在幕后创建为计算图准备的链接（引用）。这个链接就相当于DeZero中的计算图，它的数据结构是链表（linked list）。使用链表，就可以在计算结束后反向回溯链接。

使用Define-by-Run式的框架，用户就可以像使用NumPy编写普通程序一样编写代码。实际使用DeZero，我们可编写出以下代码。

```
import numpy as np
from dezero import Variable

a = Variable(np.ones(10))
b = Variable(np.ones(10) * 2)
c = b * a
d = c + 1
print(d)
```

上面的代码与使用NumPy的普通程序几乎完全相同。唯一不同的是，上面代码中NumPy的数据被封装在Variable类中。当代码执行时，代码中的值会立即被求出。DeZero在幕后为计算图创建了连接。

Chainer在2015年首次提出Define-by-Run范式。此后，它被PyTorch、MXNet、DyNet和TensorFlow（2.0版以后默认采用该方式）等许多框架采用。

动态计算图的优点

在使用动态计算图框架的情况下，我们可以像使用NumPy进行普通编程一样进行数值计算，这样就不用学习框架专用的领域特定语言了。另外，计算图也无须通过编译变为独有的数据结构。换言之，计算图可以像普通的Python程序一样被构建和执行。因此，用户可以使用Python的if语句和for语句构建计算图。实际使用DeZero可编写出以下代码。

```python
x = Variable(np.array(3.0))
y = Variable(np.array(0.0))

while True:
    y = y + x
    if y.data > 100:
        break

y.backward()
```

如上所示，用户可以使用while语句和if语句来进行计算。计算图（在DeZero框架下相当于计算图的链接）在幕后被创建。上面的代码使用了while语句和if语句，其他的Python编程技术，如闭包和递归调用等也可以继续在DeZero框架下使用。

静态计算图（Define-and-Run）的框架需要在流转数据之前定义计算图。因此在数据流转的过程中，计算图的结构不能改变。另外，在使用静态计算图框架时，程序员还必须学会领域特定语言的特殊运算语法，比如相当于if语句的tf.cond。

在调试时我们也可以看到动态计算图的优点。由于计算图是作为Python程序运行的，所以对它的调试和对普通Python程序的调试一样。当然，我们也可以使用pdb等Python调试器。在使用静态计算图框架时，代码则被编译器转换为只有框架才能理解和执行的表现形式，Python（Python解释器）自然无法理解这种独特的表现形式。静态计算图之所以难调试，是因为"计算图的定义"和"数据流转"是分离的。在大多数情况下，问题（bug）是在"数据流转"的过程中被发现的，但问题多由"计算图的定义"引起。使用静态计算图时，问题的出现场所和根源地往往是分开的，这就导致用户很难找到问题出现的原因。

静态计算图的优点

静态计算图最大的优点是性能。优化计算图是提高性能的一种方法。优化计算图的具体做法是改造计算图的结构和换用效率高的运算方式。下面看一下图B-2所示的例子。

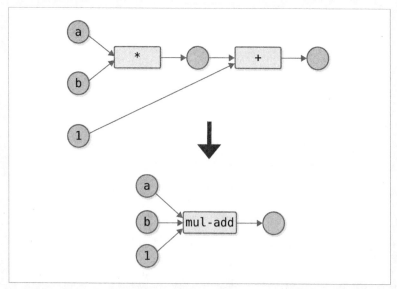

图B-2　计算图优化的示例

图B-2展示的是a * b + 1的计算图和优化后的计算图。图中使用了一种可以同时进行乘法运算和加法运算的运算方式（大多数硬件有同时进行加法运算和乘法运算的指令）。由此，两个运算合并为一个运算，从而减少了计算时间。

除了上面这种细粒度的优化，我们还可以考虑对计算图的整体进行优化。由于在Define-and-Run式的框架中，整个计算图在数据流转前就已经存在了，所以对计算图整体进行优化是可行的。如果计算图中有通过for语句不断重复的运算，我们就可以将其合并起来，使运算变得更为高效。

 神经网络的训练通常采用"只定义一次网络，多次在该网络中流转数据"的流程。在这种流程下，即使网络的构建和优化需要一定的时间，这些时间也很可能在反复流转数据的阶段节省下来。

Define-and-Run式框架的另一个优点是通过编译，计算图会转化为其他的运行形式。这样我们就可以在不借助Python的情况下流转数据。从Python中独立出来的最大好处是消除了Python带来的额外开销，这对计算资源匮乏的边缘计算环境来说尤为重要。

此外，在多台机器上执行分布式学习时，也有适用于Define-and-Run的情况。尤其是对计算图本身进行分割并将其分布到多台机器上的场景，在分割之前需要用到整个计算图。这就体现出Define-and-Run式框架的优点。

小结

上面讨论了Define-and-Run和Define-by-Run各自的优缺点，表B-1总结了这些内容。

表B-1　比较静态计算图和动态计算图

	Define-and-Run	Define-by-Run
优点	·高性能 ·易于优化网络结构 ·易于进行分布式学习	·可以通过Python控制计算图 ·易于调试 ·擅长动态计算
缺点	·需要掌握特有的语言（规则） ·难以创建动态计算图 ·难以调试	·低性能（有变低的趋势）

　　如表B-1所示，两种模式各有利弊。简而言之，在性能方面，Define-and-Run更有优势；而在易用性方面，Define-by-Run具有显著优势。

　　此外，由于静态计算图和动态计算图各有利弊，所以许多框架兼备这两种模式。例如，PyTorch基本采用动态计算图的模式，但它也有静态计算图的模式（详见参考文献[16]）。同样，Chainer框架基本采用Define-by-Run，但它也可以切换为Define-and-Run的模式。TensorFlow从第2版开始将名为Eager Execution的动态计算图模式作为标配，它同样可以切换到静态计算图的模式。

　　最近，有人尝试在编程语言层面增加自动微分功能。其中一个著名的例子是Swift for TensorFlow（参考文献[17]）。这是对Swift这个通用编程语言的扩展，具体来说是修改Swift编译器，向其中加入自动微分机制。编程语言本身具备自动微分功能后，有望在性能和可用性两方面获得优势。

第3阶段
实现高阶导数

我们的 DeZero 现在已经能够完美地运行反向传播了。无论多么复杂的计算，它都能以正确的逻辑进行反向传播。有了现在的 DeZero，许多需要求导的问题应该就能解决了。不过有些事情现在 DeZero 还做不到，比如计算高阶导数。

高阶导数指的是对导数求导数。具体来说，就是重复求导，从一阶导数到二阶导数，从二阶导数到三阶导数，以此类推。PyTorch 和 TensorFlow 等现代深度学习框架都可以自动计算高阶导数。准确来说，它们可以在反向传播的基础上进一步进行反向传播（这个原理会在本阶段阐明）。

下面进入第3阶段。这个阶段的主要目标是扩展 DeZero，使其能够计算高阶导数，DeZero 的用途会由此变得更加广泛。我们继续前进吧！

步骤 25
计算图的可视化(1)

现在的 DeZero 可以帮助我们轻松地将复杂的式子转化为代码。在步骤 24 中,我们已经编写了一个相当复杂的函数,即 Goldstein-Price 函数。如此复杂的计算背后会产生什么样的计算图呢?想必大家也想亲眼看看计算图的全貌吧。为此,本步骤将对计算图进行可视化操作。

对计算图进行可视化操作后,在问题发生的时候,我们会更容易找出问题出现的原因,有时还能发现更好的计算方法。让计算图可视化也是一种将神经网络的结构直观地传达给第三方的手段。

我们可以从头开始构建一个可视化工具,不过这就偏离深度学习的主题了。因此,本书选择使用第三方可视化工具 Graphviz。在本步骤中,笔者主要介绍如何使用 Graphviz,在下一个步骤,我们将使用 Graphviz 可视化计算图。

25.1 安装 Graphviz

Graphviz 是一个图形可视化的工具(这里的 "图形" 指的是像计算图那样有节点和箭头的数据结构)。首先来介绍 Graphviz 的安装方法。

Graphviz支持的操作系统有Windows、macOS和Linux。这里介绍一下它在macOS和Ubuntu（Linux的发行版之一）上的安装方法。关于在其他操作系统的安装说明，请参考Graphviz官网。

在macOS上，我们可以使用Homebrew或MacPorts来安装Graphviz。在使用Homebrew的情况下，要打开终端，运行以下命令。

```
$ brew install graphviz
```

在Ubuntu上，在终端运行以下命令即可完成安装。

```
$ sudo apt install graphviz
```

★★★★★★★★

安装完成后，我们就可以从终端使用dot命令了。下面实际运行一下这个命令。

```
$ dot -V
dot - graphviz version 2.40.1 (20161225.0304)
```

如果像上面这样显示了Graphviz的版本，则说明已正确安装。下面介绍如何使用dot命令。dot命令的使用方法如下所示。

```
$ dot sample.dot -T png -o sample.png
```

上面这条命令用于将文件名从sample.dot转换为sample.png。我们可以在 -o 选项后指定要输出的文件名，在 -T 选项后指定要输出的文件扩展名。上面指定了png作为扩展名，我们也可以把扩展名指定为pdf、svg等。

上面的命令指定文件sample.dot作为第一个参数。该文件用DOT语言记述了要描绘的图形的内容。DOT语言是用于描述图形的语言，它的语法很简单。在下一节，我们将学习DOT语言。

25.2　使用DOT语言描述图形

下面试着用DOT语言描述图形。打开常用的编辑器，输入以下内容。

```
digraph g{
x
y
}
```

笔者来介绍一下DOT语言的语法。首先编写 `digraph g{...}`，这是固定写法，然后在"..."的部分记述想要画的图形的信息。上面的例子中写了 x 和 y，由此可以画出两个节点，每个节点之间必须通过换行隔开。

输入以上内容后，将其保存为sample.dot，然后运行以下命令。

```
$ dot sample.dot -T png -o sample.png
```

执行上述命令，我们会得到图25-1中的图形。

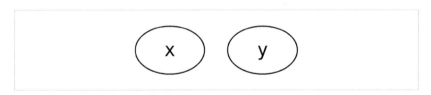

图25-1　从dot文件转换而成的图形

这是DOT语言最简单的应用示例。

25.3　指定节点属性

我们还可以指定节点的颜色和形状。例如，可以将刚才使用的sample.dot文件按如下方式修改。

```
digraph g {
1 [label="x", color=orange, style=filled]
2 [label="y", color=orange, style=filled]
}
```

　　每一行都包含一个节点的信息，这一点与之前一样。不同的是，这里每一行之前都有一个 "1" 或 "2" 这样的数字。这些数字代表节点的ID，[...]中记述该ID的节点的属性。例如，在 label="x" 的情况下，字符 x 会显示在节点上；在 color=orange 的情况下，节点会被绘制为橙色；在 style=filled 的情况下，节点会被填充。

节点ID可以是大于等于0的任何整数值。不过设置的节点ID不能与其他节点ID重复。

　　和之前一样，在终端执行 dot sample.dot -T png -o sample.png 命令，会得到图25-2中的图形。

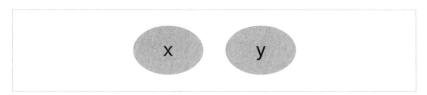

图25-2　改变节点的颜色(参见彩图)

　　转换而成的是如图25-2所示的图形。接下来尝试添加一个浅蓝色的矩形节点。首先在 sample.dot 中添加以下内容。

```
digraph g {
1 [label="x", color=orange, style=filled]
2 [label="y", color=orange, style=filled]
3 [label="Exp", color=lightblue, style=filled, shape=box]
}
```

如上所示，我们向sample.dot中添加了一个新节点，其属性被设置为浅蓝色(lightblue)的矩形(box)。通过这个文件，我们可以得到图25-3中的图形。

图25-3　圆形(椭圆形)和矩形节点的例子(参见彩图)

图25-3中增加了一个矩形的节点，这样我们就能绘制DeZero的变量和函数了。接下来要做的是用箭头把它们连接起来。

本书在展示计算图时，用圆形(椭圆形)表示变量，用矩形表示函数。在使用DOT语言进行可视化操作时，也采用同样的做法，用圆形绘制变量，用矩形绘制函数。

25.4　连接节点

DOT语言使用"->"连接两个节点的ID。例如，1->2用来画出一条从ID为1的节点到ID为2的节点的箭头。下面编写如下所示的dot文件。

```
digraph g {
1 [label="x", color=orange, style=filled]
2 [label="y", color=orange, style=filled]
3 [label="Exp", color=lightblue, style=filled, shape=box]
1 -> 3
3 -> 2
}
```

通过这个dot文件，我们可以得到图25-4中的图形。

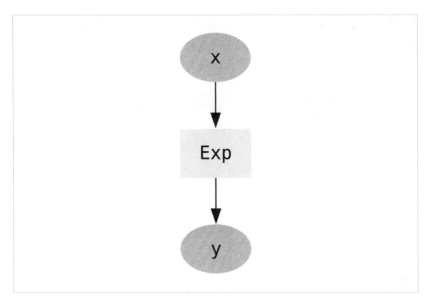

图25-4　有箭头连接的节点（参见彩图）

　　图25-3中的节点用箭头连接了起来。DOT语言还有很多其他的功能，不过对我们来说，掌握以上知识已经足够了。这样就做好了绘制DeZero计算图的准备。在下一个步骤，我们将增加使用DOT语言输出DeZero计算图的功能。

步骤 26
计算图的可视化（2）

在上一个步骤，我们学习了DOT语言的语法。在本步骤，我们将基于学到的知识将DeZero的计算图转换为DOT语言。具体来说，就是要实现一个将DeZero的计算转换为DOT语言的函数。

26.1　可视化代码的使用示例

我们将在dezero/utils.py中实现一个名为get_dot_graph的函数来可视化计算图。首先看一下该函数的使用示例。

```python
import numpy as np
from dezero import Variable
from dezero.utils import get_dot_graph

x0 = Variable(np.array(1.0))
x1 = Variable(np.array(1.0))
y = x0 + x1  # 某种计算

# 命名变量
x0.name = 'x0'
x1.name = 'x1'
y.name = 'y'

txt = get_dot_graph(y, verbose=False)
print(txt)

# 保存为dot文件
with open('sample.dot', 'w') as o:
    o.write(txt)
```

运行结果

```
digraph g {
4423761088 [label="y", color=orange, style=filled]
4423742632 [label="Add", color=lightblue, style=filled, shape=box]
4403357456 -> 4423742632
4403358016 -> 4423742632
4423742632 -> 4423761088
4403357456 [label="x0", color=orange, style=filled]
4403358016 [label="x1", color=orange, style=filled]
}
```

　　上面的代码将作为最终输出的变量y传给了get_dot_graph函数。函数随后把从输出变量y开始的计算过程以用DOT语言编写的字符串的形式返回（后面会解释verbose参数）。另外，上面的代码在调用get_dot_graph函数之前，通过x0.name='x0'和x1.name='x1'等设置了Variable实例的name属性。这几行代码的目的是在可视化计算图时，在变量节点上绘制标签名。

　　有了上面输出的字符串后，就可以把它写到sample.dot之类的文件中。这样一来，我们就可以在终端通过dot sample.dot -T png -o sample.png命令将其转换为图像。得到的图像如图26-1所示。

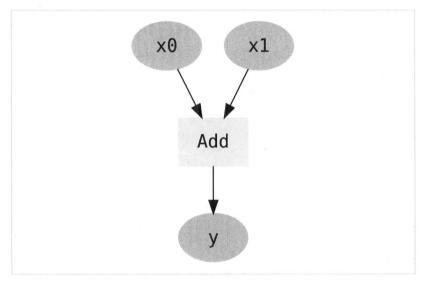

图26-1　计算图可视化的示例（参见彩图）

以上就是计算图的可视化流程。综上所述，我们要做的是用DOT语言编写从输出变量开始的计算过程。其实我们已经知道该怎么做了，因为在反向传播中实现的逻辑基本可以直接使用。

反向传播从输出变量开始回溯所有节点(变量和函数)。活用这个机制，我们就可以将计算图的节点转换为DOT语言。

26.2　从计算图转换为DOT语言

下面我们开始实现前面探讨的内容。在实现get_dot_graph函数之前，首先要实现辅助函数_dot_var。函数名前面的_(下划线)表示我们打算只在本地使用这个函数，即只用于get_dot_graph函数。下面是_dot_var函数的代码和它的使用示例。

dezero/utils.py

```python
def _dot_var(v, verbose=False):
    dot_var = '{} [label="{}", color=orange, style=filled]\n'

    name = '' if v.name is None else v.name
    if verbose and v.data is not None:
        if v.name is not None:
            name += ': '
        name += str(v.shape) + ' ' + str(v.dtype)
    return dot_var.format(id(v), name)
```

```python
# 使用示例
x = Variable(np.random.randn(2, 3))
x.name = 'x'
print(_dot_var(x))
print(_dot_var(x, verbose=True))
```

运行结果
```
4423761088 [label="x", color=orange, style=filled]
4423761088 [label="x: (2, 3) float64", color=orange, style=filled]
```

前面的代码将一个Variable实例赋给_dot_var函数，函数返回以DOT语言编写的表示实例信息的字符串。为了使指定的变量节点的ID唯一，这里使用了Python内置的id函数。使用id函数可以得到对象的ID。对象的ID是该对象特有的，因此，在用DOT语言时，我们可以将对象的ID用作节点的ID。

上面的代码还使用了format方法来操作字符串。format方法将字符串{}的部分替换成作为format参数传来的对象（字符串和整数等）的值。

_dot_var函数中有一个名为verbose的参数。当verbose为True时，_dot_var函数会将ndarray实例的形状和类型也作为标签输出。

下面实现一个能将DeZero的函数转换为DOT语言的工具函数。该函数名为_dot_func，代码如下所示。

dezero/utils.py

```
def _dot_func(f):
    dot_func = '{} [label="{}", color=lightblue, style=filled,
shape=box]\n'
    txt = dot_func.format(id(f), f.__class__.__name__)

    dot_edge = '{} -> {}\n'
    for x in f.inputs:
        txt += dot_edge.format(id(x), id(f))
    for y in f.outputs:
        txt += dot_edge.format(id(f), id(y()))  # y是weakref
    return txt
```

```
# 使用示例
x0 = Variable(np.array(1.0))
x1 = Variable(np.array(1.0))
y = x0 + x1
txt = _dot_func(y.creator)
print(txt)
```

```
4423742632 [label="Add", color=lightblue, style=filled, shape=box]
4403357456 -> 4423742632
4403358016 -> 4423742632
4423742632 -> 4423761088
```

_dot_func 函数用DOT语言记述了DeZero的函数。此外，它用DOT语言记述了函数与输入变量之间的连接，以及函数与输出变量之间的连接。回顾一下前面的内容：DeZero函数继承自Function类，它拥有实例变量inputs和outputs（图26-2）。

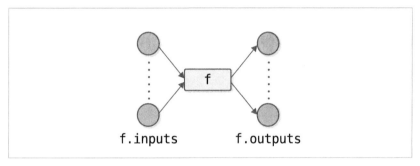

图26-2 Function类的inputs和outputs

准备工作完成了，下面实现get_dot_graph函数。我们可以参考Variable类的backward方法，编写出来的代码如下所示。

dezero/utils.py

```
def get_dot_graph(output, verbose=True):
    txt = ''
    funcs = []
    seen_set = set()

    def add_func(f):
        if f not in seen_set:
            funcs.append(f)
            # funcs.sort(key=lambda x: x.generation)
            seen_set.add(f)
```

```
    add_func(output.creator)
    txt += _dot_var(output, verbose)

    while funcs:
        func = funcs.pop()
        txt += _dot_func(func)
        for x in func.inputs:
            txt += _dot_var(x, verbose)

            if x.creator is not None:
                add_func(x.creator)
    return 'digraph g {\n' + txt + '}'
```

上面代码的逻辑与Variable类的backward方法基本相同(阴影部分是与backward方法的实现不同的地方)。backward方法传播的是导数, 但这里没有传播导数, 而是向txt添加用DOT语言编写的字符串。

另外, 在实际的反向传播中, 节点的遍历顺序也很重要。为此, 我们赋予了函数一个generation(辈分)整数值, 并按照该值从大到小的顺序取出函数(详见步骤15和步骤16)。但在get_dot_graph函数中, 节点遍历的顺序并不重要, 所以我们注释掉了按generation的值排序的代码。

> 这里需要关注的是"存在哪些节点""哪个节点与哪个节点相连"。也就是说, 节点的遍历顺序并不重要, 所以我们不需要使用根据generation的值优先取出某些节点的机制。

计算图可视化的代码到此就全部完成了。下面添加一个能使计算图的可视化操作更为简单的函数。

26.3　从DOT语言转换为图像

get_dot_graph函数将计算图转换为DOT语言。之后要将DOT语言转换成图像, 需要(手动)执行dot命令。但是, 每次都执行dot命令实在太麻烦了,所以，我们要实现一个能执行dot命令的函数。代码如下所示。

dezero/utils.py

```python
import os
import subprocess

def plot_dot_graph(output, verbose=True, to_file='graph.png'):
    dot_graph = get_dot_graph(output, verbose)

    # ①将dot数据保存至文件
    tmp_dir = os.path.join(os.path.expanduser('~'), '.dezero')
    if not os.path.exists(tmp_dir):  # 如果~/.dezero目录不存在，就创建该目录
        os.mkdir(tmp_dir)
    graph_path = os.path.join(tmp_dir, 'tmp_graph.dot')

    with open(graph_path, 'w') as f:
        f.write(dot_graph)

    # ②调用dot命令
    extension = os.path.splitext(to_file)[1][1:]  # 扩展名(png、pdf等)
    cmd = 'dot {} -T {} -o {}'.format(graph_path, extension, to_file)
    subprocess.run(cmd, shell=True)
```

首先，①处调用前面实现的get_dot_graph函数来将计算图转换成DOT
语言(文本)。然后，将文本保存至文件。保存的目标目录为~/.dezero，文
件名为tmp_graph.dot(该文件只是临时使用，所以文件名包含tmp)。代码中
的os.path.expanduser('~')的作用是展开主目录的路径"~"。

②处指定保存的文件名，并调用dot命令。这里将plot_dot_graph函数
的to_file参数用作目标文件名。为了调用外部程序，这部分代码使用了
subprocess.run函数。

除了上面展示的代码，实际的plot_dot_graph函数中还添加了另外几
行代码，这些代码用于应对使用Jupyter Notebook开发的情况。具体来
说，这些代码的作用是当程序在Jupyter Notebook中运行时，能直接在
Jupyter Notebook的单元格中显示图像。

这样就实现了计算图可视化函数。这里实现的函数会添加到dezero/

utils.py中，以便将来在不同的地方使用。这么操作之后，我们通过from dezero.utils import plot_dot_graph即可导入该函数使用。

26.4 代码验证

现在试着将步骤24中实现的Goldstein-Price函数可视化。代码如下所示。

steps/step26.py

```python
import numpy as np
from dezero import Variable
from dezero.utils import plot_dot_graph

def goldstein(x, y):
    z = (1 + (x + y + 1)**2 * (19 - 14*x + 3*x**2 - 14*y + 6*x*y + 3*y**2)) * \
        (30 + (2*x - 3*y)**2 * (18 - 32*x + 12*x**2 + 48*y - 36*x*y + 27*y**2))
    return z

x = Variable(np.array(1.0))
y = Variable(np.array(1.0))
z = goldstein(x, y)
z.backward()

x.name = 'x'
y.name = 'y'
z.name = 'z'
plot_dot_graph(z, verbose=False, to_file='goldstein.png')
```

运行上面的代码会得到文件goldstein.png。结果如图26-3所示，这是一个各种变量和函数交织在一起的计算图。仔细观察会发现该计算图以输入变量x和y为始，以输出变量z为终。这里多说两句，在使用DeZero实现Goldstein-Price函数时，我们几乎将式子直接照搬在代码中，但其实DeZero在幕后创建了图26-3这种错综复杂的计算图。

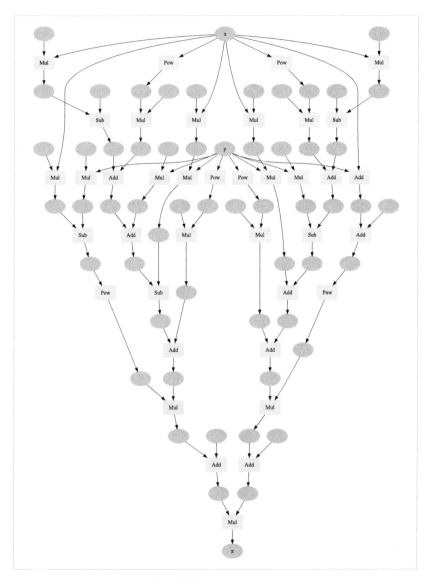

图 26-3　Goldstein-Price函数的计算图

　　到这里就完成了计算图的可视化。将来我们会根据需要使用这里实现的
函数。

步骤27
泰勒展开的导数

下面使用DeZero解决一些具体问题。我们先来思考一下sin函数的导数。它的导数当然可以通过解析方式求出。这里我们采用"正面进攻"的做法，也就是使用DeZero直接实现sin函数，然后尝试使用泰勒展开式求出sin函数的导数。

27.1　sin函数的实现

sin函数的导数能够以解析方式求出。若$y = \sin(x)$，其导数就为$\frac{\partial y}{\partial x} = \cos(x)$。因此，Sin类和sin函数可以按如下方式实现。

steps/step27.py

```python
import numpy as np
from dezero import Function

class Sin(Function):
    def forward(self, x):
        y = np.sin(x)
        return y

    def backward(self, gy):
        x = self.inputs[0].data
        gx = gy * np.cos(x)
        return gx

def sin(x):
    return Sin()(x)
```

上面的代码利用 NumPy 内置的 `np.sin` 函数和 `np.cos` 函数轻松地完成了实现。这样一来，我们就能在 DeZero 中使用 sin 函数进行计算了。下面是计算在 $x = \frac{\pi}{4}$ 处 $y = \sin(x)$ 的导数的代码示例。

steps/step27.py

```python
from dezero import Variable

x = Variable(np.array(np.pi/4))
y = sin(x)
y.backward()

print(y.data)
print(x.grad)
```

运行结果

```
0.7071067811865476
0.7071067811865476
```

计算得到的 y 的值和 x 的导数均为 `0.7071067811865476`。这个值约等于 $\frac{1}{\text{np.sqrt(2)}}$（即 $\frac{1}{\sqrt{2}}$）。由 $\sin(\frac{\pi}{4}) = \cos(\frac{\pi}{4}) = \frac{1}{\sqrt{2}}$ 可知，计算结果是正确的。

27.2　泰勒展开的理论知识

下面进入正题。我们思考一下如何用另一种方法求出 sin 函数的导数。所谓的另一种方法就是使用泰勒展开。泰勒展开是使用多项式逼近任意函数的方法。式子如下所示。

$$f(x) = f(a) + f'(a)(x - a) + \frac{1}{2!}f''(a)(x - a)^2 + \frac{1}{3!}f'''(a)(x - a)^3 + \cdots \quad (27.1)$$

式子 27.1 就是 $f(x)$ 在点 a 的泰勒展开。a 是任意值，$f(a)$ 是 $f(x)$ 在点 a 的值。式子中的 f' 表示一阶导数，f'' 表示二阶导数，f''' 表示三阶导数。式子中的符号 ! 表示阶乘（factorial），$n!$（n 的阶乘）是从 1 到 n 的所有整数的乘积，例如，$5! = 5 \times 4 \times 3 \times 2 \times 1 = 120$。

二阶导数是对普通导数进一步求导的结果。以物理学概念为例，位置的导数（变化）是速度，速度的导数（变化）是加速度。在这个例子中，速度对应于一阶导数，加速度对应于二阶导数。

利用泰勒展开，以点 a 为起点，$f(x)$ 可以表示为式子27.1。式子27.1中的项包括一阶导数、二阶导数、三阶导数……如果在某一阶停止，得到的就是 $f(x)$ 的近似值。近似值中包含的项数越多，近似值的精度就越高。

$a = 0$ 时的泰勒展开也叫**麦克劳林展开**。将 $a = 0$ 代入式子27.1，可得式子27.2。

$$f(x) = f(0) + f'(0)x + \frac{1}{2!}f''(0)x^2 + \frac{1}{3!}f'''(0)x^3 + \cdots \quad (27.2)$$

从式子27.2可以看出，通过将 a 限制为 $a = 0$，我们得到的数学式更加简洁。现在将 $f(x) = \sin(x)$ 代入式子27.2，此时 $f'(x) = \cos(x)$，$f''(x) = -\sin(x)$，$f'''(x) = -\cos(x)$，$f'''(x) = \sin(x)$，$\cdots$。另外，由于 $\sin(0) = 0$，$\cos(0) = 1$，所以可推导出以下式子。

$$\sin(x) = \frac{x}{1!} - \frac{x^3}{3!} + \frac{x^5}{5!} - \cdots = \sum_{i=0}^{\infty}(-1)^i\frac{x^{2i+1}}{(2i+1)!} \quad (27.3)$$

从式子27.3可以看出，$\sin$ 函数用 x 的多项式表示，多项式的项无限延续。这里很重要的一点是，随着 $\sum$ 的 i 的增大，近似值的精度会升高。另外，随着 i 的增大，$(-1)^i\frac{x^{2i+1}}{(2i+1)!}$ 的绝对值会越来越小，所以我们可以根据这个绝对值来确定 i 的值（重复次数）。

27.3 泰勒展开的实现

下面根据式子27.3来实现 $\sin$ 函数。为了计算阶乘，我们需要使用Python的 math 模块中的 math.factorial 函数。

steps/step27.py

```python
import math

def my_sin(x, threshold=0.0001):
    y = 0
    for i in range(100000):
        c = (-1) ** i / math.factorial(2 * i + 1)
        t = c * x ** (2 * i + 1)
        y = y + t
        if abs(t.data) < threshold:
            break
    return y
```

上面的代码基于式子27.3实现，for语句中的t是第i次要添加的项。代码中的threshold是阈值，当t的绝对值低于阈值时，程序退出for循环。代码通过threshold控制近似精度（threshold越小，近似精度越高）。

接下来使用上面实现的my_sin函数进行计算。

steps/step27.py

```python
x = Variable(np.array(np.pi/4))
y = my_sin(x)
y.backward()

print(y.data)
print(x.grad)
```

运行结果
0.7071064695751781
0.7071032148228457

这个结果与本步骤最开始实现的sin函数的计算结果基本相同。误差很小，可以忽略。降低threshold的值可以进一步缩小误差。

从理论上来说，泰勒展开的阈值（threshold）越小，近似精度越高。但计算机在计算的过程中会出现精度丢失和舍入误差等情况，所以结果并不一定与理论值相符。

27.4 计算图的可视化

我们来看一下上面的代码运行时，会创建出什么样的计算图。这里使用上一步实现的可视化函数，即 dezero/utils.py 中的 plot_dot_graph 函数。首先是当 threshold=0.0001 时 my_sin 函数的计算图。结果如图 27-1 所示。

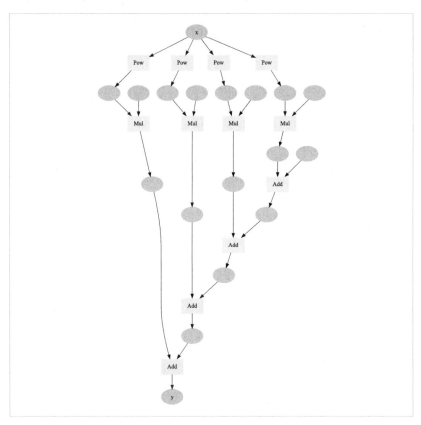

图 27-1 threshold=0.0001 时 my_sin 函数的计算图

图 27-1 是为了近似 sin 函数而创建的计算图。我们可以通过 threshold 的值来控制计算图的复杂性，这一点很有趣。试着让 threshold=1e-150 (0.00···1，整个数中共有 150 个 0)，结果如图 27-2 所示。

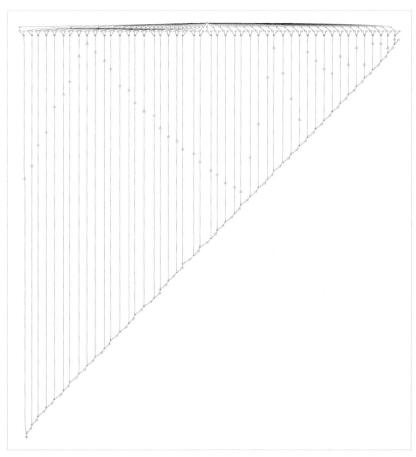

图27-2 threshold=1e-150时my_sin函数的计算图

　　降低threshold的值会使for语句的循环次数变多，这样就会产生图27-2这种复杂的计算图。这种计算图是我们使用Python的for语句和if语句创建出来的。借助Python的控制语句，我们可以和平时一样编写代码，这体现了DeZero的Define-by-Run的易用性。

步骤28
函数优化

DeZero现在能够自动计算导数了。导数有多种用途，其中最重要的一种用途就是函数优化。在本步骤，我们会尝试对具体的函数进行优化。

优化指的是对于给定的函数，找到使其取最小值（或最大值）的函数的参数（输入）。神经网络的训练也是一个优化问题，它的目标是找到使损失函数的输出值最小化的参数。因此，本步骤的内容可以直接应用于神经网络训练。

28.1　Rosenbrock 函数

本步骤将处理Rosenbrock函数。该函数的式子如下，其形状如图 28-1所示。

$$y = 100(x_1 - x_0^2)^2 + (x_0 - 1)^2 \tag{28.1}$$

观察图 28-1，可以看到函数像是一个抛物线形状的绵延不断的山谷。如果画出图 28-1 中"山"的等高线，就会发现线的形状很像香蕉，所以Rosenbrock函数也叫"香蕉函数"。

本步骤的目标是找到使Rosenbrock函数的输出值最小的x_0和x_1。先说答案，Rosenbrock函数的最小值在$(x_0, x_1) = (1, 1)$处。在本步骤，我们将使用DeZero，看看它能否真的找到这个最小值。

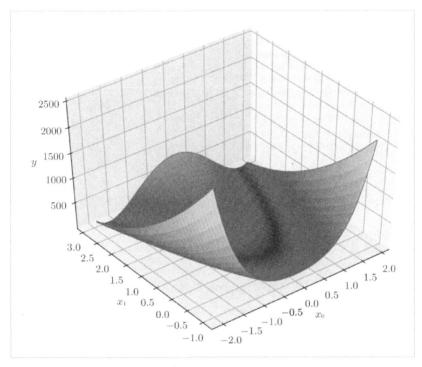

图28-1 Rosenbrock函数的形状（图片引自参考文献[19]）

Rosenbrock函数的严格的定义是$f(x_0, x_1) = b(x_1 - x_0^2)^2 + (a - x_0)^2$，其中$a$和$b$是常数。上面的例子是$a = 1$、$b = 100$时的Rosenbrock函数。Rosenbrock函数常作为优化问题的基准函数来使用。当Rosenbrock函数作为基准函数时，一般使用$a = 1$、$b = 100$作为a和b的值。

28.2 求导

首先求Rosenbrock函数在$(x_0, x_1) = (0.0, 2.0)$的导数$\frac{\partial y}{\partial x_0}$和$\frac{\partial y}{\partial x_1}$。使用DeZero可按如下方式实现。

steps/step28.py

```
import numpy as np
from dezero import Variable

def rosenbrock(x0, x1):
    y = 100 * (x1 - x0 ** 2) ** 2 + (x0 - 1) ** 2
    return y

x0 = Variable(np.array(0.0))
x1 = Variable(np.array(2.0))

y = rosenbrock(x0, x1)
y.backward()
print(x0.grad, x1.grad)
```

运行结果

```
-2.0 400.0
```

如上所示，先把数值数据（ndarray实例）封装在Variable中，然后根据式子编码。之后只要调用y.backward()，DeZero就会自动求出导数。

执行上面的代码，得到的x0的导数和x1的导数分别为-2.0和400.0。将这两个导数以向量的形式汇总起来的(-2.0, 400.0)称为**梯度**或**梯度向量**。梯度展示了各点上函数的输出值增加得最快的方向。拿前面的例子来说，就是在点(x0, x1)=(0.0, 2.0)上，y的值增加得最快的方向是(-2.0, 400.0)。这就意味着梯度的反方向(2.0, -400.0)是y的值减少得最快的方向。

28.3 梯度下降法的实现

形状复杂的函数，其最大值可能不在梯度指示的方向上（或最小值不在梯度的反方向上）。不过从局部来看，梯度表示函数的输出值最大的方向。重复向梯度方向移动一定距离，然后再次求梯度的过程，可以帮助我们逐渐接近目标位置（最大值或最小值）。这就是**梯度下降法**。如果从一个好的点开始（给定一个好的初始值），使用梯度下降法就能高效地找到目标值。

下面使用梯度下降法来解决问题。这里的问题是找到Rosenbrock函数的最小值，因此我们要沿着梯度的反方向前进。考虑到这一点，代码可按下面的方式编写。

steps/step28.py

```python
x0 = Variable(np.array(0.0))
x1 = Variable(np.array(2.0))
lr = 0.001   # 学习率
iters = 1000  # 迭代次数

for i in range(iters):
    print(x0, x1)

    y = rosenbrock(x0, x1)

    x0.cleargrad()
    x1.cleargrad()
    y.backward()

    x0.data -= lr * x0.grad
    x1.data -= lr * x1.grad
```

上面的代码将迭代次数设置为 iters。这里的 iters 是 iterations 的缩写。与梯度相乘的值是事先设定好的。上面的代码设置了 lr=0.001。这里的 lr 是 learning rate 的首字母，意思是学习率。

上面代码中的 for 语句反复使用了 Variable 实例 x0 和 x1 来求导。由于这会使导数值被相继加到 x0.grad 和 x1.grad 上，所以在计算新的导数时，我们需要重置已经加过其他值的导数。因此，在进行反向传播之前，我们要调用各变量的 cleargrad 方法来重置导数。

现在运行上面的代码。从输出信息可以看出 (x0, x1) 的值的更新过程。在终端实际输出的结果如下所示。

运行结果
```
variable(0.) variable(2.)
variable(0.002) variable(1.6)
variable(0.005276) variable(1.2800008)
...
...
variable(0.68349178) variable(0.4656506)
```

我们可以看到从起点 (0.0, 2.0) 开始，最小值的位置是如何依次更新的。将计算结果绘制在图上就是图28-2这样。

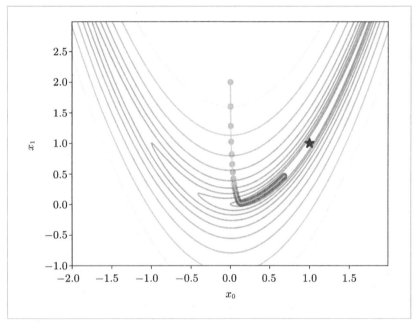

图28-2　更新路径（圆点的轨迹表示更新过程，星号表示最小值的位置）

从图28-2可以看出我们正逐渐接近星号所指的目的地的位置，但尚未到达目的地。所以，我们增加迭代次数，设置iters=10000，结果如图28-3所示。

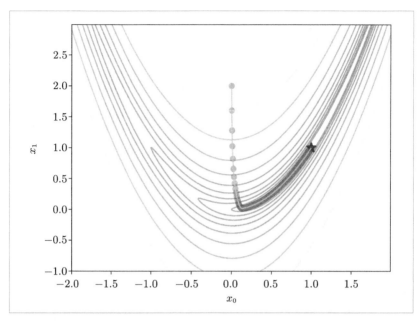

图28-3　iters=10000时的结果

如图28-3所示，这次离目的地更近了。此时 (x0, x1) 的值为 (0.99449622, 0.98900063)。如果再增加迭代次数，比如 iters=50000，就会抵达 (1.0, 1.0)。

本步骤的工作到此结束。在本步骤中，我们使用DeZero实现了梯度下降，找到了Rosenbrock函数的最小值的位置，只是迭代次数实在太多了，有5万次。其实梯度下降法并不擅长处理Rosenbrock这种类型的函数。下一个步骤会介绍并实现另一种优化方法。

步骤29
使用牛顿法进行优化（手动计算）

　　在上一个步骤中，我们使用梯度下降法求得了Rosenbrock函数的最小值。但在计算过程中，使用梯度下降法要经过近5万次的迭代才能找到梯度。从这个例子可以看出梯度下降法有一个缺点，即在一般情况下，它的收敛速度较慢。

　　有几种收敛速度较快的方法可用来替代梯度下降法，其中比较有名的是牛顿法。在使用牛顿法进行优化时，我们能以更少的步数获取最优解。以上一个步骤解决的问题为例，我们可以得到如图29-1所示的结果。

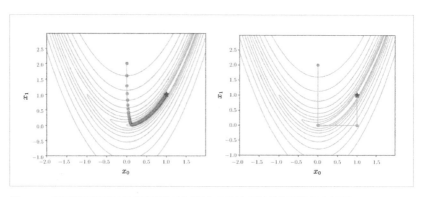

图29-1　采用梯度下降法的更新路径（左图）和采用牛顿法的更新路径（右图）

　　观察图29-1，可以看到梯度下降法在"山谷"里苦苦寻觅，缓慢地朝着目的地前进，而牛顿法则跳过了"山谷"，一口气到达了目的地。它的迭代次数仅有6次！梯度下降法需要迭代近5万次，而牛顿法只要6次即可找到目标，二者相差悬殊。

对Rosenbrock函数进行优化时，梯度下降法和牛顿法在迭代次数上有很大的差异。当然因初始值和学习率等设置值的不同，迭代次数也会有很大的变化。在实际问题中，我们一般看不到这么巨大的差异。一般来说，如果初始值与解足够接近，牛顿法会更快收敛。

29.1　使用牛顿法进行优化的理论知识

本步骤的目标是使用牛顿法实现优化。我们使用牛顿法替代梯度下降法，验证它的确能更快收敛。另外，为了便于说明，我们使用只输入一个变量的函数（Rosenbrock函数要输入两个变量）。

下面推导使用牛顿法进行优化的计算表达式。这里我们思考如何对 $y = f(x)$ 函数求最小值。要推导出计算表达式，首先需要通过泰勒展开将 $y = f(x)$ 变换成如下形式。

$$f(x) = f(a) + f'(a)(x - a) + \frac{1}{2!}f''(a)(x - a)^2 + \frac{1}{3!}f'''(a)(x - a)^3 + \cdots \quad (29.1)$$

通过泰勒展开，我们可以将 f 表示为以某一点 a 为起点的 x 的多项式（关于泰勒展开，笔者已在步骤27中进行了介绍）。在多项式中，一阶导数、二阶导数、三阶导数……各阶导数的项在不断增加，如果我们选择在某一阶结束展开，就可以近似地表示 $f(x)$。这里我们选择在二阶导数结束展开。

$$f(x) \simeq f(a) + f'(a)(x - a) + \frac{1}{2}f''(a)(x - a)^2 \quad (29.2)$$

式子29.2使用到二阶导数为止的项对 $f(x)$ 这个函数进行了近似处理。如果着眼于变量 x，就可以看出这个表达式是 x 的二次函数。也就是说，"某个函数" $y = f(x)$ 近似为 x 的二次函数。因此，这种近似叫作**二次近似**。图29-2展示了我们所做的这些工作。

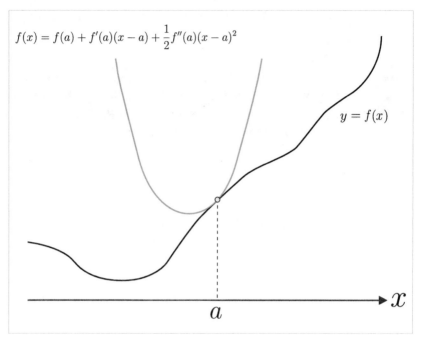

图 29-2 以二阶泰勒展开进行近似的示例

如图 29-2 所示，二次近似函数是一条在点 a 处与 $y = f(x)$ 相交的曲线。让人欣慰的是二次函数的最小值可以通过解析的方式求得。为此，我们要做的就是找到二次函数的导数为 0 的点。式子如下所示。

$$\frac{\mathrm{d}}{\mathrm{d}x}\left(f(a) + f'(a)(x-a) + \frac{1}{2}f''(a)(x-a)^2\right) = 0$$

$$f'(a) + f''(a)(x-a) = 0$$

$$x = a - \frac{f'(a)}{f''(a)} \quad (29.3)$$

从式子 29.3 可以看出，二次近似函数的最小值位于点 $x = a - \dfrac{f'(a)}{f''(a)}$ 处。换言之，我们只要将 a 的位置更新为 $-\dfrac{f'(a)}{f''(a)}$ 即可，如图 29-3 所示。

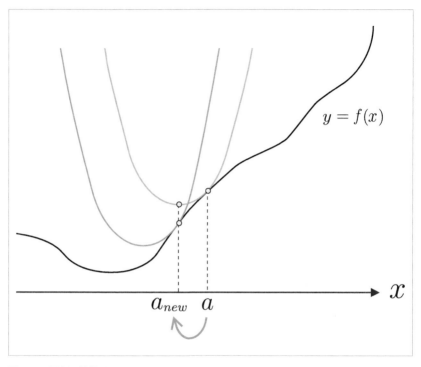

图 29-3 更新 a 的位置

　　将 a 的位置按照图 29-3 的方式进行更新，在更新后的 a 的位置重复同样的操作。这就是使用牛顿法进行优化的操作。与梯度下降法比较来看的话，牛顿法的特点就更明显了。我们来看下面的式子。

$$x \leftarrow x - \alpha f'(x) \qquad (29.4)$$

$$x \leftarrow x - \frac{f'(x)}{f''(x)} \qquad (29.5)$$

　　式子 29.4 为梯度下降法，式子 29.5 [1]为牛顿法。从式子可以看出，两种方法都更新了 x，但更新的方式不同。在梯度下降法中，系数 α 是手动设置

---

[1] 为了便于对比，式子 29.5 将式子 29.3 中的 a 改成了 x。

的值，x 的值通过沿着梯度的方向（一阶导数）前进 α 的方式来更新，而牛顿法则通过二阶导数自动调整梯度下降法中的 α。换言之，我们可以将牛顿法看成 $\alpha = \frac{1}{f''(x)}$ 的方法。

 这里探讨的是当函数的输入是标量时的牛顿法。这个理论可以很自然地扩展到函数的输入是向量的情况。不同的是，在向量的情况下要将梯度作为一阶导数，将黑塞矩阵作为二阶导数。详细内容请参考步骤36专栏。

　　综上所述，梯度下降法只利用一阶导数的信息，而牛顿法还利用了二阶导数的信息。拿物理学中的概念来说就是梯度下降法只使用速度信息，而牛顿法使用速度和加速度的信息。牛顿法有望通过增加的二阶导数的信息来提高搜索效率，从而提高快速到达目的地的概率。

　　下面使用牛顿法尝试解决一个具体问题——对式子 $y = x^4 - 2x^2$ 执行最小化操作。如图 29-4 所示，这个函数的图形有两个"凹陷"的地方，取最小值的地方有 $x = -1$ 和 $x = 1$ 两处。这里使用初始值 $x = 2$，看看计算能否达到其中一个取最小值的点 $x = 1$。

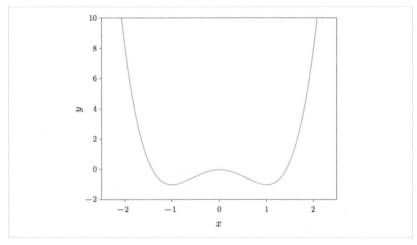

图 29-4　$y = x^4 - 2x^2$ 的图形

29.2　使用牛顿法实现优化

下面来实现牛顿法。要使用牛顿法进行优化，只要实现式子29.5即可。不过DeZero无法自动计算二阶导数，所以我们要手动对其进行计算，具体如下。

$$y = x^4 - 2x^2$$

$$\frac{\partial y}{\partial x} = 4x^3 - 4x$$

$$\frac{\partial^2 y}{\partial x^2} = 12x^2 - 4$$

基于以上结果，我们可以按如下方式使用牛顿法实现优化。

steps/step29.py

```python
import numpy as np
from dezero import Variable

def f(x):
    y = x ** 4 - 2 * x ** 2
    return y

def gx2(x):
    return 12 * x ** 2 - 4

x = Variable(np.array(2.0))
iters = 10

for i in range(iters):
    print(i, x)

    y = f(x)
    x.cleargrad()
    y.backward()

    x.data -= x.grad / gx2(x.data)
```

与之前相同，一阶导数通过反向传播求得。二阶导数则通过手动编码求得。之后根据牛顿法的更新公式来更新x。运行上面的代码，可以看到如下所示的x值的更新过程。

```
0 variable(2.0)
1 variable(1.4545454545454546)
2 variable(1.1510467893775467)
3 variable(1.0253259289766978)
4 variable(1.0009084519430513)
5 variable(1.0000012353089454)
6 variable(1.000000000002289)
7 variable(1.0)
8 variable(1.0)
9 variable(1.0)
```

本题的答案(最小值)是1。从上面的结果可以看出，实际只迭代了7次就找到了最小值。与之相比，梯度下降法需要迭代很多次才能接近最优解。图29-5是两种方法的更新路径的比较图。

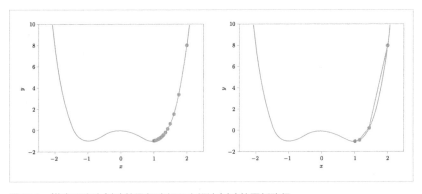

图29-5　梯度下降法(左)的更新路径和牛顿法(右)的更新路径

如图29-5所示，梯度下降法的迭代次数较多。上图中梯度下降法的结果是当学习率设置为0.01时的情况，此时要经过124次迭代，$x = 1.0$的绝对误差才小于0.001。相比之下，牛顿法只需迭代7次。

以上就是牛顿法的理论知识和实现。本步骤实现了牛顿法，并使用它解决了具体问题，取得了很好的效果。不过，在实现过程中，二阶导数的计算是手动进行的(为了求得二阶导数，要手动写出式子，并手动将其编写为代码)。接下来要做的就是将这个手动的过程自动化。

步骤 30
高阶导数(准备篇)

　　当前的DeZero虽然实现了自动微分,但只能计算一阶导数。这里我们来扩展DeZero,使它能自动计算二阶导数,甚至是三阶导数、四阶导数等高阶导数。

　　要想使用DeZero求二阶导数,我们需要重新思考目前反向传播的实现方式。DeZero的反向传播是基于Variable类和Function类实现的。我们先来简单回顾一下目前Variable和Function这两个类的实现。由于内容较多,所以笔者分3节来进行介绍。

30.1　确认工作①:Variable 实例变量

　　我们先来回顾一下Variable类的实例变量。首先看一下初始化Variable类的 __init__ 方法。

```python
class Variable:
    def __init__(self, data, name=None):
        if data is not None:
            if not isinstance(data, np.ndarray):
                raise TypeError('{} is not supported'.format(type(data)))

        self.data = data
        self.name = name
        self.grad = None
        self.creator = None
        self.generation = 0
    ...
```

如代码所示，Variable类有几个实例变量。这里重点关注一下其中的data和grad。data和grad分别用于正向传播和反向传播的计算。需要注意的是，data和grad都是ndarray实例的引用。为了强调这一点，笔者引入图30-1这种图形表示方法。

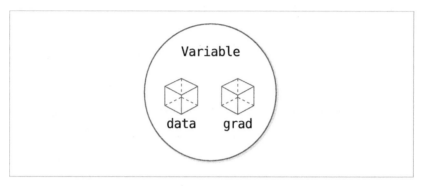

图30-1　Variable的新表示方法

如图30-1所示，我们将data和grad画成立方体的容器。图30-2是data和grad引用了ndarray实例的图示。

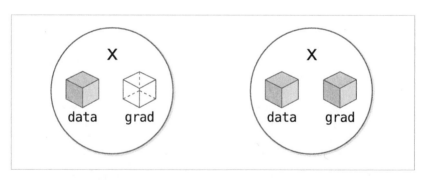

图30-2　Variable的新表示方法（数据引用）

图30-2中的左图是执行x = Variable(np.array(2.0))时的例子，右图是执行x.backward()或x.grad = np.array(1.0)时的例子。笔者将使用这种图形表示方法进行说明。

30.2 确认工作②：Function类

接下来是Function类。下面是Function类的__call__方法的代码。我们重点看一下阴影部分。

```
class Function:
    def __call__(self, *inputs):
        inputs = [as_variable(x) for x in inputs]
        # ①正向传播的计算（主处理）
        xs = [x.data for x in inputs]
        ys = self.forward(*xs)
        if not isinstance(ys, tuple):
            ys = (ys,)
        outputs = [Variable(as_array(y)) for y in ys]

        if Config.enable_backprop:
            self.generation = max([x.generation for x in inputs])
            # ②创建连接
            for output in outputs:
                output.set_creator(self)
            self.inputs = inputs
            self.outputs = [weakref.ref(output) for output in outputs]

        return outputs if len(outputs) > 1 else outputs[0]
```

①处通过xs = [x.data for x in inputs]提取Variable的实例变量data，并将其汇总在列表xs中，然后调用forward(*xs)进行具体的计算。

接下来是②的部分。这部分创建了Variable和Function之间的连接。从变量到函数的连接是通过set_creator方法实现的。它的原理是让新创建的Variable记住它的父函数（自己）。同时，通过将函数的输入变量和输出变量赋给inputs和outputs的实例变量，保持从函数到变量的连接。

在变量和函数之间建立连接是为了之后反向传播导数。DeZero在计算发生时动态地创建了这种连接。

DeZero中的函数都继承自Function类。继承了Function的类需要在forward方法中实现具体计算。下面是Sin类中进行sin函数计算的代码。

```
class Sin(Function):
    def forward(self, x):
        y = np.sin(x)
        return y

    def backward(self, gy):
        x = self.inputs[0].data
        gx = gy * np.cos(x)
        return gx
```

代码中的forward方法的参数和返回值都是ndarray实例。同样,backward方法的参数和返回值也都是ndarray实例。使用Sin类可以进行以下计算。

```
def sin(x):
    return Sin()(x)

x = Variable(np.array(1.0))
y = sin(x)
```

上面的代码只进行了sin函数的正向传播。图30-3展示了此时变量和函数的"活动"可视化后的样子。

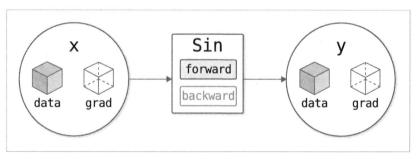

图30-3 y=sin(x)的计算图(仅正向传播)

如图30-3所示，在正向传播中，具体的计算在Sin类的forward方法中进行。由此便产生了变量和函数之间的连接。再提示一遍，这个连接是在Function类的__call__方法中创建的。

30.3 确认工作③：Variable类的反向传播

最后来看看反向传播的逻辑。Variable类的backward方法实现了反向传播。这里我们来看看如下所示的Variable类的backward方法，重点关注阴影部分。

```python
class Variable:
    ...

    def backward(self, retain_grad=False):
        if self.grad is None:
            self.grad = np.ones_like(self.data)

        funcs = []
        seen_set = set()

        def add_func(f):
            if f not in seen_set:
                funcs.append(f)
                seen_set.add(f)
                funcs.sort(key=lambda x: x.generation)

        add_func(self.creator)

        while funcs:
            f = funcs.pop()

            # 反向传播的计算(主处理)
            gys = [output().grad for output in f.outputs]  # ①
            gxs = f.backward(*gys)  # ②
            if not isinstance(gxs, tuple):
                gxs = (gxs,)

            for x, gx in zip(f.inputs, gxs):  # ③
                if x.grad is None:
                    x.grad = gx
                else:
                    x.grad = x.grad + gx
```

```
            if x.creator is not None:
                add_func(x.creator)

        if not retain_grad:
            for y in f.outputs:
                y().grad = None
```

①的部分将Variable的实例变量grad汇总在列表中。这里的实例变量grad引用了ndarray实例。因此，元素为ndarray实例的列表传给了②处的backward方法。③的部分把从输出端开始传播的导数（gxs）设置为函数的输入变量（f.inputs）的grad。

根据以上内容，我们一起来看看下面这段代码。

```
x = Variable(np.array(1.0))
y = sin(x)
y.backward(retain_grad=True)
```

上面的代码进行了sin函数的计算（正向传播），然后进行反向传播。这里使用了y.backward(retain_grad=True)使所有变量保留导数（这个函数是在步骤18中为了改善性能引入的）。图30-4展示了此时变量和函数的"活动"可视化后的样子。

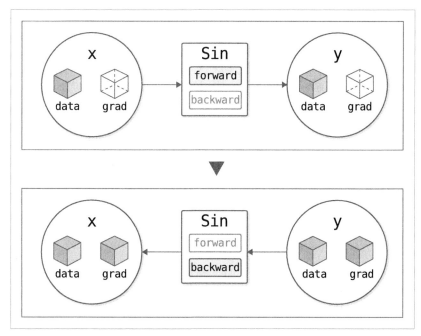

图30-4 y=sin(x)的计算图的正向传播和反向传播

如图 30-4 所示，执行计算 y=sin(x) 时，计算图被创建，Variable 的实例变量 data 被赋值。通过反向传播，Sin 类的 backward 方法被调用，Variable 的实例变量 grad 被赋值。

这就是目前 DeZero 的反向传播的实现方式。在下一个步骤中，我们将修改当前的 DeZero，以求解高阶导数。

步骤31
高阶导数（理论篇）

在上一个步骤，我们回顾了DeZero目前的实现情况。主要内容可归纳为以下几点。

- 计算的连接是在Function类的 __call__ 方法中创建的
- 正向传播和反向传播的具体计算是在继承了Function的类的forward方法和backward方法中进行的

这里要注意的是创建计算图连接的时机。连接是在进行正向传播的计算时创建的，在反向传播时不会被创建。这就是问题的关键所在。

31.1　在反向传播时进行的计算

与正向传播一样，反向传播也会进行具体的计算。以上一个步骤的Sin类为例，实现backward方法的代码如下所示。

```
class Sin(Function):
    ...

    def backward(self, gy):
        x = self.inputs[0].data
        gx = gy * np.cos(x)
        return gx
```

上面的代码进行了gx=gy*np.cos(x)这个具体的计算。但是，当前的DeZero不会为该计算创建计算图，因为该计算针对的是ndarray实例。如果能对反向传播所进行的计算创建连接，会发生什么呢？答案是高阶导数会被自动计算出来。在解释这个原理之前，我们先来看看图31-1中的计算图。

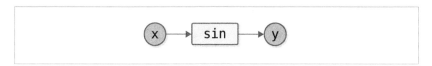

图31-1　y=sin(x)的计算图

图31-1是y=sin(x)的计算图。调用y.backward()即可求出y对x的导数。这是我们已经见过的例子。现在来看一下图31-2的计算图。

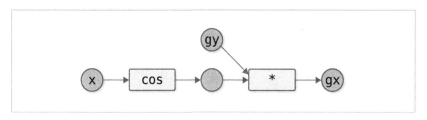

图31-2　用于求y=sin(x)的导数的计算图(gx是y对x的导数)

图31-2中的计算图用于求sin函数的导数。该图以计算图的形式展示了前面Sin类的反向传播的代码(gx = gy * np.cos(x))。对于图31-2这样的计算图，我们可以通过调用gx.backward()求出gx对x的导数。由于gx本来就是y=sin(x)的导数，所以调用gx.backward()可以对x再次求导，也就是求x的二阶导数。

如果理解不了上面的内容，你也可以把图31-2中的x当作时间，把gx当作速度来进行思考。这样来看，图31-2就表示一个输入某时间后输出在该时间的速度的计算图。此时通过反向传播求出的是速度对时间的导数，结果对应的是加速度。

接下来我们要做的是将图31-2这种求导计算作为计算图创建出来。求导计算换句话说就是通过反向传播进行计算。因此，如果能为反向传播进行的计算建立连接，就可以解决这个问题。下面我们来思考一下具体的实现方法。

31.2　创建反向传播的计算图的方法

在DeZero中，连接是在正向传播的计算过程中被创建的。准确来说，连接是在使用Variable实例进行普通计算（正向传播）的过程中被创建的。这意味着如果在函数的backward方法中使用Variable实例代替ndarray实例进行计算，就会创建该计算的连接。

为此，我们需要将导数（梯度）保存为Variable实例。具体来说，就是按照图31-3的方式修改Variable。

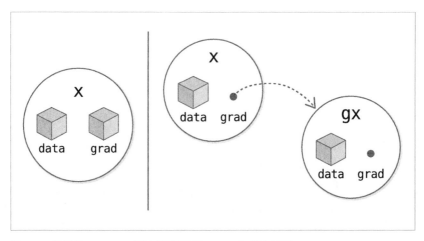

图31-3　以前的Variable类（左图）和新的Variable类（右图）

如图31-3所示，此前Variable类的grad引用了ndarray实例。这里将其改为引用Variable实例。以前面提到的y=sin(x)为例，修改好这一处后，我们可以创建如图31-4所示的计算图。

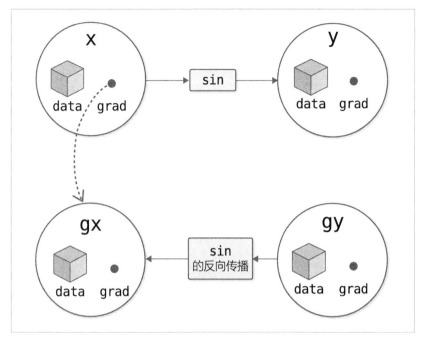

图31-4 Sin类的正向传播和反向传播完成后的计算图(省略了反向传播的计算内容)

图31-4是Sin类的正向传播和反向传播完成后的计算图。我们首次为反向传播的计算创建了计算图。由于表示导数的gy成了Variable实例,所以针对使用gy完成的计算,DeZero也能创建连接。

在计算y=sin(x)时,如果使用y.forward(),那么只有x这样的终端变量会保存导数,y是函数创建的变量,所以不保存导数。在图31-4中,y.grad没有引用gy。

图31-4省略了Sin类中反向传播的计算内容。在实现Sin类的backward方法时,我们将求导的代码写成gx = gy * cos(x)。假定所有的变量都已经改为Variable实例,这时,我们可以创建出图31-5这样的计算图来展示图31-4中省略的反向传播的计算。

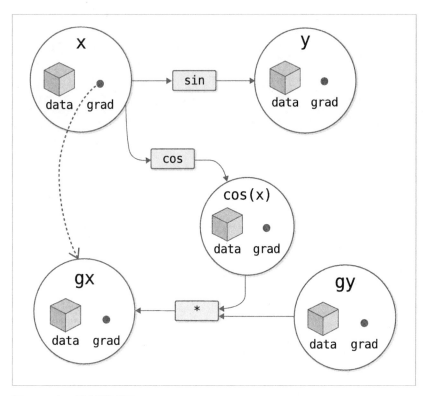

图31-5 实际创建的计算图

图31-5中的计算图是通过调用y.backward()创建而成的"新"的计算图，即通过反向传播创建而成的计算图。如果创建了图31-5这样的计算图，我们就可以通过对变量gx调用gx.backward()来求y对x的二阶导数。

以上是求高阶导数的思路，在下一个步骤，我们将通过代码实现它。

步骤 32
高阶导数（实现篇）

本步骤将对 DeZero 进行修改以实现高阶导数。我们要做的是按照上一个步骤探讨的内容为反向传播进行的计算创建计算图。因此，反向传播时进行的计算会用到 Variable 实例。

此前，我们已经在 dezero/core_simple.py 中实现了 Variable 类。这里我们在 dezero/core.py 中实现一个新的 Variable 类来代替它。dezero/core_simple.py 中也实现了针对四则运算等的函数和运算符重载，这些也将在 dezero/core.py 中实现。

32.1 新的 DeZero

新 DeZero 中最重要的变化发生在 Variable 类的实例变量 grad 上。之前 grad 引用了 ndarray 实例，在新的 DeZero 中，我们将其改为引用 Variable 实例。Variable 类的修改情况如下。

dezero/core.py

```
class Variable:
    ...

    def backward(self, retain_grad=False):
        if self.grad is None:
            # self.grad = np.ones_like(self.data)
            self.grad = Variable(np.ones_like(self.data))
        ...
```

如上所示，只修改了一处，即在自动微分的地方将 self.grad 改为 Variable 实例。这样就完成了对 Variable 类的修改。

32.2　函数类的反向传播

剩下的工作就是修改 backward 方法（不修改 Function 类）。之前，我们已经在 dezero/core_simple.py 文件中实现了以下 DeZero 的函数类。

- Add
- Mul
- Neg
- Sub
- Div
- Pow

我们将修改这些类的 backward 方法，然后将它们添加到 dezero/core.py 中。首先从 Add 类开始，不过 Add 类不需要做任何修改。这里我们看一下 Add 类的实现，代码如下所示。

dezero/core.py

```python
class Add(Function):
    def forward(self, x0, x1):
        y = x0 + x1
        return y

    def backward(self, gy):
        return gy, gy
```

Add 类的反向传播只是将导数从输出端向输入端传递而已。反向传播中没有计算任何内容，所以没有需要修改的代码。

下一个是 Mul 类。将 Mul 类的 backward 方法按图 32-1 进行修改。

```
class Mul(Function):                class Mul(Function):
    ...                                 ...
    def backward(self, gy):             def backward(self, gy):
        x0 = self.inputs[0].data            x0, x1 = self.inputs
        x1 = self.inputs[1].data
        return gy * x1, gy * x0             return gy * x1, gy * x0
```

图32-1　Mul类的backward方法的对比（左边是旧代码，右边是新代码）

　　如图32-1所示，之前我们需要从Variable实例中取出数据（ndarray实例），而在新的Mul类中，Variable实例可以直接使用。

　　图32-1中需要大家注意的是进行反向传播的代码gy * x1。再次强调，在新的DeZero中，gy和x1是Variable实例。我们已经在Variable类上实现了*运算符的重载，因此在执行gy * x1的背后，Mul类的正向传播会被调用。此时，Function.__call__()会被调用，该方法中会构建计算图。

反向传播的计算针对的是Variable实例，所以我们需要使用DeZero函数对Variable实例进行计算。

　　之后按照同样的步骤对Sub类、Div类和Pow类修改backward方法即可。修改方法与前面介绍的内容相同，本书就不再一一介绍了。

32.3　实现更有效的反向传播（增加模式控制代码）

　　我们在步骤18中引入了启用/禁用反向传播的模式。具体来说，当不需要反向传播时，切换到"禁用反向传播模式"，以此来省略用于反向传播的处理（如创建计算图和保存输入变量等）。这里对反向传播中进行的计算使用同样的机制。也就是说，对于在反向传播中进行的计算，如果不想再次反向传播了，即只进行一次反向传播，就要在"禁用反向传播模式"下进行反向传播的计算。为了实现这个机制，我们需要在Variable类的backward方法中添加以下代码。

dezero/core.py

```
def backward(self, retain_grad=False, create_graph=False ):
    ...

    while funcs:
        f = funcs.pop()
        gys = [output().grad for output in f.outputs]

        with using_config('enable_backprop', create_graph):
            gxs = f.backward(*gys)   # 主要的backward处理
            if not isinstance(gxs, tuple):
                gxs = (gxs,)

            for x, gx in zip(f.inputs, gxs):
                if x.grad is None:
                    x.grad = gx
                else:
                    x.grad = x.grad + gx   # 这个计算也是对象

                if x.creator is not None:
                    add_func(x.creator)
    ...
```

首先增加 create_graph 参数，并将默认值设置为 False。然后在 with using_config(...) 中进行实际的反向传播处理(步骤18中已经解释过 using_config 函数的用法，这里不再赘述)。这意味着当 create_graph 为 False 时，反向传播中的计算是在禁用反向传播模式下进行的。

这部分内容有点复杂，笔者用具体的例子来补充说明。例如，在进行 Mul 类的反向传播时，其 backward 方法执行 gy * x1 的计算。因为 * 运算符被重载，所以代码 Mul()(gy, x1) 会被调用，这会触发父类 Function.__call__()被调用。Function.__call__ 方法会根据 Config.enable_backprop 的值来启用或禁用反向传播。

为什么让 create_graph=False 作为默认设置呢？这是因为只需要一次反向传播的情况占大多数。如果需要求二阶导数，将参数设置为 True 即可。在这种情况下，反向传播的计算会创建出新的计算图，反向传播得以继续进行。

32.4　修改 __init__.py

到这里就完成了新 DeZero 的核心功能。我们将在 dezero/core.py 中完成目前所做的修改。从现在开始，我们使用 dezero/core.py 代替 dezero/core_simple.py。为此，需要将用于初始化操作的 dezero/__init__.py 修改成如下内容。

dezero/__init__.py

```
# 从step23.py到step32.py使用simple_core
is_simple_core = False  # True

if is_simple_core:
    from dezero.core_simple import Variable
    from dezero.core_simple import Function
    from dezero.core_simple import using_config
    from dezero.core_simple import no_grad
    from dezero.core_simple import as_array
    from dezero.core_simple import as_variable
    from dezero.core_simple import setup_variable

else:
    from dezero.core import Variable
    from dezero.core import Function
    from dezero.core import using_config
    from dezero.core import no_grad
    from dezero.core import as_array
    from dezero.core import as_variable
    from dezero.core import setup_variable
    ...
```

上面的代码将 is_simple_core 改为 False，这样就可以从 dezero/core.py 中导入支持高阶导数的 core 文件了。

core_simple.py中没有修改的类和函数也被复制到了dezero/core.py中，如Function类和using_config函数等。

本步骤到此结束。在下一个步骤，我们将使用新的DeZero自动计算高阶导数。

步骤 **33**

使用牛顿法进行优化（自动计算）

我们在前面通过手动计算求出了二阶导数。这里我们使用新的DeZero来自动计算二阶导数。首先针对简单的计算求二阶导数。如果验证可行，之后使用牛顿法进行优化。

33.1 求二阶导数

现在试着求二阶导数，这里以步骤29中介绍的 $y = x^4 - 2x^2$ 为对象。在使用DeZero的情况下，我们可以将代码编写成下面这样（下面的代码其实存在一个问题）。

```python
import numpy as np
from dezero import Variable

def f(x):
    y = x ** 4 - 2 * x ** 2
    return y

x = Variable(np.array(2.0))
y = f(x)
y.backward(create_graph=True)
print(x.grad)

gx = x.grad
gx.backward()
print(x.grad)
```

运行结果

```
variable(24.0)
variable(68.0)
```

首先通过 y.backward(create_graph=True) 进行第1次反向传播。代码中指定 create_graph=True，为反向传播的计算创建一个计算图。接着，程序对反向传播的计算图再次进行反向传播。由于这里求的是 x 的二阶导数，所以使用了 gx=x.grad 来取出 y 对 x 的导数。之后从这个 gx 导数再次进行反向传播，这样就可以求出 gx 对 x 的导数，也就是二阶导数了。

执行上面的代码，得到的一阶导数是 24.0，二阶导数是 68.0。根据式子 $y' = 4x^3 - 4x$ 可知，$x = 2$ 时的一阶导数为 24，这与代码的运行结果一致；根据二阶导数的式子 $y'' = 12x^2 - 4$ 可知，$x = 2$ 时的二阶导数为 44。遗憾的是，这与代码的运行结果不同。

68 这个错误的运行结果是一阶导数 (24) 加上二阶导数 (44) 所得出的值。也就是说，新的反向传播是在 Variable 的导数保留了上次结果的状态下进行的，所以新的导数值中加上了上次的结果。解决这个问题的方法是在执行新的计算之前重置 Variable 的导数。

回顾一下，DeZero 中有一个反向传播的参数，即 x.backward(retain_grad=False) 中的 retain_grad。这个 retain_grad 是在步骤18中引入的，当它为 False（默认值）时，中间计算的变量的导数（梯度）会被自动重置。此时只有终端变量，即用户赋值的变量持有导数。在上面的计算中，调用 x.backward() 后，只有 x 会保存它的导数。

基于以上内容，我们再来求解前面的问题。代码如下所示。

```
x = Variable(np.array(2.0))
y = f(x)
y.backward(create_graph=True)
print(x.grad)
```

```
gx = x.grad
x.cleargrad()
gx.backward()
print(x.grad)
```

运行结果

```
variable(24.0)
variable(44.0)
```

　　与之前不同的地方是在调用 gx.backward() 之前添加了 x.cleargrad()，这将重置 x 的导数。由此便能正确进行反向传播了。实际运行上面的代码，得到的二阶导数的结果为 44.0，这与通过式子计算的结果一致。

33.2　使用牛顿法进行优化

　　下面使用牛顿法进行优化。回顾之前的内容，使用牛顿法进行优化的式子如下所示。

$$x \leftarrow x - \frac{f'(x)}{f''(x)} \tag{33.1}$$

　　如式子 33.1 所示，我们将使用函数 $f(x)$ 的一阶导数和二阶导数来更新 x。这次试着使用 DeZero 来自动求解。

steps/step33.py

```
import numpy as np
from dezero import Variable

def f(x):
    y = x ** 4 - 2 * x ** 2
    return y

x = Variable(np.array(2.0))
iters = 10

for i in range(iters):
    print(i, x)
```

```
y = f(x)
x.cleargrad()
y.backward(create_graph=True)

gx = x.grad
x.cleargrad()
gx.backward()
gx2 = x.grad

x.data -= gx.data / gx2.data
```

上面的代码以步骤29中实现的代码为基础。之前的代码采用了手动计算二阶导数的做法，而这次我们通过执行两次backward方法来实现自动微分。运行上面的代码会输出以下x值的更新过程。

```
0 variable(2.0)
1 variable(1.4545454545454546)
2 variable(1.1510467893775467)
3 variable(1.0253259289766978)
4 variable(1.0009084519430513)
5 variable(1.0000012353089454)
6 variable(1.000000000002289)
7 variable(1.0)
8 variable(1.0)
9 variable(1.0)
```

从上面的结果可以看出，迭代7次就可以到达最小值1。这个结果与步骤29中的结果相同。也就是说，我们实现了自动使用牛顿法进行优化的方法。

步骤34
sin 函数的高阶导数

目前，我们已经实现了几个支持高阶导数的函数了。这些函数的实现都在 dezero/core.py 中（具体来说是 Add 类、Mul 类、Neg 类、Sub 类、Div 类和Pow 类）。本步骤，我们将实现几个新的 DeZero 函数。

今后我们会把 DeZero 的函数添加到 dezero/functions.py 中。这样在其他文件中就可以使用 from dezero.functions import sin 来导入 DeZero的函数了。

34.1　sin 函数的实现

首先要实现的是支持高阶导数的新的 Sin 类。我们先来看一下式子，$y = \sin(x)$ 的导数为 $\frac{\partial y}{\partial x} = \cos(x)$。因此，Sin 类和 sin 函数可以通过如下代码实现。

dezero/functions.py

```
import numpy as np
from dezero.core import Function

class Sin(Function):
    def forward(self, x):
        y = np.sin(x)
```

```
        return y

    def backward(self, gy):
        x, = self.inputs
        gx = gy * cos(x)
        return gx

def sin(x):
    return Sin()(x)
```

这里重点看一下 backward 方法的实现。特别要注意的是，backward 方法中的所有变量都是 Variable 实例（forward 方法中的变量是 ndarray 实例）。因此，代码中的 cos(x) 是 DeZero 的 cos 函数。这意味着要想实现 Sin 类，需要用到 Cos 类和 cos 函数。

另外，backward 方法的实现需要所有计算都使用 DeZero 函数。如果函数不是 DeZero 函数，就得重新实现它。上面代码中的乘法运算 gy * cos(x) 通过运算符重载调用了 DeZero 的 mul 函数。

 dezero/functions.py 中的 Sin 类的代码与上面的代码有一些不同。实际的代码中增加了支持 GPU 的代码。另外，本书后面出现的函数的代码中也省略了支持 GPU 的代码。步骤52 中会实现对 GPU 的支持。

34.2　cos 函数的实现

下面实现 Cos 类和 cos 函数。我们先看一下式子，$y = \cos(x)$ 的导数为 $\frac{\partial y}{\partial x} = -\sin(x)$。代码如下所示。

dezero/functions.py

```
class Cos(Function):
    def forward(self, x):
        y = np.cos(x)
```

```
        return y

    def backward(self, gy):
        x, = self.inputs
        gx = gy * -sin(x)
        return gx

def cos(x):
    return Cos()(x)
```

需要注意的是 backward 方法中的代码，该方法中的具体计算用到了 sin 函数。幸好我们刚刚实现了 sin 函数，这样就完成了 DeZero 的 sin 函数和 cos 函数的实现。

34.3　sin 函数的高阶导数

下面试着求 sin 函数的高阶导数。这次不仅要尝试求二阶导数，还要求三阶导数和四阶导数。代码如下所示。

```
import numpy as np
from dezero import Variable
import dezero.functions as F

x = Variable(np.array(1.0))
y = F.sin(x)
y.backward(create_graph=True)

for i in range(3):
    gx = x.grad
    x.cleargrad()
    gx.backward(create_graph=True)
    print(x.grad)  # n阶导数
```

运行结果

```
variable(-0.8414709848078965)
variable(-0.5403023058681398)
variable(0.8414709848078965)
```

　　上面的代码使用for语句来重复进行反向传播。这样就能求出二阶导数、三阶导数等n阶导数了。for语句中的代码与之前的相同。具体来说，就是使用gx = x.grad取出导数，然后从gx进行反向传播。在进行反向传播之前，调用x.cleargrad()来重置导数。重复这个过程，就可以得到n阶导数。

上面的代码中用来执行导入操作的代码是import dezero.functions as F。由此我们就可以使用F.sin()和F.cos()这样的写法了。今后我们还会在dezero/functions.py中增加各种函数，到时F.xxx()这种写法会非常方便。

　　接下来在前面代码的基础上编写绘制图像的代码。修改后的代码如下所示。

steps/step34.py

```python
import numpy as np
import matplotlib.pyplot as plt
from dezero import Variable
import dezero.functions as F

x = Variable(np.linspace(-7, 7, 200))
y = F.sin(x)
y.backward(create_graph=True)

logs = [y.data]

for i in range(3):
    logs.append(x.grad.data)
    gx = x.grad
    x.cleargrad()
    gx.backward(create_graph=True)

# 绘制图像
labels = ["y=sin(x)", "y'", "y''", "y'''"]
for i, v in enumerate(logs):
    plt.plot(x.data, logs[i], label=labels[i])
plt.legend(loc='lower right')
plt.show()
```

　　这段代码与前面代码的主要区别是输入的变量变成了x = Variable(np.linspace(-7, 7, 200))。这里的np.linspace(-7, 7, 200)会创建一个数组，该数组包含200个-7到7均匀间隔的数。具体来说,这是一个一维数组,值为`[-7., -6.92964824, -6.85929648, ..., 7.]`。上面的代码将这个一维数组封装在了`Variable`中。

除输入变量变为一维数组外,求高阶导数的代码与之前的完全相同。当输入多维数组时,此前实现的DeZero函数会对每个元素分别执行计算。因此,200个元素可以一次(正向传播)完成计算。

 输入多维数组时,很多NumPy的函数会分别计算每个元素。在正向传播时,DeZero的函数使用NumPy的函数来计算`ndarray`实例。因此,如果向DeZero函数输入多维数组,DeZero函数将逐元素进行计算。

执行上面的代码,结果如图34-1所示。

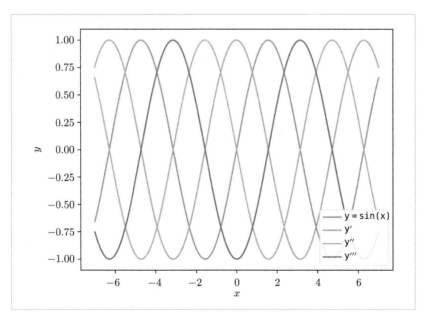

图34-1 $y=\sin(x)$及其高阶导数的图像(标签y'对应一阶导数,y''对应二阶导数,y'''对应三阶导数。参见彩图)

图 34-1 是 y=sin(x) 和它的高阶导数的图像，其展示了波的相位发生了偏移的函数。之所以这么说，是因为按照一阶导数、二阶导数、三阶导数这种方式不断求导，函数也会不断发生变化，即 y=sin(x)→y=cos(x)→y=-sin(x)→y=-cos(x)。

本步骤到此结束。本步骤重新实现了 DeZero 的 sin 函数和 cos 函数。在下一个步骤，我们将继续增加新的 DeZero 函数。

步骤35
高阶导数的计算图

　　紧接着上一个步骤的内容，本步骤将继续增加DeZero的函数。这里要增加的是tanh函数，tanh表示**双曲正切**，tanh函数可用式子35.1表示，其图像如图35-1所示。

$$y = \tanh(x) = \frac{\mathrm{e}^x - \mathrm{e}^{-x}}{\mathrm{e}^x + \mathrm{e}^{-x}} \tag{35.1}$$

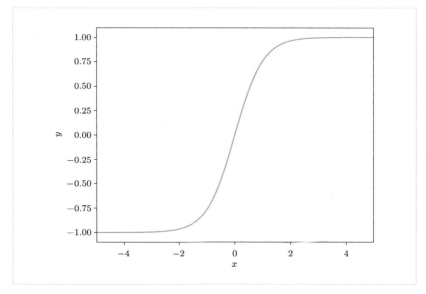

图35-1　tanh函数的图像

如图 35-1 所示，tanh 函数将输入转化为 −1 和 1 之间的值。首先求式子 35.1 的导数 $\frac{\partial y}{\partial x}$。

35.1 tanh 函数的导数

为了求 tanh 函数的导数，我们需要使用以下导数公式。

$$\left\{ \frac{f(x)}{g(x)} \right\}' = \frac{f'(x)g(x) - f(x)g'(x)}{g(x)^2} \tag{35.2}$$

式子 35.2 是分数函数的导数公式。为了便于查看，这里用 $f'(x)$ 表示 $f(x)$ 对 x 的导数。利用以自然常数（e）为底的指数函数的导数式子 $\frac{\partial e^x}{\partial x} = e^x$ 和 $\frac{\partial e^{-x}}{\partial x} = -e^{-x}$，可求得式子 35.1 表示的 tanh 函数的导数。

$$\begin{aligned} \frac{\partial \tanh(x)}{\partial x} &= \frac{(e^x + e^{-x})(e^x + e^{-x}) - (e^x - e^{-x})(e^x - e^{-x})}{(e^x + e^{-x})^2} \\ &= 1 - \frac{(e^x - e^{-x})(e^x - e^{-x})}{(e^x + e^{-x})^2} \\ &= 1 - \left\{ \frac{(e^x - e^{-x})}{(e^x + e^{-x})} \right\}^2 \\ &= 1 - \tanh(x)^2 \\ &= 1 - y^2 \end{aligned} \tag{35.3}$$

如式子 35.3 所示，利用分数函数的导数，通过简单的数学式变形，我们就可以求出 tanh 函数的导数。最终结果是 $1 - y^2$。

35.2 tanh 函数的实现

当 $y = \tanh(x)$ 时，tanh 函数的导数为 $\frac{\partial \tanh(x)}{\partial x} = 1 - y^2$。我们编写如下代码来实现 Tanh 类和 tanh 函数。

dezero/functions.py

```python
class Tanh(Function):
    def forward(self, x):
        y = np.tanh(x)
        return y

    def backward(self, gy):
        y = self.outputs[0]()
        gx = gy * (1 - y * y)
        return gx


def tanh(x):
    return Tanh()(x)
```

正向传播使用了NumPy的np.tanh方法,而反向传播通过gy*(1 - y * y)(也可以写成gy * (1 - y ** 2))实现。以上就是DeZero中tanh函数的实现。为了便于将来使用,我们将这个tanh函数添加到dezero/functions.py中。

35.3 高阶导数的计算图可视化

在实现了DeZero的tanh函数之后,我们就可以用它来做一些有趣的实验了。具体要做的是计算tanh函数的高阶导数,并将计算图可视化。我们一起去看看随着阶数的增加,计算图会呈现什么样的变化吧。代码如下所示。

steps/step35.py

```python
import numpy as np
from dezero import Variable
from dezero.utils import plot_dot_graph
import dezero.functions as F


x = Variable(np.array(1.0))
y = F.tanh(x)
x.name = 'x'
y.name = 'y'
y.backward(create_graph=True)
```

```
iters = 0

for i in range(iters):
    gx = x.grad
    x.cleargrad()
    gx.backward(create_graph=True)

# 绘制计算图
gx = x.grad
gx.name = 'gx' + str(iters+1)
plot_dot_graph(gx, verbose=False, to_file='tanh.png')
```

这段代码与我们之前看到的代码基本相同，都是通过在for语句中重复进行反向传播来求高阶导数的。这里通过iters的值来指定迭代次数：当iters=0时为一阶导数，iters=1时为二阶导数……依此类推，然后将计算图可视化。

在进行计算图的可视化操作时，需要使用步骤26中实现的plot_dot_graph函数。这个函数的实现在dezero/utils.py中。

接下来运行上面的代码。首先看一下iters=0时的计算图。结果如图35-2所示。

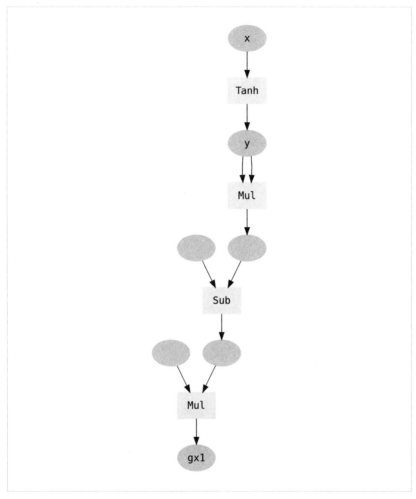

图35-2 y=tanh(x)的一阶导数的计算图

图35-2是求y=tanh(x)的一阶导数的计算图。可以看出图中使用了Tanh、Mul和Sub这些 DeZero 的函数。接下来改变 iters 的值，计算二阶导数、三阶导数……由此会产生什么样的计算图呢？结果如图35-3所示。

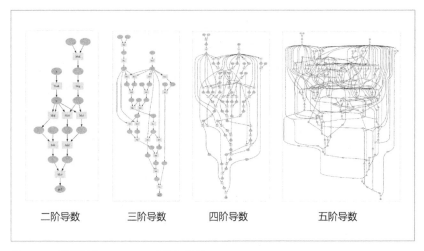

图35-3　n阶导数$(n = 2, 3, 4, 5)$的计算图

　　如图35-3所示，随着阶数的增加，计算图的结构也开始变得复杂。通过反向传播，新的计算图在前面计算的基础上被创建，节点的数量因此呈指数增长，我们可以感受到计算图在不断变大。六阶导数和七阶导数的结果如图35-4所示。

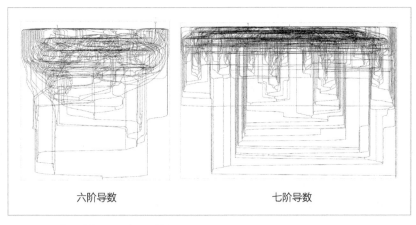

图35-4　n阶导数$(n = 6, 7)$的计算图

　　图35-4是相当复杂的计算图，这样复杂的计算图几乎不可能通过人力画出来。DeZero虽然是我们创建的，但它创造出了我们实现不了的东西。从这里我们可以感受到编程的乐趣。

　　最后以八阶导数为对象进行可视化操作来结束本步骤的内容。结果如图35-5所示。

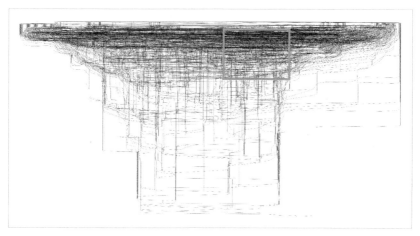

图35-5　八阶导数的计算图

　　图35-5是一个更为复杂的计算图。我们已经无法在有限的纸面上看清节点的形状了。为了让大家感受到这个计算图有多复杂，下一页放大展示了图35-5方框中的区域。本步骤到此结束。

步骤 36
DeZero 的其他用途

前面我们使用了 DeZero 求高阶导数。其实我们只做了一件事，那就是为反向传播的计算创建连接。其中的重点——为反向传播创建计算图正是 DeZero 的一个新功能。求高阶导数只不过是 DeZero 的一个应用示例。本步骤将探索 DeZero 还有哪些新的用途。

 新 DeZero 可以对反向传播进行的计算再次进行反向传播。这个功能叫作 double backpropagation（后面将其称为 double backprop），大多数现代深度学习框架支持这个功能。

36.1 double backprop 的用途

接下来看看 double backprop 除了求高阶导数，还有哪些用途。首先思考下面这个问题。

问题：给定以下两个式子，求 $x = 2.0$ 时的 $\frac{\partial z}{\partial x}$（$z$ 对 x 的导数）。

$$y = x^2 \tag{36.1}$$

$$z = \left(\frac{\partial y}{\partial x} \right)^3 + y \tag{36.2}$$

这个问题还是前面见过的求导的问题。与之前不同的是式子36.2中包含导数。也就是说，我们需要对包含导数的式子进一步求导。这个问题也可以通过double backprop计算。在详细解释之前，我们先手动计算 $\frac{\partial z}{\partial x}$。式子可按如下方式展开。

$$\frac{\partial y}{\partial x} = 2x$$

$$z = \left(\frac{\partial y}{\partial x} \right)^3 + y = 8x^3 + x^2$$

$$\frac{\partial z}{\partial x} = 24x^2 + 2x$$

按照上面的方式展开式子后，将 $x = 2.0$ 代入 $24x^2 + 2x$，得到答案100.0。

上式中的 $\frac{\partial y}{\partial x}$ 不是数值，而是 x 的表达式。如果此时求出在 $x = 2.0$ 时 $\frac{\partial y}{\partial x}$ 的值，并将其代入 $z = \left(\frac{\partial y}{\partial x} \right)^3 + y$，我们就会得到错误的结果。

基于以上内容，我们尝试用DeZero来求解这个问题。代码如下所示。

steps/step36.py

```python
import numpy as np
from dezero import Variable

x = Variable(np.array(2.0))
y = x ** 2
y.backward(create_graph=True)
gx = x.grad
x.cleargrad()

z = gx ** 3 + y
z.backward()
print(x.grad)
```

运行结果

```
variable(100.)
```

代码中比较重要的地方是y.backward(create_graph=True)。这行代码的作用是进行反向传播以求出导数。于是，一个新的计算图就被创建了出来（此时，2*x的计算图是在用户看不见的地方创建的）。之后使用反向传播创建的计算图进行新的计算，再次进行反向传播。这样就可以求得正确的导数。

> 上面代码中的gx=x.grad不仅仅是一个变量（值），还是一个计算图（式子）。因此，我们可以对x.grad的计算图再次进行反向传播。

求出导数的式子，并使用该式子进行计算，然后再次求导的问题可以用double backprop来解决。我们也可以在深度学习的研究中看到double backprop的这种用法。下面介绍几个例子。

36.2　深度学习研究中的应用示例

有很多与深度学习相关的研究使用了double backprop。比如参考文献[21]的论文中优化了图36-1中的式子。

$$L = \mathop{\mathbb{E}}_{\tilde{\boldsymbol{x}} \sim \mathbb{P}_g} [D(\tilde{\boldsymbol{x}})] - \mathop{\mathbb{E}}_{\boldsymbol{x} \sim \mathbb{P}_r} [D(\boldsymbol{x})] + \lambda \mathop{\mathbb{E}}_{\hat{\boldsymbol{x}} \sim \mathbb{P}_{\hat{x}}} \left[(\|\underline{\nabla_{\hat{\boldsymbol{x}}} D(\hat{\boldsymbol{x}})}\|_2 - 1)^2 \right]$$

（梯度）

图36-1　WGAN-GP中优化的函数（式子引自参考文献[21]）

图36-1中需要注意的是在要优化的式子中引入了梯度（梯度是对张量的各个元素的导数）这一点。该梯度可以通过第1次反向传播求出。之后使用梯度计算函数L，为了优化函数L，再进行第2次反向传播。

double backprop就以这种方式应用于最新的研究。除了WGAN-GP，MAML（参考文献[22]）和TRPO（参考文献[23]）等著名研究都使用了double backprop 的功能。

TRPO 使用 double backprop 来计算黑塞矩阵和向量的积。使用 double backprop 可以使计算更有效率。接下来的专栏部分将介绍黑塞矩阵和向量的积。

以上就是第 3 阶段的内容。在这个阶段，我们修改 DeZero 实现了 double backprop，由此能够求出高阶导数，并实现牛顿法。从下一个步骤开始，我们将以实现神经网络为目标修改当前的 DeZero。

专栏: 牛顿法和 double backprop 的补充知识

本专栏将对第3阶段的内容进行补充说明。首先会介绍输入为向量时的牛顿法, 之后介绍牛顿法之外的其他方法, 最后介绍 double backprop 的实际应用示例。本专栏使用了大量的数学表达式, 难度较高。如果读者觉得难以理解, 可以跳过, 继续阅读后面的章节(本专栏的内容与后面的内容没有太大关联)。

多变量函数的牛顿法

我们在第3阶段实现了牛顿法, 当时用牛顿法求出了式子 $y = x^4 - 2x^2$ 的最小值。从式子中可以看出, 输入变量只有 x。因此, 准确来说, 我们实现的是输入变量为一个变量(标量)时的牛顿法。

现在来看看输入是多维数组时的牛顿法。这里考虑输入变量是向量 $\boldsymbol{x}$, 函数为 $y = f(\boldsymbol{x})$ 的情况。假设 $\boldsymbol{x}$ 是向量, 有 n 个元素, 即 $\boldsymbol{x} = (x_1, x_2, \cdots, x_n)$。

 关于符号的字体, 本书采用的表示方法为如果变量是向量, 则使用黑斜体; 如果变量是标量, 则使用普通字体。

C.1 是对 $y = f(\boldsymbol{x})$ 应用牛顿法后的式子。

$$\boldsymbol{x} \leftarrow \boldsymbol{x} - [\nabla^2 f(\boldsymbol{x})]^{-1} \nabla f(\boldsymbol{x}) \tag{C.1}$$

首先来解释一下这些符号。式子 C.1 中的 $\nabla f(\boldsymbol{x})$ 表示梯度。梯度是对 $\boldsymbol{x}$ 的各元素的导数。$\nabla f(\boldsymbol{x})$ 的元素如下所示。

$$\nabla f(\boldsymbol{x}) = \begin{pmatrix} \frac{\partial f}{\partial x_1} \\ \frac{\partial f}{\partial x_2} \\ \vdots \\ \frac{\partial f}{\partial x_n} \end{pmatrix} \tag{C.2}$$

另外，$\nabla^2 f(\boldsymbol{x})$ 是黑塞矩阵，黑塞矩阵的式子如下所示。

$$\nabla^2 f(\boldsymbol{x}) = \begin{pmatrix} \frac{\partial^2 f}{\partial x_1^2} & \frac{\partial^2 f}{\partial x_1 \partial x_2} & \cdots & \frac{\partial^2 f}{\partial x_1 \partial x_n} \\ \frac{\partial^2 f}{\partial x_2 \partial x_1} & \frac{\partial^2 f}{\partial x_2^2} & \cdots & \frac{\partial^2 f}{\partial x_2 \partial x_n} \\ \vdots & \vdots & \ddots & \vdots \\ \frac{\partial^2 f}{\partial x_n \partial x_1} & \frac{\partial^2 f}{\partial x_n \partial x_2} & \cdots & \frac{\partial^2 f}{\partial x_n^2} \end{pmatrix} \tag{C.3}$$

如式子 C.3 所示，黑塞矩阵是对 $\boldsymbol{x}$ 的两个元素的导数。由于它是两个元素的组合，所以被定义为矩阵的形式。

梯度 $\nabla f(\boldsymbol{x})$ 也可以写成 $\frac{\partial f}{\partial \boldsymbol{x}}$。黑塞矩阵 $\nabla f(\boldsymbol{x})$ 也可以写成 $\frac{\partial^2 f}{\partial \boldsymbol{x} \partial \boldsymbol{x}^{\mathrm{T}}}$。

式子 C.1 利用梯度和黑塞矩阵更新 $\boldsymbol{x}$（式子 C.1 的 $[\nabla^2 f(\boldsymbol{x})]^{-1}$ 表示黑塞矩阵 $\nabla^2 f(\boldsymbol{x})$ 的逆矩阵）。这时，$\boldsymbol{x}$ 会在梯度方向上更新，并通过黑塞矩阵的逆矩阵调整移动距离。利用黑塞矩阵这一二阶导数的信息，可以使输入变量更积极地前进，更快到达目的地。遗憾的是，牛顿法很少在机器学习，特别是神经网络中使用。

牛顿法的问题

在机器学习等领域，牛顿法有一个很大的问题。这个问题就是当参数数量增加时，牛顿法的黑塞矩阵，准确来说是黑塞矩阵的逆矩阵，其计算复杂度会变大。具体来说，当参数数量为 n 时，需要数量级为 n^2 的内存空间。另外，$n \times n$ 逆矩阵的计算需要数量级为 n^3 的计算量。

神经网络的参数数量超过 100 万是很常见的事情。如果用牛顿法更新 100 万个参数，则需要一个大小为 100 万 × 100 万的黑塞矩阵，然而，很少有内存能容纳如此庞大的矩阵。

由于牛顿法在很多情况下不是一个现实的方案，所以有人提出其他方法来代替它, 其中就有**拟牛顿法**。拟牛顿法是近似牛顿法中的黑塞矩阵逆矩阵的方法的总称(拟牛顿法指的不是某个具体的方法)。人们已经提出了几种具体的方法, 其中最著名的是L-BFGS, 它仅根据梯度来近似黑塞矩阵。PyTorch实现了L-BFGS(参考文献[20]), 我们可以尝试使用它。不过目前在深度学习领域, SGD、Momentum、Adam等只使用梯度进行优化的算法才是主流, L-BFGS等拟牛顿法并不常用。

double backprop的用途: 黑塞矩阵和向量的积

最后笔者对double backprop的内容进行补充。double backprop可以用来计算黑塞矩阵和向量的积。前面提到过, 当元素数量很多时, 计算黑塞矩阵的开销是巨大的。但是, 如果只需要黑塞矩阵和向量的积这一"结果", 我们则可以使用double backprop来快速计算它。

假设有$y = f(\boldsymbol{x})$和$\boldsymbol{v}$, $\nabla^2 f(\boldsymbol{x})$是黑塞矩阵, 求$\nabla^2 f(\boldsymbol{x})\boldsymbol{v}$, 即黑塞矩阵$\nabla^2 f(\boldsymbol{x})$和向量$\boldsymbol{v}$的积。为此, 我们需要将式子变换成下面这样。

$$\nabla^2 f(\boldsymbol{x})\boldsymbol{v} = \nabla(\boldsymbol{v}^{\mathrm{T}} \nabla f(\boldsymbol{x})) \tag{C.4}$$

只要把左右两边的元素写出来, 就可以看出该变换是成立的。这里将向量的元素数量限制为2。展开式子后, 结果如下所示。

$$\begin{aligned}
\nabla^2 f(\boldsymbol{x})\boldsymbol{v} &= \begin{pmatrix} \frac{\partial^2 f}{\partial x_1^2} & \frac{\partial^2 f}{\partial x_1 \partial x_2} \\ \frac{\partial^2 f}{\partial x_2 \partial x_1} & \frac{\partial^2 f}{\partial x_2^2} \end{pmatrix} \begin{pmatrix} v_1 \\ v_2 \end{pmatrix} \\
&= \begin{pmatrix} \frac{\partial^2 f}{\partial x_1^2} v_1 + \frac{\partial^2 f}{\partial x_1 \partial x_2} v_2 \\ \frac{\partial^2 f}{\partial x_2 \partial x_1} v_1 + \frac{\partial^2 f}{\partial x_2^2} v_2 \end{pmatrix}
\end{aligned}$$

$$\nabla(\boldsymbol{v}^{\mathrm{T}}\nabla f(\boldsymbol{x})) = \nabla(\begin{pmatrix} v_1 & v_2 \end{pmatrix}\begin{pmatrix} \frac{\partial f}{\partial x_1} \\ \frac{\partial f}{\partial x_2} \end{pmatrix})$$

$$= \nabla(\frac{\partial f}{\partial x_1}v_1 + \frac{\partial f}{\partial x_2}v_2)$$

$$= \begin{pmatrix} \frac{\partial^2 f}{\partial x_1^2}v_1 + \frac{\partial^2 f}{\partial x_1 \partial x_2}v_2 \\ \frac{\partial^2 f}{\partial x_2 \partial x_1}v_1 + \frac{\partial^2 f}{\partial x_2^2}v_2 \end{pmatrix}$$

虽然这里将向量的元素数量限制为 2，但其实我们很容易就能将其扩展到元素数量为 n 的情况。由此可知，式子 C.4 成立。现在再来看一下式子 C.4。式子 C.4 的右项表示先求出向量 $\boldsymbol{v}$ 与梯度 $\nabla f(\boldsymbol{x})$ 的积，即向量的内积，然后针对结果进一步求梯度。于是，我们就不需要再创建黑塞矩阵，由此可以提高计算效率。

现在我们尝试用 DeZero 来求黑塞矩阵和向量的积。下面是一个使用元素数量为 2 的向量进行计算的例子（这里提前使用了 F.matmul 函数来计算矩阵的乘积）。

```python
import numpy as np
from dezero import Variable
import dezero.functions as F

x = Variable(np.array([1.0, 2.0]))
v = Variable(np.array([4.0, 5.0]))

def f(x):
    t = x ** 2
    y = F.sum(t)
    return y

y = f(x)
y.backward(create_graph=True)

gx = x.grad
x.cleargrad()

z = F.matmul(v, gx)
z.backward()
print(x.grad)
```

运行结果

```
variable([ 8. 10.])
```

　　上面的代码相当于式子 $\nabla(\boldsymbol{v}^{\mathrm{T}}\nabla f(\boldsymbol{x}))$。$\boldsymbol{v}^{\mathrm{T}}\nabla f(\boldsymbol{x})$ 的计算相当于 z=F.matmul(v, gx)。使用 z.backward() 进一步求 z 的梯度，这样就能求出黑塞矩阵和向量的积了。顺便说一下，上面输出的是正确的结果。以上就是本专栏的内容。

第4阶段

创建神经网络

前面我们主要处理的变量是标量，但在机器学习领域，张量（多维数组）扮演着重要的角色。第4阶段的目标是将DeZero扩展到机器学习，尤其是神经网络领域。为此，我们首先要使其能够用张量进行计算。

在机器学习中，计算导数的工作往往很复杂，不过DeZero已经具备了自动微分的基础能力。因此，接下来我们要做的工作在技术上并不难。之后，我们的主要任务是基于DeZero自动微分的能力，增加机器学习所需的功能。完成这些工作后，我们将检验DeZero的实力，尝试用它解决一些机器学习的问题。

在本阶段，我们花费大量时间打造的DeZero会在深度学习（神经网络）领域开花结果。到这一阶段结束时，DeZero将成长为真正的深度学习框架。下面让我们进入第4阶段！

步骤 37
处理张量

前面，我们处理的变量主要是标量。但在机器学习中，向量和矩阵等张量才是主角。本步骤将讨论使用张量时需要注意的地方，并为扩展DeZero做准备。此外，通过本步骤，我们还会得知张量可以直接用于此前已经实现的DeZero函数。

37.1　对各元素进行计算

此前我们实现了多个DeZero函数，如add、mul、div和sin等。在实现这些函数时，我们假设输入和输出都是标量。例如在实现sin函数时，我们假设了以下情况。

```
import numpy as np
import dezero.functions as F
from dezero import Variable

x = Variable(np.array(1.0))
y = F.sin(x)
print(y)
```

运行结果
```
variable(0.84147098)
```

上面例子中的 x 是作为单一值的标量（准确来说，是一个零维的 ndarray 实例）。此前我们假定处理的是这类标量，并以此实现了 DeZero。如果 x 是张量（比如矩阵），又会发生什么呢？此时 sin 函数会应用到每个元素上。实际运行的结果如下所示。

```
x = Variable(np.array([[1, 2, 3], [4, 5, 6]]))
y = F.sin(x)
print(y)
```

运行结果

```
variable([[ 0.84147098  0.90929743  0.14112001]
          [-0.7568025  -0.95892427 -0.2794155 ]])
```

上面的代码对 x 的每个元素都应用了 sin 函数。因此，输入和输出的张量的形状没有发生变化。具体来说，输入 x 的形状是 (2, 3)，输出 y 的形状也是 (2, 3)。像这样，之前实现的 DeZero 函数会对每个元素进行计算。例如，在加法运算的情况下，DeZero 函数也会按照以下方式对每个元素进行计算。

```
x = Variable(np.array([[1, 2, 3], [4, 5, 6]]))
c = Variable(np.array([[10, 20, 30], [40, 50, 60]]))
y = x + c
print(y)
```

运行结果

```
variable([[11 22 33]
          [44 55 66]])
```

上面的代码通过对 x 和 c 逐元素相加，得到了 y 的结果。因此，输出 y 的形状与 x 和 c 的相同。

在上面的代码中，x 的形状和 c 的形状应该是相同的。这样就能在张量的元素之间建立一对一的关系。此外，NumPy 还有一个叫广播的功能。该功能的作用是当 x 和 c 的形状不同时，自动复制数据，并将其转换为形状相同的张量。笔者将在步骤 40 中详细介绍广播功能。

37.2 使用张量时的反向传播

这是本步骤的核心内容。此前在反向传播的实现中，我们一直是以标量为对象的。那么对使用了张量的计算进行反向传播，会发生什么呢？其实在使用当前已实现函数的情况下，即使对张量进行计算，反向传播的代码也能正常工作，理由如下。

- 我们以标量为对象实现了反向传播
- 向目前实现的DeZero函数传入张量，函数会将每个张量的元素作为标量进行计算
- 如果将张量的每个元素作为标量进行计算，那么以标量为前提实现的反向传播也会对张量的每个元素进行计算

从上面的推导过程可知，对逐元素进行计算的DeZero函数来说，即使传入的是张量，反向传播也能正常工作。实际验证的结果如下。

steps/step37.py

```python
x = Variable(np.array([[1, 2, 3], [4, 5, 6]]))
c = variable(np.array([[10, 20, 30], [40, 50, 60]]))
t = x + c
y = F.sum(t)
```

上面的代码使用了用于求和的 sum 函数进行计算。sum 函数会在步骤39中实现，这里提前使用了它。sum 函数会对传入的张量求其元素之和，然后输出一个标量。上面代码中的 x、c、t，其形状都是 (2, 3)，只有最后的输出 y 是标量。

机器学习的问题中通常会设置一个以张量为输入，但以标量为输出的函数（损失函数）。上面的代码假定了机器学习问题的场景，最后进行了输出标量的计算。

前面代码中所做的计算可以用图 37-1 所示的计算图表示。

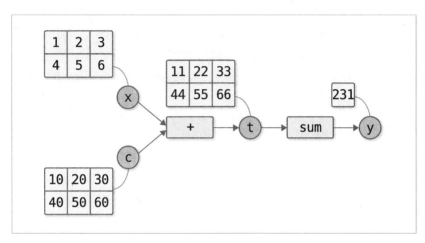

图 37-1　使用张量的计算图

图 37-1 具体展示了每个变量的数据。从图中可以看出最后的输出是标量。这里对这个最后的输出为标量的计算图进行反向传播。我们紧接着上面的代码编写如下代码。

steps/step37.py

```
y.backward(retain_grad=True)
print(y.grad)
print(t.grad)
print(x.grad)
print(c.grad)
```

运行结果

```
variable(1)
variable([[1 1 1]
          [1 1 1]])
variable([[1 1 1]
          [1 1 1]])
variable([[1 1 1]
          [1 1 1]])
```

上面的代码调用了 y.backward(retain_grad=True) 求各变量的导数。代码中使用参数 retain_grad=True 保留了所有变量的导数，输出的结果也是正确的。正如这段代码所展示的那样，当前的 DeZero 函数使用张量也能正确地进行反向传播。

这里有一点很重要，即梯度的形状和数据的形状（正向传播过程中的数据）必须一致。这意味着 x.shape == x.grad.shape、c.shape == c.grad.shape、t.shape == t.grad.shape。利用这个特性，我们有望实现那些不是逐元素计算的函数，如 sum 和 reshape 等，这部分内容会在下一个步骤实现 reshape 函数时介绍。

张量的导数在机器学习领域称为梯度，Variable 类的 grad 其实是 gradient（梯度）的缩写。从现在开始，本书将不再使用"张量的导数"这一叫法，而是将其称为"梯度"。

以上就是本步骤的主要内容。最后通过式子来补充说明使用张量时的反向传播。补充的内容有些难度，但与后续步骤的关联不大，所以跳过这部分内容也没有问题。

37.3 使用张量时的反向传播（补充内容）

本节使用式子来说明使用张量时的反向传播。首先是事先准备。思考函数 $\boldsymbol{y} = F(\boldsymbol{x})$，其中 $\boldsymbol{x}$ 和 $\boldsymbol{y}$ 是向量，假设这两个向量的元素数都是 n。

这里只讨论向量的情况，但是本节得出的结论（理论）也适用于张量（n 阶张量）的情况。这是因为在使用张量进行计算的情况下，只要增加向量化过程（将元素排成一列，变形为向量的处理）作为预处理即可。于是，这里的向量理论就可以直接应用于张量了。

我们来看看 $\boldsymbol{y} = F(\boldsymbol{x})$ 的导数。$\boldsymbol{y}$ 对 $\boldsymbol{x}$ 的导数可通过以下式子定义。

$$\frac{\partial \boldsymbol{y}}{\partial \boldsymbol{x}} = \begin{pmatrix} \dfrac{\partial y_1}{\partial x_1} & \dfrac{\partial y_1}{\partial x_2} & \cdots & \dfrac{\partial y_1}{\partial x_n} \\ \dfrac{\partial y_2}{\partial x_1} & \dfrac{\partial y_2}{\partial x_2} & \cdots & \dfrac{\partial y_2}{\partial x_n} \\ \vdots & \vdots & \ddots & \vdots \\ \dfrac{\partial y_n}{\partial x_1} & \dfrac{\partial y_n}{\partial x_2} & \cdots & \dfrac{\partial y_n}{\partial x_n} \end{pmatrix}$$

由于 $\boldsymbol{y}$ 和 $\boldsymbol{x}$ 都是向量，所以导数为上面这种矩阵形式。这个矩阵也叫**雅可比矩阵**。顺带一提，如果 $\boldsymbol{y}$ 不是向量而是标量，那么 $\boldsymbol{y}$ 对 $\boldsymbol{x}$ 的导数就是下面这样。

$$\frac{\partial y}{\partial \boldsymbol{x}} = \begin{pmatrix} \dfrac{\partial y}{\partial x_1} & \dfrac{\partial y}{\partial x_2} & \cdots & \dfrac{\partial y}{\partial x_n} \end{pmatrix}$$

这是一个 $1 \times n$ 的雅可比矩阵，我们可以将它看作一个行向量（＝水平向量）。

接下来思考复合函数。假设有复合函数 $\boldsymbol{y} = F(\boldsymbol{x})$，它由3个函数复合而成，分别是 $\boldsymbol{a} = A(\boldsymbol{x})$，$\boldsymbol{b} = B(\boldsymbol{a})$，$y = C(\boldsymbol{b})$。假设变量 $\boldsymbol{x}$、$\boldsymbol{a}$、$\boldsymbol{b}$ 都是向量，它们的元素数为 n，只有最终的输出 y 是标量。那么，基于链式法则，y 对 $\boldsymbol{x}$ 的导数可以表示如下。

$$\frac{\partial y}{\partial \boldsymbol{x}} = \frac{\partial y}{\partial \boldsymbol{b}} \frac{\partial \boldsymbol{b}}{\partial \boldsymbol{a}} \frac{\partial \boldsymbol{a}}{\partial \boldsymbol{x}} \tag{37.1}$$

式子37.1是基于链式法则得出的结果，其中的 $\frac{\partial y}{\partial \boldsymbol{b}}$ 和 $\frac{\partial \boldsymbol{b}}{\partial \boldsymbol{a}}$ 表示雅可比矩阵。将它们作为矩阵的乘积进行计算（步骤41中会介绍矩阵的乘积），这就是式子37.1表示的内容。

接下来思考式子37.1中矩阵的乘积的计算顺序。有两种计算方法，第一种是图37-2那种从输入端到输出端的计算方式。

$$\frac{\partial y}{\partial \boldsymbol{x}} = \left(\frac{\partial y}{\partial \boldsymbol{b}} \underbrace{\left(\frac{\partial \boldsymbol{b}}{\partial \boldsymbol{a}} \frac{\partial \boldsymbol{a}}{\partial \boldsymbol{x}} \right)}_{} \right)$$

$$\frac{\partial \boldsymbol{b}}{\partial \boldsymbol{x}} = \begin{pmatrix} \frac{\partial b_1}{\partial x_1} & \frac{\partial b_1}{\partial x_2} & \cdots & \frac{\partial b_1}{\partial x_n} \\ \frac{\partial b_2}{\partial x_1} & \frac{\partial b_2}{\partial x_2} & \cdots & \frac{\partial b_2}{\partial x_n} \\ \vdots & \vdots & \ddots & \vdots \\ \frac{\partial b_n}{\partial x_1} & \frac{\partial b_n}{\partial x_2} & \cdots & \frac{\partial b_n}{\partial x_n} \end{pmatrix}$$

图37-2　沿输入端到输出端的方向添加括号（前向模式）

图37-2所示的这种沿输入端到输出端的方向添加括号的方法叫作自动微分的前向模式（下文简称为前向模式）。这里要注意的一点是，中间的矩阵乘积结果是矩阵。例如 $\frac{\partial \boldsymbol{b}}{\partial \boldsymbol{a}} \frac{\partial \boldsymbol{a}}{\partial \boldsymbol{x}}$ 的结果是一个 $n \times n$ 矩阵。

另一种方法是沿输出端到输入端的方向添加括号进行计算，具体如图37-3所示。这就是反向模式（准确来说是自动微分的反向模式）。

$$\frac{\partial y}{\partial \boldsymbol{x}} = \left(\underbrace{\left(\left(\frac{\partial y}{\partial \boldsymbol{b}} \frac{\partial \boldsymbol{b}}{\partial \boldsymbol{a}} \right) \frac{\partial \boldsymbol{a}}{\partial \boldsymbol{x}} \right)}_{} \right)$$

$$\frac{\partial y}{\partial \boldsymbol{a}} = \begin{pmatrix} \frac{\partial y}{\partial a_1} & \frac{\partial y}{\partial a_2} & \cdots & \frac{\partial y}{\partial a_n} \end{pmatrix}$$

图37-3　沿输出端到输入端的方向添加括号（反向模式）

图37-3展示了沿输出端到输入端的方向添加括号进行计算的方法。这时由于 y 是标量，所以中间的矩阵乘积结果都是向量（行向量）。例如，$\frac{\partial y}{\partial \boldsymbol{b}} \frac{\partial \boldsymbol{b}}{\partial \boldsymbol{a}}$ 的结果是一个由 n 个元素组成的向量。

前向模式下传播的是 $n \times n$ 矩阵，而反向模式下传播的是有 n 个元素的向量。另外，向量和矩阵的乘积的计算成本比矩阵和矩阵的乘积的计算成本更低。基于这些原因可知反向模式，也就是反向传播在计算方面更加高效。

如图37-3所示，反向模式（在式子上）由向量和雅可比矩阵的乘积组成。以图37-3为例，首先求 $\frac{\partial y}{\partial b}$（向量）和 $\frac{\partial b}{\partial a}$（雅可比矩阵）的积，然后求 $\frac{\partial y}{\partial a}$（向量）和 $\frac{\partial a}{\partial x}$（雅可比矩阵）的积。像这样，反向传播中会针对每个函数求向量和雅可比矩阵的乘积。

需要注意的是，我们不必特意先求出雅可比矩阵再计算矩阵的乘积，只要求出结果就可以进行反向传播了。举例来说，我们思考一下图37-3中的 $\boldsymbol{a} = A(\boldsymbol{x})$ 逐元素进行计算的场景（比如 $\boldsymbol{a} = \sin(\boldsymbol{x})$）。如果求这个函数的雅可比矩阵，可得以下结果。

$$
\begin{pmatrix}
\dfrac{\partial a_1}{\partial x_1} & 0 & \cdots & 0 \\
0 & \dfrac{\partial a_2}{\partial x_2} & \cdots & 0 \\
\vdots & \vdots & \ddots & \vdots \\
0 & \cdots & 0 & \dfrac{\partial a_n}{\partial x_n}
\end{pmatrix}
$$

通过上式可知，在逐元素计算的情况下，函数的雅可比矩阵是对角矩阵（对角矩阵是主对角线之外的元素皆为0的矩阵）。其原因是 x_i 只影响 a_i（i 是 $1 \sim n$ 的整数）。在雅可比矩阵是对角矩阵的情况下，向量和雅可比矩阵的乘积如下所示。

$$
\frac{\partial y}{\partial \boldsymbol{a}} \frac{\partial \boldsymbol{a}}{\partial \boldsymbol{x}} = \begin{pmatrix} \dfrac{\partial y}{\partial a_1} & \dfrac{\partial y}{\partial a_2} & \cdots & \dfrac{\partial y}{\partial a_n} \end{pmatrix}
\begin{pmatrix}
\dfrac{\partial a_1}{\partial x_1} & 0 & \cdots & 0 \\
0 & \dfrac{\partial a_2}{\partial x_2} & \cdots & 0 \\
\vdots & \vdots & \ddots & \vdots \\
0 & \cdots & 0 & \dfrac{\partial a_n}{\partial x_n}
\end{pmatrix}
$$

$$
= \begin{pmatrix} \dfrac{\partial y}{\partial a_1} \dfrac{\partial a_1}{\partial x_1} & \dfrac{\partial y}{\partial a_2} \dfrac{\partial a_2}{\partial x_2} & \cdots & \dfrac{\partial y}{\partial a_n} \dfrac{\partial a_n}{\partial x_n} \end{pmatrix}
$$

从上面的式子可以看出，最终的结果可以通过求各元素的导数，然后将导数乘以各个元素来求出。也就是说，在逐元素计算的情况下，我们也可以通过拿导数乘以每个元素的方式来求出反向传播。

这种计算方式的重点是，我们不必特意先求出雅可比矩阵再计算矩阵的乘积，只要求出结果即可。因此，如果有更高效的计算（实现）方法，我们就可以使用这种计算方式。

以上就是通过式子介绍的张量版反向传播的内容。

步骤 38
改变形状的函数

上一个步骤介绍了对张量进行计算时的反向传播。以下是我们学到的内容。

- 对于逐元素进行计算的函数，如 add 函数和 sin 函数，我们可以假定输入和输出是标量，以此为前提实现正向传播和反向传播
- 在这种情况下，即使输入是张量，反向传播也是有效的

接下来我们要看的是不会逐元素进行计算的函数。首先，我们要实现两个函数：一个是改变张量形状的 reshape 函数，另一个是执行矩阵转置的 transpose 函数。这两个函数都会改变张量的形状。

38.1 reshape 函数的实现

现在来实现变换张量形状的函数。在此之前，我们先确认一下 NumPy 的 reshape 函数的用法。编写 np.reshape(x, shape) 这样的代码，可以将 x 转换为 shape 的形状。下面是使用示例。

```
import numpy as np

x = np.array([[1, 2, 3], [4, 5, 6]])
y = np.reshape(x, (6,))
print(y)
```

运行结果
```
[1, 2, 3, 4, 5, 6]
```

上面的代码将 x 的形状由 (2, 3) 变换为 (6,)。张量中的元素数量没有改变，只有形状发生了变化。现在来实现 DeZero 版本的 reshape 函数。这里的问题是如何实现它的反向传播。

> 针对不会逐元素进行计算的函数，以张量的形状作为切入点，会使反向传播的实现变得清晰。具体来说，就是要确保变量的数据与梯度的形状一致。假设有 Variable 实例 x，这时反向传播的实现需要确保 x.data.shape == x.grad.shape。

reshape 函数只是对形状进行变换，也就是说，它不进行具体的计算。因此在反向传播的过程中，reshape 函数对从输出端传来的梯度不进行任何修改，直接将其传给输入端。不过，如图 38-1 所示，梯度的形状会变得与输入的形状相同。

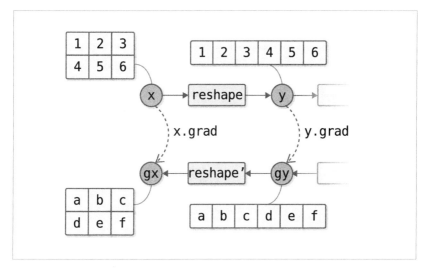

图 38-1　reshape 函数的正向传播和反向传播的计算图（执行反向传播的函数用 reshape' 表示，并使用伪梯度 (a, b, c, d, e, f)）

在图38-1中，反向传播从输出端传播梯度。为了使x.data.shape和x.grad.shape相等，我们对梯度进行转换。具体来说，就是将形状为(6,)的梯度的形状转换为(2,3)的形状，也就是将它转换成输入变量的形状。这就是reshape函数的反向传播。根据上述内容，我们来实现DeZero的reshape函数。

dezero/functions.py

```python
class Reshape(Function):
    def __init__(self, shape):
        self.shape = shape

    def forward(self, x):
        self.x_shape = x.shape
        y = x.reshape(self.shape)
        return y

    def backward(self, gy):
        return reshape(gy, self.x_shape)
```

首先，在初始化reshape类的过程中，reshape类的初始化方法__init__会接收要转换的形状，并将其保存为shape。然后，正向传播的forward方法使用NumPy的reshape函数对形状进行转换。该方法使用self.x_shape = x.shape保存输入x的形状。于是，在反向传播的backward方法中，梯度的形状会转换为输入的形状(self.x_shape)。

backward(gy)的参数gy是Variable实例。因此，backward(gy)必须使用DeZero函数对Variable实例进行计算。这里用到了正在实现的reshape函数。

接下来，按如下方式实现reshape函数。

dezero/functions.py

```python
from dezero.core import as_variable

def reshape(x, shape):
```

```
    if x.shape == shape:
        return as_variable(x)
    return Reshape(shape)(x)
```

函数的参数 x 应为 ndarray 实例或 Variable 实例。如果 x.shape == shape，
则函数直接返回 x。不过，为了确保 reshape 函数返回 Variable 实例，这里
使用 as_variable 函数将 x 转换为 Variable 实例。另外，as_variable 函数已
经在步骤 21 中实现了。如果 x 为 ndarray 实例，as_variable(x) 会将 x 转换为
Variable 实例并返回；如果 x 是 Variable 实例，as_variable(x) 会直接返回 x。

 DeZero 函数的输入是 Variable 实例或 ndarray 实例，输出是 Variable
实例。如果函数继承自 Function 类（如 Reshape），ndarray 实例会在该
函数类的 __call__ 方法中自动转换为 Variable 实例。

下面使用一下刚刚实现的 reshape 函数。

steps/step38.py

```
import numpy as np
from dezero import Variable
import dezero.functions as F

x = Variable(np.array([[1, 2, 3], [4, 5, 6]]))
y = F.reshape(x, (6,))
y.backward(retain_grad=True)
print(x.grad)
```

运行结果
```
variable([[1 1 1]
          [1 1 1]])
```

上面的代码使用 reshape 函数来改变形状，然后调用 y.backward(retain_
grad=True) 来求 x 的梯度。此时，y 的梯度被自动补全。补全的梯度具有与 y
相同的形状（y.grid.shape == y.shape），是所有元素都为 1 的张量。下面我们
来看一下都有哪些数据在流转。结果如图 38-2 所示。

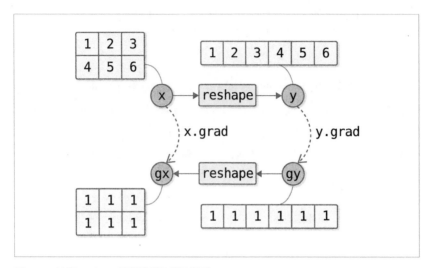

图38-2 使用reshape函数进行计算的例子

如图38-2所示，在正向传播的过程中，张量的形状由(2，3)变为(6，)；在反向传播的过程中，梯度的形状由(6，)变为(2，3)，与正向传播的转换相反。此时可知各变量的data和grad的形状是相同的。以上就是DeZero的reshape函数的实现。下一节我们将研究如何使这个函数更加易用。

38.2 从Variable对象调用reshape

我们的下一个目标是使DeZero中reshape函数的用法更接近NumPy中reshape函数的用法。在NumPy中，reshape的用法如下所示。

```
x =  np.random.rand(1, 2, 3)

y = x.reshape((2, 3))  # 传递元组
y = x.reshape([2, 3])  # 传递列表
y = x.reshape(2, 3)  # 直接(展开后)传递参数
```

　　如上面的代码所示，reshape 可作为 ndarray 实例的方法使用，我们也可以向 reshape 传递可变长参数，如 x.reshape(2, 3)。我们想办法在 DeZero 中也实现这种用法。为此，要在 Variable 类中添加以下代码[①]。

dezero/core.py

```python
import dezero

class Variable:
    ...

    def reshape(self, *shape):
        if len(shape) == 1 and isinstance(shape[0], (tuple, list)):
            shape = shape[0]
        return dezero.functions.reshape(self, shape)
```

　　上面的代码在 Variable 类中实现了 reshape 方法。该方法接收可变长参数，然后调整传来的参数。下面调用刚刚实现的 DeZero 的 reshape 函数，代码如下所示。

```python
x = Variable(np.random.randn(1, 2, 3))
y = x.reshape((2, 3))
y = x.reshape(2, 3)
```

　　如上面的代码所示，我们可以将 reshape 函数作为 Variable 实例的方法来调用。这样就能更轻松地改变 Variable 的形状了。到这里，reshape 函数的实现就全部结束了。

38.3　矩阵的转置

　　接下来实现进行矩阵转置的函数。矩阵的转置是对矩阵进行图 38-3 这种变形处理。

---

① 这里为了避免循环导入，没有采用 F.reshape 的写法，而是采用了 dezero.functions.reshape 的写法。

$$x = \begin{pmatrix} x_{11} & x_{12} & x_{13} \\ x_{21} & x_{22} & x_{23} \end{pmatrix} \qquad x^{\mathrm{T}} = \begin{pmatrix} x_{11} & x_{21} \\ x_{12} & x_{22} \\ x_{13} & x_{23} \end{pmatrix}$$

图38-3　矩阵转置的例子

如图38-3所示，转置改变了矩阵的形状。下面在DeZero中实现执行转置操作的函数。

本节中实现的转置函数transpose只支持输入变量是矩阵（二阶张量）的情况。实际的DeZero的transpose函数的实现更为通用，它支持轴数据的替换。这部分内容将在本步骤的最后一节介绍。

我们可以使用NumPy的transpose函数执行转置操作，示例如下。

```
x = np.array([[1, 2, 3], [4, 5, 6]])
y = np.transpose(x)
print(y)
```

运行结果
```
[[1 4]
 [2 5]
 [3 6]]
```

上面的代码使x的形状由(2, 3)变为(3, 2)。张量的元素本身没有发生改变，改变的是张量的形状。因此，它的反向传播只改变从输出端传播的梯度的形状。形状的改变方式正好是正向传播的逆向变化。基于以上内容，我们按如下方式实现DeZero的transpose函数。

dezero/functions.py

```
class Transpose(Function):
    def forward(self, x):
```

```
        y = np.transpose(x)
        return y

    def backward(self, gy):
        gx = transpose(gy)
        return gx

def transpose(x):
    return Transpose()(x)
```

上面的代码在正向传播的过程中使用 np.transpose 函数进行转置，在反向传播的过程中使用正在实现的 transpose 函数对从输出端传来的梯度进行转置。因此，反向传播中所做的转置是正向传播的逆转置。下面我们来实际使用一下 transpose 函数。

steps/step38.py

```
x = Variable(np.array([[1, 2, 3], [4, 5, 6]]))
y = F.transpose(x)
y.backward()
print(x.grad)
```

运行结果
```
variable([[1 1 1]
          [1 1 1]])
```

从上面的代码可以看出，transpose 函数可以用于计算，也可以顺利实现反向传播。接下来，为了能够从 Variable 变量调用 transpose 函数，我们来添加以下代码。

dezero/core.py

```
class Variable:
    ...

    def transpose(self):
        return dezero.functions.transpose(self)

    @property
    def T(self):
        return dezero.functions.transpose(self)
```

上面的代码添加了两个方法。第一个方法可以作为 transpose 方法使用，第二个方法通过添加 @property，可以让自己作为实例变量来使用。由此，我们可以编写如下代码。

```
x = Variable(np.random.rand(2, 3))
y = x.transpose()
y = x.T
```

到这里我们就实现了执行转置操作的 transpose 函数。本节实现的 transpose 函数只支持矩阵，实际的 DeZero 的 transpose 函数在本节内容的基础上增加了一些代码。下面笔者对此进行补充说明。

38.4　实际的 transpose 函数（补充内容）

NumPy 的 np.transpose 函数有更为通用的用法，这个用法就是改变轴的数据顺序。下面是一个实际的例子。

```
A, B, C, D = 1, 2, 3, 4
x = np.random.rand(A, B, C, D)
y = x.transpose(1, 0, 3, 2)
```

上面的代码中有形状为 (A, B, C, D) 的数据，代码中使用 np.transpose 函数改变了形状的轴（为了方便大家理解，这里使用 A 等变量来表示形状的值）。代码中的参数是变换后的轴的顺序。图 38-4 可以帮助我们理解这些内容。

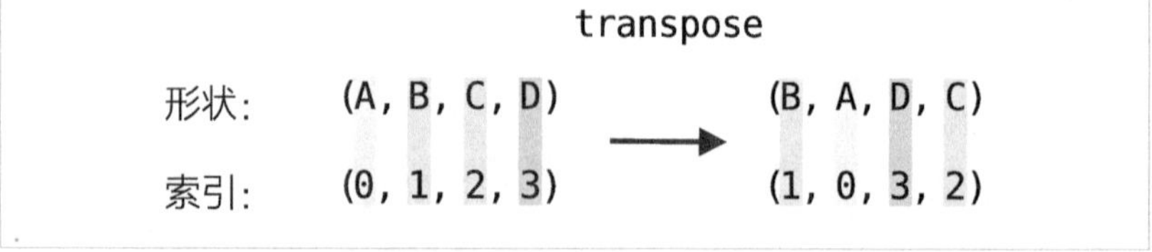

图38-4　np.transpose 函数的具体例子

如上图所示，如果指定了轴的顺序，数据的轴就会按照指示重新排序。如果参数为 None，轴就会以相反的顺序重新排序。默认参数是 None。因此，如果 x 是矩阵，那么 x.transpose() 可以使轴 0 和轴 1 的数据按照轴 1、轴 0 的顺序排列，这正是矩阵的转置操作。

DeZero 的 transpose 函数也支持对轴的数据进行调换。它的反向传播只执行轴的反向调换。这里没有展示相关代码。感兴趣的读者可以参考 dezero/functions.py 中 Transpose 类的代码。

步骤39
求和的函数

本步骤将实现DeZero的求和函数——sum函数。我们先回顾一下加法的导数，然后使用它来推导sum函数的导数，之后着手实现sum函数。

39.1　sum函数的反向传播

我们已经实现了进行加法运算的函数。当$y = x_0 + x_1$时，加法运算的导数是$\frac{\partial y}{\partial x_0} = 1$，$\frac{\partial y}{\partial x_1} = 1$。因此，在反向传播的过程中，从输出端传来的梯度会直接传播到输入端。传播过程如图 39-1 所示。

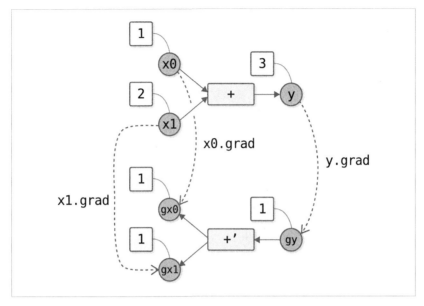

图39-1 加法运算的正向传播和反向传播

从图39-1的计算图可以看出,执行加法运算之后,从变量y开始了反向传播。此时,从输出端传播的梯度值1被复制成两份传给变量x0和x1。这就是加法运算的反向传播。这种加法运算的反向传播对有两个元素的向量也同样成立。下面请看图39-2。

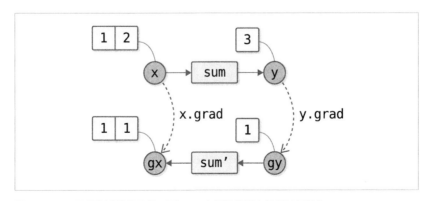

图39-2 sum函数的计算图示例1(用sum'表示执行反向传播的函数)

图39-2中的变量x是一个由两个元素组成的向量。对该向量应用sum函数会输出标量。在反向传播的过程中，从输出端传播的值1被扩展为向量[1, 1]（一维数组）后继续传播。

基于以上内容，我们可以推导出由两个以上元素组成的向量之和的反向传播，关键点就是按向量的元素数量复制梯度。具体如图39-3所示。

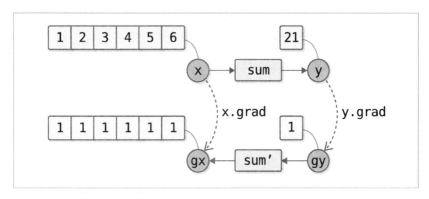

图39-3 sum函数的计算图示例2

如图39-3所示，梯度被复制，其形状与输入变量的形状相同。这就是sum函数的反向传播。它同样适用于输入变量是二维以上数组的情况。下面来实现sum函数。

39.2 sum 函数的实现

在DeZero的sum函数的反向传播中，梯度的元素会复制为输入变量的形状。然而反向传播需要对Variable实例进行计算，这意味着复制操作必须作为DeZero函数运行。

将元素复制为指定形状的操作与NumPy的广播功能相同。这个操作将在下一个步骤中通过broadcast_to(x, shape)函数实现。该函数用于将x（Variable实例）复制为shape的形状。

这里预先使用broadcast_to函数。这样一来，我们就可以用如下代码实现DeZero的Sum类和sum函数。

```python
class Sum(Function):
    def forward(self, x):
        self.x_shape = x.shape
        y = x.sum()
        return y

    def backward(self, gy):
        gx = broadcast_to(gy, self.x_shape)
        return gx

def sum(x):
    return Sum()(x)
```

在上面的代码中，反向传播的处理使用了将在下一个步骤实现的broadcast_to函数。通过这个函数复制梯度gy的元素，使其与输入变量在形状上一致，这样就实现了sum函数。下面我们尝试使用一下刚刚实现的sum函数。

```python
import numpy as np
from dezero import Variable
import dezero.functions as F

x = Variable(np.array([1, 2, 3, 4, 5, 6]))
y = F.sum(x)
y.backward()
print(y)
print(x.grad)
```

运行结果

```
variable(21)
variable([1 1 1 1 1 1])
```

上面的代码正确地完成了加法运算并求出了梯度。sum函数也支持输入变量不是向量的情况。下面是对二维数组（矩阵）进行计算的结果。

steps/step39.py

```
x = Variable(np.array([[1, 2, 3], [4, 5, 6]]))
y = F.sum(x)
y.backward()
print(y)
print(x.grad)
```

运行结果

```
variable(21)
variable([[1 1 1]
          [1 1 1]])
```

如上面的结果所示，x.grad的形状和x的形状相同，输出的值也正确。通过以上代码，我们实现了"基础版"的sum函数。接下来，我们将扩展当前的sum函数，实现真正的sum函数。

39.3 axis和keepdims

NumPy的np.sum函数的功能更加强大。首先，它能指定求和时的轴。代码示例如下所示。

```
x = np.array([[1, 2, 3], [4, 5, 6]])
y = np.sum(x, axis=0)
print(y)
print(x.shape, ' -> ', y.shape)
```

运行结果

```
[5 7 9]
(2, 3)  ->  (3,)
```

代码中x的形状是(2, 3)，输出y的形状是(3,)。上面的代码在np.sum(x, axis=0)中指定了axis=0。这里的axis表示轴，也就是多维数组排列的方向。请看图39-4。

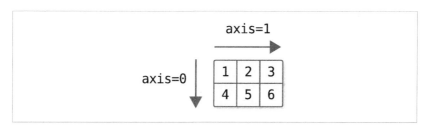

图39-4　ndarray实例的axis(轴的索引)

图 39-4是一个二维数组的例子。轴的索引如图39-4所示。我们可以在np.sum函数中指定轴，沿着该轴的方向求和(图39-5)。

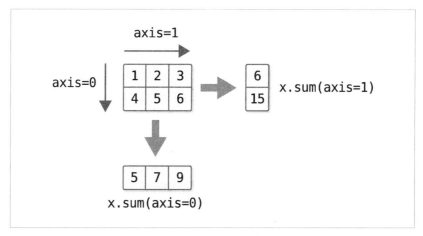

图39-5　对每个axis进行x.sum()计算的结果

　axis参数可以指定为int、None或元组。如果将axis指定为None，函数会计算所有元素的总和，然后输出一个值(标量)(默认参数是axis=None)。如果将axis指定为元组，如(0, 2)，函数就会沿着该元组指定的轴求和(在(0, 2)的情况下，函数会对两个轴进行计算)。

np.sum函数中还有keepdims参数，它是用于指定输入和输出是否应具有相同维度(轴的数量)的标志位。下面是keepdims的使用示例。

```
x = np.array([[1, 2, 3], [4, 5, 6]])
y = np.sum(x, keepdims=True)
print(y)
print(y.shape)
```

运行结果

```
[[21]]
(1, 1)
```

在上面的代码中，y的形状是(1, 1)。如果keepdims=False，那么y的形状为()（标量）。从中可以看出，指定keepdims=True可以保留轴的数量。

前面介绍的axis和keepdims两个参数在实践中经常用到。因此，我们来修改DeZero的sum函数，使其支持这两个参数。尽管axis和keepdims会使和的计算变得复杂一些，但sum函数的反向传播的理论不变，即只复制梯度的元素，使其与输入变量在形状上一致。修改后的Sum类和sum函数如下所示。

dezero/functions.py

```
from dezero import utils

class Sum(Function):
    def __init__(self, axis, keepdims):
        self.axis = axis
        self.keepdims = keepdims

    def forward(self, x):
        self.x_shape = x.shape
        y = x.sum( axis=self.axis, keepdims=self.keepdims )
        return y

    def backward(self, gy):
        gy = utils.reshape_sum_backward(gy, self.x_shape, self.axis,}
                                        self.keepdims)
        gx = broadcast_to(gy, self.x_shape)
        return gx

def sum(x, axis=None, keepdims=False ):
    return Sum( axis, keepdims )(x)
```

Sum类在初始化阶段接收axis和keepdims，将它们设置为属性，然后在正向传播中使用这些属性计算总和。反向传播的实现则和之前一样，使用 broadcast_to 函数。由此复制梯度的元素，使它的形状与输入变量的形状相同。

 在反向传播的实现中，我们在 broadcast_to 函数之前使用了 utils. reshape_sum_backward 函数。这个函数会对 gy 的形状稍加调整（因为使用 axis 和 keepdims 求和时会出现改变梯度形状的情况）。这是与 NumPy 相关的问题，不是核心内容，所以这里就不详细解释了。

这样就完成了 DeZero 的 sum 函数。我们再对 sum 函数进行改造，使其也可以作为 Variable 的方法使用。为此，我们需要向 Variable 类中添加以下代码。

dezero/core.py

```
class Variable:
    ...
    def sum(self, axis=None, keepdims=False):
        return dezero.functions.sum(self, axis, keepdims)
```

下面是 DeZero 的 sum 函数的使用示例。

steps/step39.py

```
x = Variable(np.array([[1, 2, 3], [4, 5, 6]]))
y = F.sum(x, axis=0)
y.backward()
print(y)
print(x.grad)

x = Variable(np.random.randn(2, 3, 4, 5))
y = x.sum(keepdims=True)
print(y.shape)
```

运行结果

```
variable([5 7 9])
variable([[1 1 1]
          [1 1 1]])
(1, 1, 1, 1)
```

以上就是本步骤的内容。

步骤 40
进行广播的函数

上一个步骤实现了 DeZero 的 sum 函数。这个 sum 函数的反向传播中预先使用了 broadcast_to 函数，本步骤将实现这个 broadcast_to 函数。另外，为了在 DeZero 中实现与 NumPy 同样的广播功能，我们将对 DeZero 的一些函数进行修改。

> NumPy 具备广播功能，NumPy 的广播有时发生在 DeZero 的正向传播中。不过当前的 DeZero 无法在广播发生时正确地进行反向传播。为了能正确地处理广播，我们需要修改 DeZero。

下面先使用 NumPy 的函数进行说明，然后实现 DeZero 函数。

40.1　broadcast_to 函数和 sum_to 函数

首先看一下 NumPy 的 np.broadcast_to(x, shape)。这个函数复制 x(ndarray 实例)的元素，使结果的形状变为 shape 的形状。它的使用示例如下所示。

```
import numpy as np

x = np.array([1, 2, 3])
y = np.broadcast_to(x, (2, 3))
print(y)
```

运行结果

```
[[1 2 3]
 [1 2 3]]
```

如上面的代码所示，原本形状为(3,)的一维数组，在元素被复制后变为(2, 3)。那么在进行广播（即复制元素）之后，反向传播会变成什么样呢？

 在DeZero中，同一个变量（Variable实例）可以多次用在计算中。比如 y = x + x这样的计算，我们可以把x + x理解为"复制"x后再使用它的意思。在反向传播中，梯度两次传播到x，梯度之间执行了加法运算。通过这个原理可知，复制元素之后，只需求梯度的和即可。

在复制元素之后，反向传播会求梯度之和。以np.broadcast_to函数为例，其反向传播如图40-1所示。

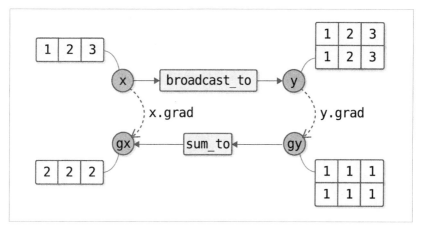

图40-1　broadcast_to函数的反向传播

如图40-1所示，broadcast_to函数的反向传播会求梯度的和，以使梯度的形状变为输入x的形状。要实现这一点，只要使用一个叫sum_to(x, shape)的函数即可。sum_to函数会求x的元素之和，并将结果的形状变为shape的形状。有了这样的函数，就可以像图40-1这样在正向传播和反向传播之间建立联系了。

sum_to(x, shape)函数用于求x的元素之和并将结果的形状转变为shape的形状。不过NumPy中没有这样的函数。因此，DeZero在dezero/utils.py中提供了一个NumPy版本的sum_to函数。使用该函数可以进行以下计算。

```python
import numpy as np
from dezero.utils import sum_to

x = np.array([[1, 2, 3], [4, 5, 6]])
y = sum_to(x, (1, 3))
print(y)

y = sum_to(x, (2, 1))
print(y)
```

运行结果

```
[[5 7 9]]
[[ 6]
 [15]]
```

如上面的代码所示，sum_to(x, shape)函数会执行求和操作，并将结果的形状变为shape的形状。它的作用与np.sum函数的作用相同，但参数不同。

下面探讨sum_to函数的反向传播。sum_to(x, shape)用于求x的元素之和，使结果的形状变为shape的形状。它的反向传播可以直接使用broadcast_to函数，具体如图40-2所示。

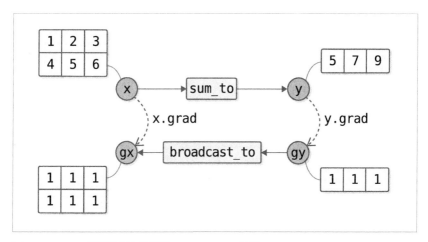

图 40-2 sum_to 函数的反向传播是 broadcast_to 函数

如图 40-2 所示，sum_to 函数的反向传播使用 broadcast_to 函数来复制梯度的元素，使结果的形状变为输入 x 的形状。以上就是 NumPy 版本的 broadcast_to 函数和 sum_to 函数。下面我们会实现 DeZero 版本的 broadcast_to 函数和 sum_to 函数。

40.2 DeZero 的 broadcast_to 函数和 sum_to 函数

DeZero 的 BroadcastTo 类和 broadcast_to 函数如下所示。

dezero/functions.py

```python
class BroadcastTo(Function):
    def __init__(self, shape):
        self.shape = shape

    def forward(self, x):
        self.x_shape = x.shape
        y = np.broadcast_to(x, self.shape)
        return y

    def backward(self, gy):
```

```
        gx = sum_to(gy, self.x_shape)
        return gx

def broadcast_to(x, shape):
    if x.shape == shape:
        return as_variable(x)
    return BroadcastTo(shape)(x)
```

　　这里让我们把注意力放在反向传播的代码上。反向传播使用DeZero的
sum_to函数将结果的形状变为输入x的形状。接下来实现这个sum_to函数。
以下是SumTo类和sum_to函数的代码。

dezero/functions.py

```
from dezero import utils

class SumTo(Function):
    def __init__(self, shape):
        self.shape = shape

    def forward(self, x):
        self.x_shape = x.shape
        y = utils.sum_to(x, self.shape)
        return y

    def backward(self, gy):
        gx = broadcast_to(gy, self.x_shape)
        return gx

def sum_to(x, shape):
    if x.shape == shape:
        return as_variable(x)
    return SumTo(shape)(x)
```

　　需要注意反向传播的代码。反向传播复制梯度的元素使结果的形状变为
输入x的形状。在这个过程中用到了前面实现的DeZero的broadcast_to函数。
从代码中可以看出，broadcast_to函数和sum_to函数相互依赖。这样我们就
完成了DeZero的broadcast_to函数和sum_to函数。

40.3 支持广播

在本步骤实现 sum_to 函数是为了支持 NumPy 的广播。广播是 NumPy 的一个功能，它使不同形状的多维数组之间的运算成为可能。下面是广播的示例代码。

```python
x0 = np.array([1, 2, 3])
x1 = np.array([10])
y = x0 + x1
print(y)
```

运行结果
```
array([11, 12, 13])
```

在上面的代码中，x0 和 x1 的形状是不同的。在进行上面的计算时，元素会被复制，以使 x1 与 x0 的形状相匹配。这里比较重要的一点是 NumPy 的广播功能是在幕后进行的。DeZero 也会实现这样的广播。我们来看下面的代码。

```python
x0 = Variable(np.array([1, 2, 3]))
x1 = Variable(np.array([10]))
y = x0 + x1
print(y)
```

运行结果
```
variable([11, 12, 13])
```

上面的代码在正向传播时会进行广播，这是因为代码是基于 ndarray 实例实现的。当然，如果在正向传播中进行了广播，那么在反向传播时就必须进行广播的反向传播，但是目前的 DeZero 不会对广播的反向传播做任何处理。

NumPy 的广播是在 broadcast_to 函数中进行的，broadcast_to 函数的反向传播对应的是 sum_to 函数。考虑到这一点，我们将 DeZero 的 Add 类修改成下面这样。

dezero/core.py

```python
class Add(Function):
    def forward(self, x0, x1):
        self.x0_shape, self.x1_shape = x0.shape, x1.shape
        y = x0 + x1
        return y

    def backward(self, gy):
        gx0, gx1 = gy, gy
        if self.x0_shape != self.x1_shape:
            gx0 = dezero.functions.sum_to(gx0, self.x0_shape)
            gx1 = dezero.functions.sum_to(gx1, self.x1_shape)
        return gx0, gx1
```

如果在正向传播中进行了广播，就说明输入的 x0 和 x1 在形状上是不同的。此时应进行广播的反向传播计算。为此需要求梯度 gx0 的和，使 gx0 变为 x0 的形状，还要求梯度 gx1 的和，使 gx1 变为 x1 的形状。

以上修改是针对 dezero/core.py 中的 Add 类进行的。Mul、Sub、Div 等所有进行四则运算的类都要完成相同的修改。由此便可实现广播功能。经过以上修改，我们可以编写以下代码。

steps/step40.py

```python
import numpy as np
from dezero import Variable

x0 = Variable(np.array([1, 2, 3]))
x1 = Variable(np.array([10]))
y = x0 + x1
print(y)

y.backward()
print(x1.grad)
```

运行结果

```
variable([11 12 13])
variable([3])
```

上面的代码在 `x0 + x1` 时进行了广播。不过，这次广播的反向传播在 DeZero 函数中被正确执行了。实际得到的 `x1` 的梯度是 3，这是正确的结果。通过以上操作，DeZero 实现了广播功能。

步骤 41

矩阵的乘积

本步骤的主题是向量的内积和矩阵的乘积。这里会先介绍这两种计算方法，然后将它们实现为 DeZero 函数。完成本步骤后，我们就有了能够处理张量的最低限度的函数集，由此可以开始解决实际问题了。

41.1　向量的内积和矩阵的乘积

下面介绍向量的内积和矩阵的乘积。首先是向量的内积。假设有向量 $\boldsymbol{a} = (a_1, \cdots, a_n)$ 和向量 $\boldsymbol{b} = (b_1, \cdots, b_n)$。向量的内积可以定义为式子 41.1。

$$\boldsymbol{a}\boldsymbol{b} = a_1b_1 + a_2b_2 + \cdots + a_nb_n \tag{41.1}$$

如式子 41.1 所示，把两个向量间相应元素的乘积相加，得到的就是向量的内积。

 这里对式子中符号的使用做一些规定。我们使用 a、b 这样的符号表示标量，使用 $\boldsymbol{a}$、$\boldsymbol{b}$ 这样的粗体符号表示向量和矩阵。

接下来是矩阵的乘积。矩阵乘积的计算方法如图 41-1 所示。

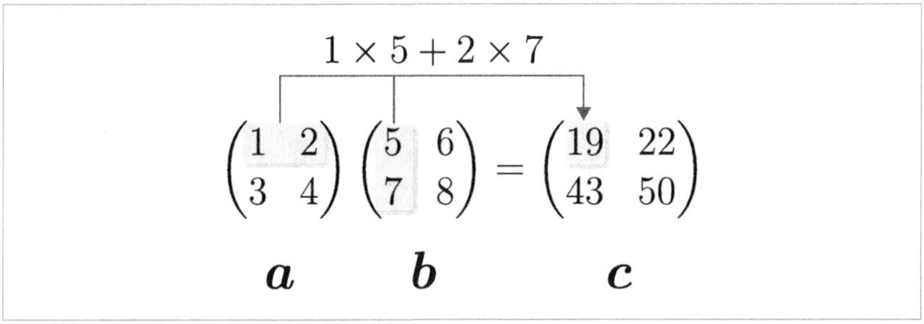

$$1 \times 5 + 2 \times 7$$

$$\begin{pmatrix} 1 & 2 \\ 3 & 4 \end{pmatrix} \begin{pmatrix} 5 & 6 \\ 7 & 8 \end{pmatrix} = \begin{pmatrix} 19 & 22 \\ 43 & 50 \end{pmatrix}$$

$$\boldsymbol{a} \qquad \boldsymbol{b} \qquad \boldsymbol{c}$$

图41-1　矩阵乘积的计算方法

如图41-1所示，矩阵乘积的计算方法是先分别求出左侧矩阵水平方向的向量和右侧矩阵垂直方向的向量的内积，然后将结果存储在新矩阵的相应元素中。例如，$\boldsymbol{a}$的第1行和$\boldsymbol{b}$的第1列的结果是新矩阵第1行第1列的元素，$\boldsymbol{a}$的第2行和$\boldsymbol{b}$的第1列的结果是新矩阵第2行第1列的元素，以此类推。

下面使用NumPy来实现向量的内积和矩阵的乘积。为此，我们需要使用np.dot函数。

```python
import numpy as np

# 向量的内积
a = np.array([1, 2, 3])
b = np.array([4, 5, 6])
c = np.dot(a, b)
print(c)

# 矩阵的乘积
a = np.array([[1, 2], [3, 4]])
b = np.array([[5, 6], [7, 8]])
c = np.dot(a, b)
print(c)
```

运行结果

```
32
[[19, 22],
 [43, 50]]
```

如代码所示，在计算向量的内积和矩阵的乘积时都可以使用np.dot函数。如果np.dot(x, y)的两个参数都是一维数组，函数计算的就是向量的内积；如果两个参数都是二维数组，函数计算的就是矩阵的乘积。

41.2　检查矩阵的形状

在使用矩阵和向量进行计算时，必须注意它们的形状。例如，在计算矩阵的乘积时，形状的变化如图41-2所示。

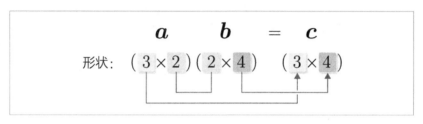

图41-2　在计算矩阵乘积时，相应的维度（轴）的元素数量必须相同

图41-2展示了由3×2矩阵a和2×4矩阵b的乘积得到3×4矩阵c的例子。如图所示，矩阵a和矩阵b的相应维度（轴）中的元素数量必须相同。得到的矩阵c的行数是矩阵a的行数，列数是矩阵b的列数。

在矩阵的乘积等计算中，关注矩阵的形状，并观察其形状的变化是很重要的。本书把这种专门确认形状的工作称为"形状检查"。

41.3　矩阵乘积的反向传播

下面介绍矩阵乘积的反向传播。矩阵乘积的反向传播有些复杂，这里先直接推导，之后进行补充说明以帮助大家直观理解。DeZero的矩阵乘积计算在MatMul类和matmul函数中实现。matmul是matrix multiply的缩写。

下面以 $\boldsymbol{y} = \boldsymbol{x}\boldsymbol{W}$ 为例介绍矩阵乘积的反向传播。在该计算中，$\boldsymbol{x}$、$\boldsymbol{W}$ 和 $\boldsymbol{y}$ 的形状分别为 $1 \times D$、$D \times H$ 和 $1 \times H$。计算图如图41-3所示。

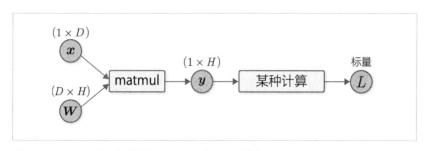

图41-3 矩阵乘积的正向传播（各变量上方标出了形状）

再次强调，我们处理的是最终会输出标量的计算。因此，假定计算最终输出的标量是 L（通过反向传播求 L 对每个变量的导数），此时，L 对 $\boldsymbol{x}$ 的第 i 个元素的导数 $\frac{\partial L}{\partial x_i}$ 的式子如下所示。

$$\frac{\partial L}{\partial x_i} = \sum_j \frac{\partial L}{\partial y_j} \frac{\partial y_j}{\partial x_i} \tag{41.2}$$

式子41.2中的 $\frac{\partial L}{\partial x_i}$ 表示当 x_i 发生（微小的）变化时 L 的变化程度。当 x_i 发生变化时，向量 $\boldsymbol{y}$ 的所有元素也会发生改变。$\boldsymbol{y}$ 的每个元素的改变也会使 L 最终发生变化。因此，从 x_i 到 L 有多条链式法则的路径，其总和为 $\frac{\partial L}{\partial x_i}$。

到式子41.2为止的推导过程还是很简单的。我们可以利用 $\frac{\partial y_j}{\partial x_i} = W_{ij}$ [1]，将其代入式子41.2，推导出式子41.3。

$$\frac{\partial L}{\partial x_i} = \sum_j \frac{\partial L}{\partial y_j} \frac{\partial y_j}{\partial x_i} = \sum_j \frac{\partial L}{\partial y_j} W_{ij} \tag{41.3}$$

从式子41.3可知，$\frac{\partial L}{\partial x_i}$ 可通过向量 $\frac{\partial L}{\partial \boldsymbol{y}}$ 和 $\boldsymbol{W}$ 的第 i 行向量的内积求出。由此我们可以推导出以下式子。

---

[1] 展开 $\boldsymbol{y}$ 的第 j 个元素，有 $y_j = x_1 W_{1j} + x_2 W_{2j} + \cdots + x_i W_{ij} + \cdots + x_H W_{Hj}$。由此可知，$\frac{\partial y_j}{\partial x_i} = W_{ij}$。

$$\frac{\partial L}{\partial \boldsymbol{x}} = \frac{\partial L}{\partial \boldsymbol{y}} \boldsymbol{W}^{\mathrm{T}} \tag{41.4}$$

如式子41.4所示，$\frac{\partial L}{\partial \boldsymbol{x}}$ 可通过矩阵的乘积一次性求出。此时矩阵（和向量）的形状的变化如图41-4所示。

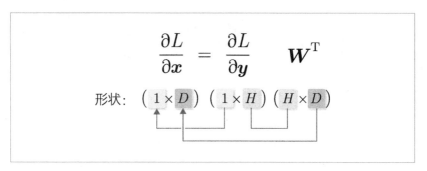

图41-4　检查矩阵乘积的形状

从图41-4可以看出，矩阵的形状没有问题。这也证实了式子41.4在计算矩阵时是成立的。我们也可以利用这个结论，也就是在矩阵乘法成立的基础上，推导出反向传播的式子（实现）[1]。在介绍该方法时，我们会再次思考 $\boldsymbol{y} = \boldsymbol{x}\boldsymbol{W}$ 这个矩阵乘积的计算。不过这次我们假设 $\boldsymbol{x}$ 的形状是 $N \times D$。换言之，$\boldsymbol{x}$、$\boldsymbol{W}$ 和 $\boldsymbol{y}$ 的形状分别为 $N \times D$、$D \times H$ 和 $N \times H$。此时反向传播的计算图如图41-5所示。

---

[1] 这意味着我们可以通过矩阵检查来推导出矩阵乘积的反向传播的式子，但矩阵检查的方法并不总是能正确推导出反向传播的式子。

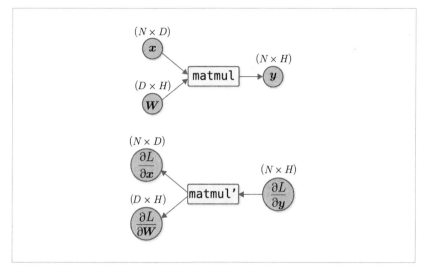

图41-5 矩阵乘积的正向传播（上图）和反向传播（下图）

　　下面来推导 $\frac{\partial L}{\partial \boldsymbol{x}}$ 和 $\frac{\partial L}{\partial \boldsymbol{W}}$。关注矩阵的形状，构建矩阵乘积的式子。推导出的式子如图41-6所示。

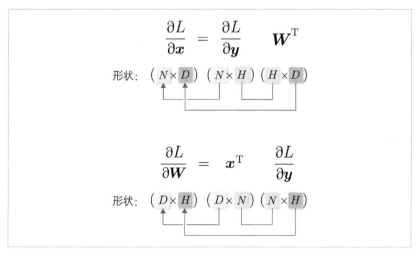

图41-6 矩阵乘积的反向传播

与图41-4中的式子一样，图41-6中的式子也可以通过计算每个矩阵的元素并比较两边的结果推导出来。另外，我们也可以确认式子通过了矩阵乘积的形状检查。有了这个式子，就可以轻松实现执行矩阵乘积计算的DeZero函数了。代码如下所示。

dezero/functions.py

```python
class MatMul(Function):
    def forward(self, x, W):
        y = x.dot(W)
        return y

    def backward(self, gy):
        x, W = self.inputs
        gx = matmul(gy, W.T)
        gW = matmul(x.T, gy)
        return gx, gW


def matmul(x, W):
    return MatMul()(x, W)
```

上面的代码根据图41-6中的式子实现了DeZero的反向传播函数。另外，在正向传播中，我们没有使用np.dot(x, W)，而是将计算实现为x.dot(W)。因此，它也可以作为ndarray实例的方法来使用。

在上面代码的反向传播中使用的matmul函数正是我们现在实现的函数。另外，用于转置的操作(W.T和x.T)会调用DeZero的transpose函数(该函数已在步骤38中实现)。

我们可以像下面这样使用DeZero的matmul函数来进行计算，也可以求出导数。

steps/step41.py

```python
from dezero import Variable
import dezero.functions as F
```

```
x = Variable(np.random.randn(2, 3))
W = Variable(np.random.randn(3, 4))
y = F.matmul(x, W)
y.backward()

print(x.grad.shape)
print(W.grad.shape)
```

运行结果

```
(2, 3)
(3, 4)
```

　　上面的代码随机创建NumPy的多维数组，并用它们来进行计算。上述代码在运行时没有抛出任何错误。另外根据结果可知，x.grad.shape等于x.shape，w.grad.shape等于W.shape。这样就实现了DeZero版本的矩阵乘积。

步骤42
线性回归

机器学习使用数据来解决问题。不是由人来思考问题的解决方案，而是让计算机从收集的数据中找到（学习）问题的解决方案。机器学习的本质就是从数据中寻找解决方案。从现在开始，我们将使用DeZero来挑战机器学习问题。本步骤将实现机器学习中最基本的线性回归。

42.1 玩具数据集

在本步骤，我们将创建一个用于实验的小型数据集。这个小型数据集称为玩具数据集（toy datasets）。考虑到重现性，我们用固定的随机种子创建数据，具体代码如下。

```
import numpy as np

np.random.seed(0)
x = np.random.rand(100, 1)
y = 5 + 2 * x + np.random.rand(100, 1)
```

上面的代码创建了一个由变量x和y组成的数据集。这些数据点沿直线分布，是在y上增加作为噪声的随机数得到的。图42-1展示了这些(x, y)数据点的分布情况。

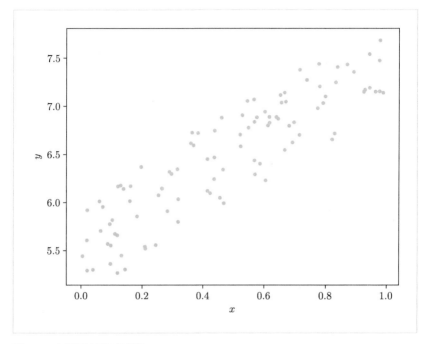

图 42-1　本步骤使用的数据集

　　如图 42-1 所示，虽然 x 和 y 之间呈线性关系，但数据中存在噪声。我们的目标是创建根据 x 值预测 y 值的模型（式子）。

根据 x 值预测实数值 y 的做法叫作回归（regression）。另外，当预测模型呈线性（直线）时，这种回归分析称为线性回归。

42.2　线性回归的理论知识

　　接下来的目标是找到拟合给定数据的函数。假设 y 和 x 之间的关系是线性的，函数的式子就可以表示为 $y = Wx + b$（其中 W 是标量）。$y = Wx + b$ 这条直线如图 42-2 所示。

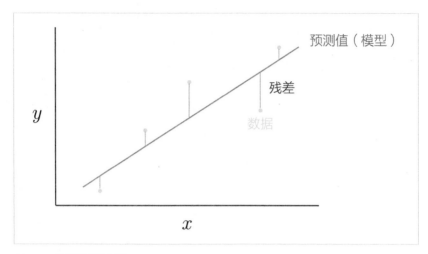

图42-2　线性回归的示例

　　如图42-2所示，我们的目标是找到一条拟合数据的直线 $y = Wx + b$。为此，我们需要尽可能地减小数据和预测值之间的差，这个差叫作残差（residual）。下面是表示预测值（模型）和数据之间的误差指标的式子。

$$L = \frac{1}{N} \sum_{i=1}^{N} (f(x_i) - y_i)^2 \tag{42.1}$$

　　在式子42.1中，先求出这 N 个点中的每个点 (x_i, y_i) 的平方误差，然后将它们加起来，之后乘以 $\frac{1}{N}$ 求出平均数。这个式子叫作**均方误差**（mean squared error）。另外，在式子42.1中求平均数时乘的是 $\frac{1}{N}$，但在某些情况下，会乘以 $\frac{1}{2N}$。但无论哪种情况，在用梯度下降法求解时，都可以通过调整学习率的值来解决同样的问题。

评估模型好坏的函数叫作损失函数（loss function）。此时，我们可以说线性回归使用均方误差作为损失函数。

我们的目标是找到使式子42.1表示的损失函数的输出最小的W和b。这就是函数优化问题。我们已经(在步骤28中)用梯度下降法解决了这样的问题。此处同样使用梯度下降法来找到使式子42.1最小化的参数。

42.3 线性回归的实现

下面使用DeZero实现线性回归。这里将代码分为前后两部分。首先展示代码的前半部分。

steps/step42.py

```python
import numpy as np
from dezero import Variable
import dezero.functions as F

# 玩具数据集
np.random.seed(0)
x = np.random.rand(100, 1)
y = 5 + 2 * x + np.random.rand(100, 1)
x, y = Variable(x), Variable(y)   # 可以省略

W = Variable(np.zeros((1, 1)))
b = Variable(np.zeros(1))

def predict(x):
    y = F.matmul(x, W) + b
    return y
```

上面代码中创建的参数W和b是Variable实例(W为大写字母)。至于二者的形状,W为(1,1),b为(1,)。

DeZero函数可以直接处理ndarray实例(这些实例会在DeZero内部被转换为Variable实例)。因此,上面代码中的数据集x和y可以作为ndarray实例处理,无须显式地转换为Variable实例。

上面的代码还定义了predict函数，这个函数使用matmul函数进行计算。我们可以使用矩阵的乘积一次性对多个数据（在上面的例子中是100个数据）进行计算。这时，形状的变化如图42-3所示。

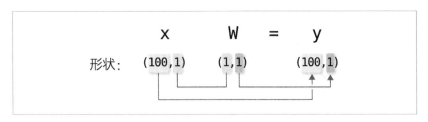

图42-3 矩阵乘积的形状的变化（这里没有加上 b）

从图42-3可以看出，相应维度的元素数量是相同的。得到的结果y的形状是 (100, 1)。换言之，拥有100个数据的x中的所有数据都分别与W相乘了。这样我们就能在一次计算中得到所有数据的预测值。这里x的数据维度是1，即使维度为D，只要将W的形状设置为 (D, 1)，依然能进行正确的计算。例如当D=4时，矩阵乘积的计算如图42-4所示。

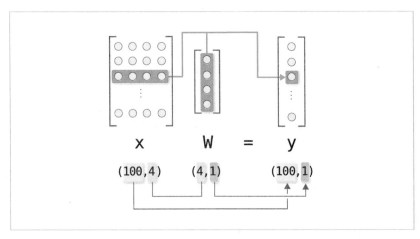

图42-4 矩阵乘积的形状的变化（当 x 数据的维度为4时）

如图42-4所示，让x.shape[1] 和W.shape[0] 相同后，矩阵乘积的计算就能正确进行。在这种情况下，100个数据中的每一个数据都将与W进行向量内积的计算。

上面代码中的y = F.matmul(x, W) + b在计算过程中会进行一次广播。具体来说，b的形状是(1,)，在元素被复制成(100, 1)的形状后，程序对每个元素进行加法运算。我们已在步骤40支持了广播。因此在广播的情况下，反向传播也会正确进行。

接下来是代码的后半部分，如下所示。

steps/step42.py

```python
def mean_squared_error(x0, x1):
    diff = x0 - x1
    return F.sum(diff ** 2) / len(diff)

lr = 0.1
iters = 100

for i in range(iters):
    y_pred = predict(x)
    loss = mean_squared_error(y, y_pred)

    W.cleargrad()
    b.cleargrad()
    loss.backward()

    W.data -= lr * W.grad.data
    b.data -= lr * b.grad.data
    print(W, b, loss)
```

上面的代码实现了求均方误差的函数mean_squared_error(x0, x1)。函数内部只是使用DeZero函数对式子42.1进行了实现。下一步是通过梯度下降法更新参数，相关实现已经在步骤28中完成了。这里需要注意的是，更新参数的计算是像W.data -= lr * W.grad.data这样在实例变量data上进行的。参数的更新只是简单地对数据进行更新，因此不需要创建计算图。

运行上面的代码，从结果可以看出，损失函数的输出值是逐渐减少的。

最后得到的值是 `W = [[2.11807369]]`，`b = [5.46608905]`。作为参考，这里给出根据这些参数得到的图形，具体如图 42-5 所示。

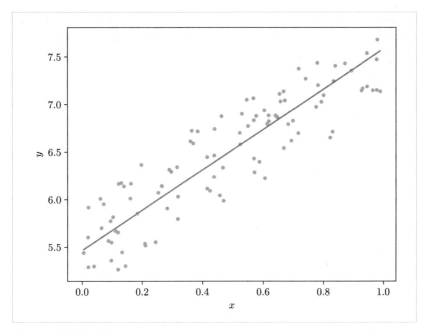

图 42-5　训练后的模型

如图 42-5 所示，我们已经得到了一个拟合数据的模型。我们使用 DeZero 正确实现了线性回归。以上就是线性回归的实现。最后，笔者对 DeZero 的 `mean_squared_error` 函数进行补充说明。

42.4　DeZero 的 mean_squared_error 函数（补充内容）

前面我们实现了求均方误差的函数。代码摘录如下。

steps/step42.py

```python
def mean_squared_error(x0, x1):
    diff = x0 - x1
    y = F.sum(diff ** 2) / len(diff)
    return y
```

这个函数正确地进行了计算。此处是用 DeZero 函数进行计算的，所以也能求导。不过，当前实现还有一些地方需要改进。为了方便说明，我们先看一下图 42-6 的计算图。

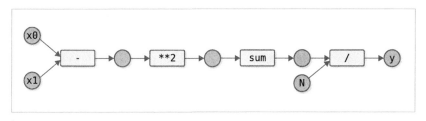

图 42-6　mean_squared_error 函数的计算图

图 42-6 是由上面的 mean_squared_error 函数产生的计算图。我们需要关注的是中间的变量。这里有 3 个匿名变量。由于这些变量记录在计算图里，所以只要计算图存在，它们就会一直保存在内存中。这些变量的数据（ndarray 实例）也将一直存在。

DeZero 在求导时首先进行正向传播，然后进行反向传播。图 42-6 中的变量（以及它们引用的数据）在正向传播和反向传播期间都保存在内存中。

如果内存的使用量不存在问题，那么上面的实现方法也没有问题。不过这种会被第三方使用的函数有更好的实现方法，即继承Function类进行实现，也就是实现一个名为MeanSquaredError的DeZero函数类。实际的代码如下所示。

dezero/functions.py

```python
class MeanSquaredError(Function):
    def forward(self, x0, x1):
        diff = x0 - x1
        y = (diff ** 2).sum() / len(diff)
        return y

    def backward(self, gy):
        x0, x1 = self.inputs
        diff = x0 - x1
        gx0 = gy * diff * (2. / len(diff))
        gx1 = -gx0
        return gx0, gx1


def mean_squared_error(x0, x1):
    return MeanSquaredError()(x0, x1)
```

首先在正向传播中以ndarray实例为对象。这段代码与之前DeZero版本的函数中实现的代码几乎相同。然后将反向传播的代码汇总到一起实现backward方法。反向传播的实现具体来说就是通过式子求导后将其编写成代码。此处不再赘述。

用新方法实现的mean_squared_error函数能得到与之前的版本相同的结果。但从内存效率上来说，新的实现方法更好。这是为什么呢？我们看一下新的mean_squared_error函数的计算图（图42-7）。

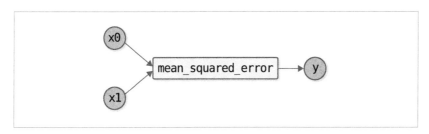

图42-7　新的 `mean_squared_error` 函数的计算图

将图 42-7 与旧的计算图（图 42-6）比较可知，新的计算图中没有中间变量。中间的数据只用在 `MeanSquaredError` 类的 `forward` 方法中。准确来说，它们作为 `ndarray` 实例使用，一旦离开 `forward` 方法的作用范围，就马上从内存中被清除。

出于以上原因，我们使用新的方式实现了 dezero/functions.py 中的 mean_squared_error 函数。为了便于参考，旧的实现方式被命名为 mean_squared_error_simple（在原名后附上了 _simple），添加到 dezero/functions.py 中。以上就是对 DeZero 的 `mean_squared_error` 函数的补充说明。

步骤 43
神经网络

上一个步骤成功实现了线性回归，并让其正确运行。实现线性回归后，我们就能轻松将其扩展到神经网络了。在本步骤中，我们会修改上一个步骤的代码，使其"进化"为神经网络。首先把上一个步骤所做的修改实现为DeZero的 `linear` 函数。

43.1 DeZero 中的 linear 函数

上一个步骤以简单的数据集为对象实现了线性回归。线性回归中(除了损失函数)只执行了矩阵乘积计算和加法运算。代码摘录如下。

```
y = F.matmul(x, W) + b
```

上面的代码用来求输入 x 和参数 W 之间的矩阵乘积，然后加上 b 的结果。这种变换叫作**线性变换**(linear transformation)或**仿射变换**(affine transformation)。

 严格来说，线性变换指的是 y = F.matmul(x, W)，其中不包括 b。在神经网络领域，人们通常把包括 b 的运算称为线性变换(本书也沿用此叫法)。另外，线性变换对应于神经网络中的**全连接层**，其中的参数 W 叫作**权重**(weight)，参数 b 叫作**偏置**(bias)。

这里我们将上述线性变换实现为linear函数。上一个步骤也提到过,实现方式有两种:一种是使用已经实现的DeZero函数;另一种是继承Function类,实现一个名为Linear的新函数类。前面已经说过,后者的内存效率更高。从图43-1中可以看出这一点。

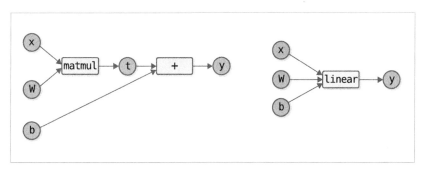

图43-1　线性变换的两种实现方式

图43-1左图的实现方式使用了DeZero的matmul函数和+(add函数)。使用这种方式时,matmul函数的输出作为Variable实例记录在计算图中。也就是说,在计算图存在期间,Variable实例和它内部的数据(ndarray实例)会保存在内存中。

图43-1右图的实现方式是继承Function类后实现Linear类。由于在使用这种方式的情况下,中间结果没有作为Variable实例存储在内存中,所以正向传播中使用的数据在正向传播完成后会立即被删除。因此从内存效率的角度考虑,要想让第三方使用DeZero,我们需要使用第二种实现方式。不过针对第一种实现方式,有一个可以改善内存效率的技巧。下面笔者来介绍一下这个技巧。

再次观察图43-1的左图。matmul函数的输出变量是t。这个变量t是matmul函数的输出,也是+(add函数)的输入。现在思考一下这两个函数的反向传播。首先,+的反向传播仅仅传播输出端的梯度。也就是说,+的反向传播中不需要t的数据。另外,matmul的反向传播只需要输入变量x、W和b。因此,matmul的反向传播也不需要t的数据。

由此我们可以看出，整个反向传播的过程中都不需要变量t的数据。也就是说，为了传播梯度，计算图中需要变量t，但其数据可以立即删除。基于以上内容，我们按如下方式实现 linear_simple 函数。

dezero/functions.py

```python
def linear_simple(x, W, b=None):
    t = matmul(x, W)
    if b is None:
        return t

    y = t + b
    t.data = None    # 删除t的数据
    return y
```

想象一下参数x和W为Variable实例或ndarray实例的情况。如果这些参数是ndarray实例，那么它们就会在matmul函数（准确来说是在Function类的 __call__ 方法）中转换为Variable实例。另外，函数也允许省略偏置b，如果 b=None，函数就只会计算矩阵的乘积并返回结果。

如果调用函数时提供了偏置参数，偏置就会被加到结果中。此时，作为中间结果的t的数据在反向传播中就没有用了。因此，我们可以在计算完 y = t + b 后使用 t.data = None 这行代码将其删除（引用计数变为0，t的数据被Python解释器删除）。

在神经网络中，大部分内存被作为中间计算结果的张量（ndarray实例）所占据。特别是在处理大的张量时，ndarray实例会非常大。因此，立即删除不要的narray实例是理想的做法。在这个例子中，我们手动（通过 t.data = None）删除了不需要的ndarray实例，但其实这项操作也可以自动化。例如，Chainer 中叫作 Aggressive Buffer Release（参考文献 [24]）的机制就可以实现这一点。

以上就是改善内存使用的技巧。上面实现的 linear_simple 函数被添加到 dezero/functions.py 中。另外，继承自 Function 类的 Linear 类和 linear 函数也在dezero/functions.py中实现。这些都是很简单的代码,有兴趣的读者可以自行查看。

43.2 非线性数据集

上一个步骤使用了沿直线分布的数据集。这里通过以下代码创建一个更复杂的数据集。

steps/step43.py

```python
import numpy as np

np.random.seed(0)
x = np.random.rand(100, 1)
y = np.sin(2 * np.pi * x) + np.random.rand(100, 1)
```

上面的代码使用sin函数创建数据。这些(x, y)数据点的分布情况如图43-2所示。

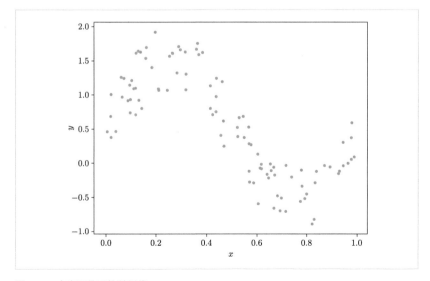

图43-2 本步骤使用的数据集

如图43-2所示，x和y不呈线性关系。对于这样的非线性数据集，当然不能用线性回归来处理。这时就要用到神经网络了。

43.3 激活函数和神经网络

线性变换指对输入数据进行线性的变换。而神经网络则对线性变换的输出进行非线性的变换。这种非线性变换叫作**激活函数**，典型的激活函数有ReLU和sigmoid函数。

这里使用sigmoid函数作为激活函数。sigmoid函数的式子如式子43.1所示，其图形如图43-3所示。

$$y = \frac{1}{1 + \exp(-x)} \tag{43.1}$$

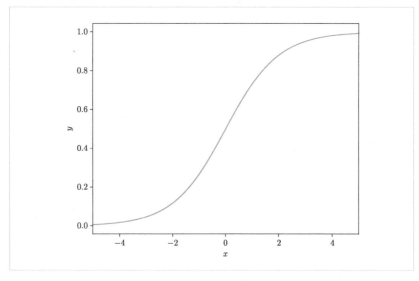

图43-3　sigmoid函数的图形

如图43-3所示，sigmoid函数是非线性函数。这种非线性变换应用于张量的每个元素。下面使用DeZero实现sigmoid函数。代码如下所示。

dezero/functions.py

```python
def sigmoid_simple(x):
    x = as_variable(x)
    y = 1 / (1 + exp(-x))
    return y
```

　　上面的代码直接按照式子进行编码。只要注意使用DeZero的exp函数作为指数函数，其他地方操作起来就没有什么难度了。下面使用这个sigmoid_simple函数来实现神经网络。

前面的sigmoid函数的代码在内存效率方面存在问题。更好的实现方式是实现继承于Function类的Sigmoid类。另外，在使用sigmoid函数的情况下，以类为计算单位可以提高梯度计算的效率。Sigmoid类和sigmoid函数的实现在dezero/functions.py中，感兴趣的读者可以查看。另外，关于sigmoid函数的导数推导过程，请参阅《深度学习入门：基于Python的理论与实现》的5.5.2节。

43.4　神经网络的实现

　　通常，神经网络以"线性变换→激活函数→线性变换→激活函数→线性变换→……"的形式进行一系列的变换。例如，一个2层的神经网络可以用以下代码实现（这里省略了创建参数的代码）。

```python
W1, b1 = Variable(...), Variable(...)
W2, b2 = Variable(...), Variable(...)

def predict(x):
    y = F.linear(x, W1, b1)  # 或者F.linear_simple(...)
    y = F.sigmoid(y)  # 或者F.sigmoid_simple(y)
    y = F.linear(y, W2, b2)
    return y
```

　　上面的代码依次应用了线性变换和激活函数。这是用于神经网络推理

(predict)的代码。当然，为了正确地进行推理，训练是必不可少的。神经网络在训练过程中，会将损失函数加在推理处理的后面，然后找出使该损失函数的输出最小的参数。这就是神经网络的训练过程。

在神经网络中，线性变换或基于激活函数的变换称为层（layer）。此外，具有 N 个执行线性变换的带有参数的层，能够连续进行变换的网络叫作"N 层神经网络"。

接下来使用实际的数据集来训练神经网络。代码如下所示。

steps/step43.py

```python
import numpy as np
from dezero import Variable
import dezero.functions as F

# 数据集
np.random.seed(0)
x = np.random.rand(100, 1)
y = np.sin(2 * np.pi * x) + np.random.rand(100, 1)

# ①权重的初始化
I, H, O = 1, 10, 1
W1 = Variable(0.01 * np.random.randn(I, H))
b1 = Variable(np.zeros(H))
W2 = Variable(0.01 * np.random.randn(H, O))
b2 = Variable(np.zeros(O))

# ②神经网络的推理
def predict(x):
    y = F.linear(x, W1, b1)
    y = F.sigmoid(y)
    y = F.linear(y, W2, b2)
    return y

lr = 0.2
iters = 10000

# ③神经网络的训练
for i in range(iters):
    y_pred = predict(x)
    loss = F.mean_squared_error(y, y_pred)
```

```
W1.cleargrad()
b1.cleargrad()
W2.cleargrad()
b2.cleargrad()
loss.backward()

W1.data -= lr * W1.grad.data
b1.data -= lr * b1.grad.data
W2.data -= lr * W2.grad.data
b2.data -= lr * b2.grad.data
if i % 1000 == 0:  # 每隔1000次输出一次信息
    print(loss)
```

上面的代码首先在①处初始化权重。这里的I(=1)对应于输入层的维度，H(=10)对应于隐藏层的维度，O(=1)对应于输出层的维度。根据此次处理的问题，我们要将I和O的值设置为1。H是超参数，它可以被设置为大于等于1的任何整数。另外，偏置被初始化为零向量(np.zeros(...))，权重被初始化为一个小的随机值(0.01 * np.random.randn(...))。

神经网络的权重的初始值需要设置为随机数。关于这样做的原因，请参阅《深度学习入门：基于Python的理论与实现》的6.2.1节。

②处的代码进行神经网络的推理，③处的代码用来更新参数。除参数增加了之外，③处的代码与上一个步骤的代码完全相同。

执行上面的代码后，神经网络就开始了训练。经过训练后的神经网络预测出了图43-4这样的曲线。

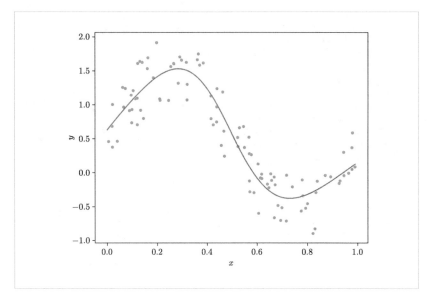

图43-4 训练后的神经网络

　　如图43-4所示，sin函数的曲线很好地拟合了数据。通过在线性回归的实现中叠加激活函数和线性变换，神经网络也能正确地学习非线性关系。

　　当然，我们还可以通过这种方式来实现由更深的层组成的神经网络。不过，随着层数的增加，参数的管理（重置参数的梯度和更新参数的工作）会变得更加复杂。在下一个步骤，我们将创建一个简化参数管理的机制。

步骤 **44**
汇总参数的层

　　上一个步骤使用 DeZero 实现了神经网络。虽然简单，但它是一个真正的神经网络。现在我们可以说 DeZero 是一个神经网络框架了，不过它在易用性方面仍存在一些问题。接下来，我们将为 DeZero 增加更多神经网络的功能。这样可以使神经网络以及深度学习以更简单、更直观的方式实现。

　　本步骤要解决的问题是参数的处理。在上一个步骤，在重置参数的梯度（以及更新参数）时，我们不得不写一些相当枯燥的代码。后面我们将实现结构更加复杂的网络，到时参数处理将更加复杂。

> 参数是通过梯度下降等优化方法进行更新的变量。以上一个步骤为例，用于线性变换的权重和偏置就相当于参数。

　　本步骤将创建汇总参数的机制，为此我们将实现两个类：Parameter 类和 Layer 类。使用这两个类可以实现参数的自动化管理。

44.1　Parameter 类的实现

　　首先从 Parameter 类开始说明。Parameter 类的功能与 Variable 类的功能完全相同。代码如下所示。

dezero/core.py

```
class Parameter(Variable):
    pass
```

这就是Parameter类。从代码中可以看出，它只继承了Variable类。因此，它具有与Variable类完全相同的功能。

 以上Parameter类的代码在dezero/core.py中。在dezero/__init__.py 中添加代码from dezero.core import Parameter后，使用DeZero的 人就可以通过from dezero import Parameter来引入该类。

Parameter实例和Variable实例具有完全相同的功能。不过，我们可以把这两个实例区分开来。下面是具体示例。

```
import numpy as np
from dezero import Variable, Parameter

x = Variable(np.array(1.0))
p = Parameter(np.array(2.0))
y = x * p

print(isinstance(p, Parameter))
print(isinstance(x, Parameter))
print(isinstance(y, Parameter))
```

运行结果
```
True
False
False
```

如上面的代码所示，Parameter实例和Variable实例可以组合在一起进行计算。isinstance函数可以用来对它们加以区分。利用这一点，我们可以实现只收集Parameter实例的功能。

44.2　Layer类的实现

接下来实现Layer类，它与DeZero的Function类相似，都是变换变量的类，不过二者在持有参数这一点上不同。Layer类是持有参数并使用这些参数进行变换的类。

Layer类是作为基类实现的，而具体的变换是在继承了Layer类的类中实现的。例如，对于线性变换，我们将在继承了Layer类的Linear类中实现它。

下面看一下Layer类的实现。首先是初始化操作和__setattr__这一特殊方法。

```
                                              dezero/layers.py
from dezero.core import Parameter

class Layer:
    def __init__(self):
        self._params = set()

    def __setattr__(self, name, value):
        if isinstance(value, Parameter):
            self._params.add(name)
        super().__setattr__(name, value)
```

Layer类持有一个名为_params的实例变量。这个_params保存了Layer实例所拥有的参数。

_params实例变量的类型是集合。集合与列表不同，它的元素是没有顺序的。另外，集合不会持有ID相同的对象。

__setattr__方法是在设置实例变量时被调用的特殊方法。如果定义了
__setattr__(self, name, value)，那么实例变量的名字会作为name参数、实例变量的值会作为value参数传给该函数。通过重写这个方法，我们就可以在添加实例变量时添加一些特殊处理。

这里添加只有当value是Parameter实例时才向self._params增加name的处理[①]。这样我们就可以把Layer类的参数汇总到实例变量_params中。代码如下所示。

```
layer = Layer()

layer.p1 = Parameter(np.array(1))
layer.p2 = Parameter(np.array(2))
layer.p3 = Variable(np.array(3))
layer.p4 = 'test'

print(layer._params)
print('-------------')

for name in layer._params:
    print(name, layer.__dict__[name])
```

运行结果

```
{'p2', 'p1'}
-------------
p2 variable(2)
p1 variable(1)
```

如上面的代码所示，设置layer的实例变量后，只有引用了Parameter实例的变量名被添加到了layer._params中。此外，由于所有的实例变量都以字典的形式存储在实例变量__dict__中，所以我们通过__dict__就可以单独取出Parameter实例。

接下来向Layer类添加以下4个方法。

---

① 我们在self._params中增加的不是value而是name。这么做是因为在将参数保存到外部文件时，保留name更加方便。这项工作将在步骤53中完成。

dezero/layers.py

```
import weakref

class Layer:
    ...

    def __call__(self, *inputs):
        outputs = self.forward(*inputs)
        if not isinstance(outputs, tuple):
            outputs = (outputs,)
        self.inputs = [weakref.ref(x) for x in inputs]
        self.outputs = [weakref.ref(y) for y in outputs]
        return outputs if len(outputs) > 1 else outputs[0]

    def forward(self, inputs):
        raise NotImplementedError()

    def params(self):
        for name in self._params:
            yield self.__dict__[name]

    def cleargrads(self):
        for param in self.params():
            param.cleargrad()
```

__call__方法接收输入并调用 forward 方法。forward 方法由继承的类实现。如果输出只有一个值，那么 __call__ 方法将不返回元组，而是直接返回该值（这个做法与 Function 类的实现相同）。另外，考虑到将来的需求，__call__ 方法通过弱引用持有输入变量和输出变量。

params 方法取出 Layer 实例所持有的 Parameter 实例。另外，cleargrads 方法重置所有参数的梯度。这个方法的名称是复数形式，即在 cleargrad 的后面加上了 s。这么做是为了显式地表明该函数会对 Layer 拥有的所有参数调用 cleargrad（单数形式）。

params 方法使用 yield 返回值。yield 的使用方法与 return 相同。区别是 return 会结束处理并返回值，而 yield 是暂停处理并返回值。因此，再次使用 yield 会恢复处理。以上面的代码为例，每次调用 params 方法时，暂停的处理都会重新运行。组合使用 yield 和 for 语句，即可按顺序取出参数。

以上就是Layer类的实现。下面继承这个Layer类，实现线性变换等具体的处理。

44.3 Linear类的实现

接下来实现进行线性变换的Linear类（实现的是作为层的Linear类，而不是作为函数的Linear类）。这里首先给出简单的Linear类，然后展示改良版的Linear类。我们来看以下代码。

```python
import numpy as np
import dezero.functions as F
from dezero.core import Parameter

class Linear(Layer):
    def __init__(self, in_size, out_size, nobias=False, dtype=np.float32):
        super().__init__()

        I, O = in_size, out_size
        W_data = np.random.randn(I, O).astype(dtype) * np.sqrt(1 / I)
        self.W = Parameter(W_data, name='W')
        if nobias:
            self.b = None
        else:
            self.b = Parameter(np.zeros(O, dtype=dtype), name='b')

    def forward(self, x):
        y = F.linear(x, self.W, self.b)
        return y
```

Linear类是在Layer类的基础上实现的。初始化方法`__init__(self, in_size, out_size, nobias)`接收输入大小、输出大小和 "是否使用偏置" 的标志位作为参数。当nobias为True时，省略偏置。

初始化权重和偏置的做法是向实例变量设置Parameter实例，如self.W = Parameter(...)和self.b = Parameter(...)。设置后，这两个参数的Parameter实例变量名就会被添加到self._params中。

Linear类的权重初始值需要设置为随机数。上一个步骤将随机的初始值的量级设置为 0.01(0.01 * np.random.randn(...))。这里将量级设置为 np.sqrt(1/in_size)。这是参考文献[25]中提出的设置初始值的方法。另外，神经网络的计算也支持32位浮点数，因此，我们使用32位浮点数作为参数数据的默认设置值。

之后，在 forward 方法中实现线性变换，只需调用 DeZero 的 linear 函数即可。以上就是 Linear 类的实现。

前面提到了 Linear 类有一种更好的实现方法，即延迟创建权重W的时间。具体做法是在 forward 方法中创建权重，这样就能自动确定 Linear 类的输入大小(in_size)(无须用户指定)。下面是改进版的 Linear 类的实现。

dezero/layers.py

```python
import numpy as np
import dezero.functions as F
from dezero.core import Parameter

class Linear(Layer):
    def __init__(self, out_size, nobias=False, dtype=np.float32, in_size=None):
        super().__init__()
        self.in_size = in_size
        self.out_size = out_size
        self.dtype = dtype

        self.W = Parameter(None, name='W')
        if self.in_size is not None:  # 如果没有指定in_size，则延后处理
            self._init_W()

        if nobias:
            self.b = None
        else:
            self.b = Parameter(np.zeros(out_size, dtype=dtype), name='b')

    def _init_W(self):
        I, O = self.in_size, self.out_size
        W_data = np.random.randn(I, O).astype(self.dtype) * np.sqrt(1 / I)
        self.W.data = W_data

    def forward(self, x):
        # 在传播数据时初始化权重
```

```
    if self.W.data is None:
        self.in_size = x.shape[1]
        self._init_W()

    y = F.linear(x, self.W, self.b)
    return y
```

这就是改进版的Linear类。这里需要注意的地方是我们不用指定 __init__
方法的in_size。in_size参数的默认值为None，在None的情况下，self.W.data
的初始化会被推迟。具体来说，forward(self, x)方法根据输入x的大小创建
权重数据。现在我们只要按照layer = Linear(100)的方式指定输出大小即可。
以上就是Linear类的实现。

44.4 使用Layer实现神经网络

现在使用Linear类来实现神经网络。这里再次尝试解决在上一个步骤中
已解决的问题，即sin函数的数据集的回归。下面代码中的阴影部分是与前
面代码不同的部分。

steps/step44.py

```
import numpy as np
from dezero import Variable
import dezero.functions as F
import dezero.layers as L  # 作为L引入

# 数据集
np.random.seed(0)
x = np.random.rand(100, 1)
y = np.sin(2 * np.pi * x) + np.random.rand(100, 1)

l1 = L.Linear(10)  # 指定输出大小
l2 = L.Linear(1)}

def predict(x):
    y = l1(x)
    y = F.sigmoid(y)
    y = l2(y)
```

```
    return y

lr = 0.2
iters = 10000

for i in range(iters):
    y_pred = predict(x)
    loss = F.mean_squared_error(y, y_pred)

    l1.cleargrads()
    l2.cleargrads()
    loss.backward()

    for l in [l1, l2]:
        for p in l.params():
            p.data -= lr * p.grad.data
    if i % 1000 == 0:
        print(loss)
```

　　需要注意的是参数现在由Linear实例管理。这就使得重置参数梯度的处理和更新参数的操作比之前更清晰了。

　　不过本步骤对Linear类是逐个进行处理的。今后如果进一步深化网络，我们将很难一个个地处理Linear类。在下一个步骤中，我们会把多个Layer合并成一个类来进行管理。

步骤45
汇总层的层

我们在上一个步骤中创建了 Layer 类。这个类具有管理参数的机制，所以我们在使用 Layer 类时，不需要自行处理参数。不过，Layer 实例本身是需要管理的。例如，在实现一个 10 层的神经网络时，我们必须管理 10 个 Linear 实例（这有点麻烦）。为了减轻工作负担，本步骤将扩展当前的 Layer 类。

45.1　扩展 Layer 类

当前的 Layer 类可以持有多个 Parameter。这里进一步扩展 Layer 类，使其也可以持有其他的 Layer。它们之间的关系如图 45-1 所示。

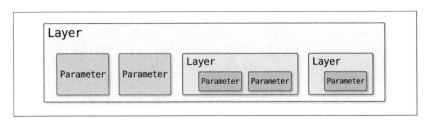

图 45-1　新的 Layer 类

如图 45-1 所示，Layer 中可以容纳其他的 Layer。也就是说，这是一个嵌套结构。本步骤的目标是从图 45-1 最上层的 Layer 中取出所有的参数。为此我们要将当前的 Layer 类修改成下面这样。

dezero/layers.py

```python
class Layer:
    def __init__(self):
        self._params = set()

    def __setattr__(self, name, value):
        if isinstance(value, (Parameter, Layer)):  # ①再增加 Layer
            self._params.add(name)
        super().__setattr__(name, value)

    def params(self):
        for name in self._params:
            obj = self.__dict__[name]

            if isinstance(obj, Layer):  # ②从 Layer 取出参数
                yield from obj.params()
            else:
                yield obj
```

　　第1个变化是在设置实例变量时将 Layer 实例的名称也添加到 _params。这样，Parameter 和 Layer 实例的名称就被添加到 _params 中。

　　第2个变化发生在取出参数的处理上。params 方法从 _params 中取出 name（字符串），然后根据 name 将 name 对应的对象作为 obj 取出。如果 obj 是 Layer 实例，则继续调用 obj.params()。这样就能从 Layer 的 Layer 中递归取出参数了。

使用 yield 的函数叫作生成器。我们可以通过 yield from 来使用一个生成器创建另一个新的生成器。yield from 是 Python 3.3 中引入的功能。

　　这样就完成了新的 Layer 类。使用这个 Layer 类可以按如下方式实现神经网络。

```
import dezero.layers as L
import dezero.functions as F
from dezero import Layer

model = Layer()
model.l1 = L.Linear(5)  # 只指定输出大小
model.l2 = L.Linear(3)

# 进行推理的函数
def predict(model, x):
    y = model.l1(x)
    y = F.sigmoid(y)
    y = model.l2(y)
    return y

# 访问所有参数
for p in model.params():
    print(p)

# 重置所有参数的梯度
model.cleargrads()
```

上面的代码使用model = Layer()创建了实例，然后向model增加了作为实例变量的Linear实例。这样，执行推理的函数就可以实现为predict(model, x)。这里重要的一点是我们能够通过model.params()访问model中存在的所有参数。此外，model.cleargrads()可以重置所有参数的梯度。像这样，我们可以使用Layer类来统一管理神经网络中使用的所有参数。

除了上面的方法，还有更便捷的方法可以使用Layer类。具体来说，就是将模型定义为一个继承Layer类的"类"。代码如下所示。

```
class TwoLayerNet(Layer):
    def __init__(self, hidden_size, out_size):
        super().__init__()
        self.l1 = L.Linear(hidden_size)
        self.l2 = L.Linear(out_size)

    def forward(self, x):
        y = F.sigmoid(self.l1(x))
        y = self.l2(y)
        return y
```

上面的代码定义了一个类名为 TwoLayerNet 的模型。该类继承于 Layer，并实现了 __init__ 和 forward 方法。__init__ 方法创建了需要使用的 Layer，并使用 self.l1 = ... 进行了设置。而在 forward 方法中，我们编写了执行推理的代码。这样就能将神经网络的代码整合到 TwoLayerNet 这一个类中。

这里展示的采用面向对象的方式定义模型的做法（也就是把模型以类为单位进行整合）出自于 Chainer 框架。这种做法后来常用在 PyTorch 和 TensorFlow 等框架中。

45.2　Model 类

模型或 model 这种词语已经在前面出现很多次了。模型这个词有"抽象描述事物本质的结构或系统"的意思，机器学习中使用的模型就是如此。它用式子抽象描述潜藏着复杂模式或规则的现象。神经网络也是通过式子表示的函数，我们用模型指代它。

我们要为模型创建一个新的类 Model。这个 Model 类与 Layer 类具有相同的功能。我们还会增加一个用于可视化操作的方法，代码如下所示（这些代码会添加到 dezero/models.py 中）。

dezero/models.py

```
from dezero import Layer
from dezero import utils


class Model(Layer):
    def plot(self, *inputs, to_file='model.png'):
        y = self.forward(*inputs)
        return utils.plot_dot_graph(y, verbose=True, to_file=to_file)
```

如代码所示，Model 继承于 Layer。因此，Model 类的使用方法与我们此前看到的 Layer 类的使用方法相同。例如，我们可以编写 class TwoLayerNet(Model): 这样的代码。另外，Model 类中增加了一个用于可视化操作的 plot 方法。该

方法将 *inputs 参数中传来的数据传给 forward 方法进行计算，然后将创建的计算图导出为图像文件。将 utils.plot_dot_graph 函数的参数设置为 verbose=True 后，ndarray 实例的形状和类型也会显示在计算图中。

　　最后，为了简化 Model 类的导入操作，在 dezero/__init__.py 中添加下面一行代码。

```
from dezero.models import Model
```

　　于是，我们就可以写出下面这样的代码。

```
import numpy as np
from dezero import Variable, Model
import dezero.layers as L
import dezero.functions as F

class TwoLayerNet(Model):
    def __init__(self, hidden_size, out_size):
        super().__init__()
        self.l1 = L.Linear(hidden_size)
        self.l2 = L.Linear(out_size)

    def forward(self, x):
        y = F.sigmoid(self.l1(x))
        y = self.l2(y)
        return y

x = Variable(np.random.randn(5, 10), name='x')
model = TwoLayerNet(100, 10)
model.plot(x)
```

　　如上面的代码所示，Model 类的使用方法与我们此前看到的 Layer 类的使用方法相同。而且，它有一个用于将计算图可视化的方法。执行上面的代码可以得到图 45-2 这样的计算图。

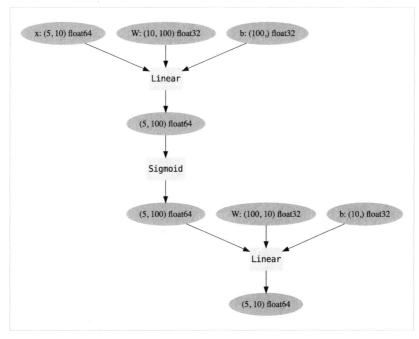

图 45-2　TwoLayerNet 的计算图

45.3　使用 Model 来解决问题

下面使用 Model 类再次解决上一个步骤已经解决的问题，即 sin 函数的数据集的回归。下面代码中的阴影部分是与上一个步骤中的代码不同的地方。

steps/step45.py

```python
import numpy as np
from dezero import Variable, Model
import dezero.layers as L
import dezero.functions as F

# 创建数据集
np.random.seed(0)
x = np.random.rand(100, 1)
```

```
y = np.sin(2 * np.pi * x) + np.random.rand(100, 1)

# 设置超参数
lr = 0.2
max_iter = 10000
hidden_size = 10

# 定义模型
class TwoLayerNet(Model):
    def __init__(self, hidden_size, out_size):
        super().__init__()
        self.l1 = L.Linear(hidden_size)
        self.l2 = L.Linear(out_size)

    def forward(self, x):
        y = F.sigmoid(self.l1(x))
        y = self.l2(y)
        return y

model = TwoLayerNet(hidden_size, 1)

# 开始训练
for i in range(max_iter):
    y_pred = model(x)
    loss = F.mean_squared_error(y, y_pred)

    model.cleargrads()
    loss.backward()

    for p in model.params():
        p.data -= lr * p.grad.data
    if i % 1000 == 0:
        print(loss)
```

　　上面的代码将神经网络实现为继承于 Model 类的 TwoLayerNet。这样，for 语句中的代码变得更加简洁。所有的参数都可以从 Model 中访问，重置参数的梯度也由 model.cleargrads() 来完成。

　　现在我们从管理参数的泥潭中解脱出来了。今后不管要构建多么复杂的网络，我们都可以让 Model 类（或 Layer 类）来管理其中使用的参数。本步骤的主要任务已经完成了。在本步骤的最后，我们来实现一个更通用的神经网络模型。

45.4 MLP类

刚才我们实现了一个由两个全连接层组成的模型。定义模型的代码摘录如下。

steps/step45.py

```python
class TwoLayerNet(Model):
    def __init__(self, hidden_size, out_size):
        super().__init__()
        self.l1 = L.Linear(hidden_size)
        self.l2 = L.Linear(out_size)

    def forward(self, x):
        y = F.sigmoid(self.l1(x))
        y = self.l2(y)
        return y
```

上面的代码在1个类中实现了2层网络。考虑到今后的扩展，我们来实现一个更通用的全连接层的网络。代码如下所示。

dezero/models.py

```python
import dezero.functions as F
import dezero.layers as L

class MLP(Model):
    def __init__(self, fc_output_sizes, activation=F.sigmoid):
        super().__init__()
        self.activation = activation
        self.layers = []

        for i, out_size in enumerate(fc_output_sizes):
            layer = L.Linear(out_size)
            setattr(self, 'l' + str(i), layer)
            self.layers.append(layer)

    def forward(self, x):
        for l in self.layers[:-1]:
            x = self.activation(l(x))
        return self.layers[-1](x)
```

　　下面简单介绍一下这段代码。首先在初始化操作中接收 fc_output_sizes 参数
和 activation 参数。这里的 fc 是 full connect（全连接）的缩写。fc_output_
sizes 可以是元组或列表，用于指定全连接层的输出大小。例如，(10, 1) 表
示创建 2 个 Linear 层，第 1 层的输出大小为 10，第 2 层的输出大小为 1。(10,
10, 1) 则表示再创建一个 Linear 层。另外，activation 用来指定激活函数（默
认为 F.sigmoid 函数）。

这里以 MLP 为类名来实现模型。MLP 是 Multi-Layer Perceptron 的缩写，
意思是多层感知器。MLP 是全连接层神经网络的别名。

　　MLP 类是前面的 TwoLayerNet 类经过自然扩展后得到的类。需要注意，这
里使用 setattr 函数来设置实例变量。之所以使用该函数，是因为我们不能
使用 self.l2 = ... 这样的代码进行设置。另外，DeZero 通过将层设置为模
型的实例变量来对层的参数进行管理。

　　MLP 类的介绍到此结束。有了 MLP 类，我们可以轻松实现下面的 N 层网络。

```
model = MLP((10, 1))  # 2层
model = MLP((10, 20, 30, 40, 1))   # 5层
```

　　今后我们也将使用这个通用的 MLP 类。这里我们把 MLP 类的代码添加到
dezero/models.py 中。以上就是本步骤的内容。

步骤 46
通过 Optimizer 更新参数

我们此前使用了梯度下降法来更新参数。在深度学习领域，除了梯度下降法，人们还提出了各种优化方法。在本步骤，我们会把参数的更新工作（用于更新的代码）模块化，并创建一个能轻松更换优化方法的机制。

46.1　Optimizer 类

本节把进行参数更新的基础类实现为 Optimizer（优化器）类。Optimizer 类是执行优化操作的基类。我们需要在继承了 Optimizer 的类中实现具体的优化方法。Optimizer 类的实现如下所示。

dezero/optimizers.py

```python
class Optimizer:
    def __init__(self):
        self.target = None
        self.hooks = []

    def setup(self, target):
        self.target = target
        return self

    def update(self):
        # 将None之外的参数汇总到列表
        params = [p for p in self.target.params() if p.grad is not None]
```

```
    # 预处理（可选）
    for f in self.hooks:
        f(params)

    # 更新参数
    for param in params:
        self.update_one(param)

def update_one(self, param):
    raise NotImplementedError()

def add_hook(self, f):
    self.hooks.append(f)
```

Optimizer类在初始化阶段初始化了两个实例变量，分别是target和hooks。然后，通过setup方法将作为类实例（Model或Layer）的参数变量设置为target实例变量。

Optimizer类的update方法对除grad实例变量为None的参数之外的其他参数进行了更新。此外，具体的参数更新通过update_one方法进行。update_one方法在继承Optimizer的类中通过重写来实现。

此外，Optimizer类还具有在更新参数之前对所有参数进行预处理的功能。用户可使用add_hook方法来添加进行预处理的函数。这个机制可用于权重衰减、梯度裁剪（参考文献[26]）等（实现示例在example/mnist.py等文件中）。

46.2 SGD类的实现

现在来实现使用梯度下降法更新参数的类。下面是具体代码。

dezero/optimizers.py

```
class SGD(Optimizer):
    def __init__(self, lr=0.01):
        super().__init__()
        self.lr = lr

    def update_one(self, param):
        param.data -= self.lr * param.grad.data
```

SGD类继承于Optimizer类，初始化方法__init__接收学习率。之后的update_one方法中实现了更新参数的代码。这样就可以把参数更新交给SGD类来做了。另外，SGD类的代码实现在dezero/optimizers.py中。我们可通过from dezero.optimizers import SGD从外部文件导入SGD。

SGD是Stochastic Gradient Descent的缩写，即随机梯度下降法。这里的随机（Stochastic）是指从对象数据中随机选择数据，并对所选数据应用梯度下降法。在深度学习领域，这种从原始数据中随机选择数据，并对这些数据应用梯度下降法的做法很常见。

46.3　使用SGD类来解决问题

现在使用SGD类来解决上一个步骤中的问题。同样，下面代码的阴影部分是与上一个步骤中的代码不同的地方。

steps/step46.py

```python
import numpy as np
from dezero import Variable
from dezero import optimizers
import dezero.functions as F
from dezero.models import MLP

np.random.seed(0)
x = np.random.rand(100, 1)
y = np.sin(2 * np.pi * x) + np.random.rand(100, 1)

lr = 0.2
max_iter = 10000
hidden_size = 10

model = MLP((hidden_size, 1))
optimizer = optimizers.SGD(lr)
optimizer.setup(model)
# 或者使用下一行统一进行设置
# optimizer = optimizers.SGD(lr).setup(model)

for i in range(max_iter):
    y_pred = model(x)
    loss = F.mean_squared_error(y, y_pred)
```

```
model.cleargrads()
loss.backward()

optimizer.update()
if i % 1000 == 0:
    print(loss)
```

上面的代码使用了 MLP 类来创建模型（上一个步骤中使用的是 TwoLayerNet），然后由 SGD 类更新参数。更新参数的代码在 SGD 类中。因此，调用 optimizer.update() 即可完成参数更新。

> Optimizer 类的 setup 方法将自身作为返回值返回。因此，我们可以编写 my_optimizer = SGD(...).setup(...) 这样的代码，在一行内完成调用。

46.4 SGD 以外的优化方法

基于梯度的优化方法多种多样。比较有代表性的方法有 Momentum、AdaGrad（参考文献 [27]）、AdaDelta（参考文献 [28]）和 Adam（参考文献 [29]）等。引入 Optimizer 类是为了轻松切换这些不同的优化方法，这里我们通过继承基类 Optimizer 来实现其他优化方法。本节将实现 Momentum 这一优化方法。

> AdaGrad、AdaDelta 和 Adam 等优化方法的代码在 dezero/optimizers.py 中。本书不对这些方法进行讲解。感兴趣的读者请参考《深度学习入门：基于 Python 的理论与实现》的 6.1 节。

Momentum 方法的式子如下所示。

$$v \leftarrow \alpha v - \eta \frac{\partial L}{\partial W} \tag{46.1}$$

$$W \leftarrow W + v \tag{46.2}$$

其中，W 是需要更新的权重参数，$\frac{\partial L}{\partial W}$ 是梯度（损失函数 L 对 W 的梯度），η 是学习率。另外，v 相当于物理学中的速度。式子 46.1 表示这样一个物理法则：物体在梯度方向上受到一个力，这个力使物体加速。式子 46.2 表示物体以该速度移动位置（参数）。

式子 46.1 中有一个 αv。该项的作用是让物体在没有受任何力的作用时逐渐减速（可将 α 设置为 0.9 这样的值）。

Momentum 的代码如下所示，类名为 MomentumSGD。

dezero/optimizers.py

```python
import numpy as np

class MomentumSGD(Optimizer):
    def __init__(self, lr=0.01, momentum=0.9):
        super().__init__()
        self.lr = lr
        self.momentum = momentum
        self.vs = {}

    def update_one(self, param):
        v_key = id(param)
        if v_key not in self.vs:
            self.vs[v_key] = np.zeros_like(param.data)

        v = self.vs[v_key]
        v *= self.momentum
        v -= self.lr * param.grad.data
        param.data += v
```

上面的每个参数都拥有相当于速度的数据。因此，在上面的代码中字典的实例变量被设置为 self.vs。vs 在初始化时是空的，但当 update_one() 第一次被调用时，它会创建在形状上与参数相同的数据。之后，将式子 46.1 和式子 46.2 用代码实现即可。

dezero/optimizers.py 中 MomentumSGD 类的代码与上面的代码有些不同。dezero/optimizers.py 中为了支持 GPU，在 np.ones_like 方法之前根据数据类型调用了 CuPy 的 cupy.ones_like 方法。步骤52 中会实现对 GPU 的支持。

以上就是 Momentum 的代码。现在我们可以把之前实现的训练代码中的优化方法轻松切换到 Momentum。只要将 optimizer = SGD(lr) 替换为 optimizer = MomentumSGD(lr) 即可，不需要进行其他任何修改。这样我们就可以轻松切换各种优化方法了。

步骤 47

softmax 函数和交叉熵误差

此前我们使用神经网络解决了回归问题，现在开始我们要挑战新的问题——多分类。顾名思义，多分类是将数据分类为多个值的问题。对未分类的对象，我们推断它属于哪一个类别。本步骤为进行多分类做准备，下一个步骤将使用 DeZero 实现多分类。

47.1　用于切片操作的函数

首先要增加一个工具函数，函数的名字是 get_item。本节只展示该函数的使用方法，对具体实现感兴趣的读者可以参考附录 B。下面是 get_item 函数的使用示例。

```python
import numpy as np
from dezero import Variable
import dezero.functions as F

x = Variable(np.array([[1, 2, 3], [4, 5, 6]]))
y = F.get_item(x, 1)
print(y)
```

运行结果
```
variable([4 5 6])
```

上面的代码使用 get_item 函数从 Variable 的多维数组中提取出一部分

元素。这里从形状为(2, 3)的x中提取了第一行的元素。这个函数被实现为 DeZero函数，这意味着它的反向传播也能正确进行。我们可以试着紧跟上面的代码写出如下代码。

```
y.backward()
print(x.grad)
```

运行结果

```
variable([[0. 0. 0.]
          [1. 1. 1.]])
```

上面的代码调用y.backward()进行反向传播(此时通过y.grad = Variable (np.ones_like(y.data))自动补充梯度)。切片所做的计算是将多维数组中的一些数据原封不动地传递出去。因此，这个反向传播为多维数组中被提取的部分设置梯度，并将其余部分设置为0。图47-1展示了这个过程。

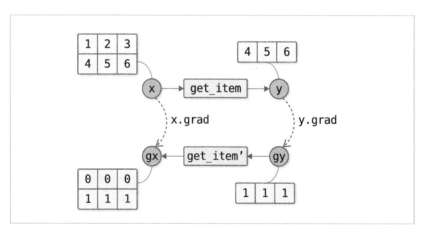

图47-1　get_item函数的正向传播和反向传播的示例

提取多维数组部分元素的操作叫作切片(slice)。在Python中，我们可以通过编写x[1]或x[1:4]这样的代码对列表或元组执行切片操作。

我们也可以使用 get_item 函数多次提取同一组元素，代码如下所示。

```
x = Variable(np.array([[1, 2, 3], [4, 5, 6]]))
indices = np.array([0, 0, 1])
y = F.get_item(x, indices)
print(y)
```

运行结果
```
variable([[1 2 3]
          [1 2 3]
          [4 5 6]])
```

以上就是对 DeZero 的 get_item 函数的介绍。接下来进行设置，使 get_item 函数也可以作为 Variable 的方法使用。代码如下所示。

```
Variable.__getitem__ = F.get_item

y = x[1]
print(y)

y = x[:,2]
print(y)
```

运行结果
```
variable([4 5 6])
variable([3 6])
```

上面用于设置的代码是 Variable.__getitem__= get_item。用 x[1] 或 x[:,2] 等写法编写的代码在运行时会调用 get_item 函数，该切片操作的反向传播也能正确进行。这个特殊方法的设置在 dezero/core.py 的 setup_variable 函数中被调用（setup_variable 函数是 DeZero 在初始化时调用的函数）。这样就能对 Variable 实例自由地进行切片操作了。下面开始本步骤的主要内容。

47.2 softmax 函数

当使用神经网络进行多分类时，我们可以直接使用之前在线性回归中使用的神经网络。此前在MLP类中实现了神经网络，这意味着我们可以直接使用它。例如，对于输入数据的维度是2，需要将数据分为3类的问题，我们可以写出以下代码。

steps/step47.py

```python
from dezero.models import MLP

model = MLP((10, 3))
```

上面的代码通过 MLP((10, 3)) 创建了一个2层的全连接网络。第1个全连接层的输出大小为10，第2个全连接层的输出大小为3。由此得到的 model 会把输入数据变换为三维向量（有3个元素的向量）。输入一组数据后，代码如下所示。

steps/step47.py

```python
x = np.array([[0.2, -0.4]])
y = model(x)
print(y)
```

运行结果
```
variable([[-0.6150578  -0.42790162   0.31733288]])
```

上面代码中的 x 的形状是 (1, 2)。该形状表示1个样本数据中有2个元素（=二维向量）。神经网络的输出的形状是 (1, 3)，它意味着1个样本数据会变换为3个元素（=三维向量）。这个三维向量的每个元素都对应一个类别，元素值最大的索引就是模型分类的类别。在上面的例子中，（在第0个、第1个和第2个元素中）第2个元素的值最大，为 0.31733288，这表示模型将数据分到了第2个类中。

虽然上面的示例代码中只有一个输入数据，但模型也支持一次性处理多个数据。如果 x = np.array([[0.2, -0.4], [0.3, 0.5], [1.3, -3.2], [2.1, 0.3]])，那么 4 个输入数据将被合并为一组数据，y = model(x) 会一次性处理 4 个输入数据。具体来说，y.shape 为 (4, 3)，其中第 i 个输入数据是 x[i]，相应的输出是 y[i]（i=0,1,2,3）。

这里展示的代码示例中，神经网络的输出是数值。这个数值也能够转换为概率。进行这种转换的是 softmax 函数。softmax 函数的式子如下所示。

$$p_k = \frac{\exp(y_k)}{\sum_{i=1}^{n} \exp(y_i)} \tag{47.1}$$

假设向 softmax 函数输入的数据 y_k 共有 n 个（这个 n 是类的数量）。式子 47.1 是求第 k 个输出 p_k 的式子。softmax 函数的分子是输入 y_k 的指数函数，分母是所有输入的指数函数之和，因此有 $0 \leqslant p_i \leqslant 1$ 和 $p_1 + p_2 + \cdots + p_n = 1$。换言之，$(p_1, p_2, \cdots p_n)$ 可以解释为一种概率。

下面在 DeZero 中实现 softmax 函数。首先实现输入数据只有一个（一个样本数据）时的 softmax 函数。代码如下所示。

steps/step47.py

```python
from dezero import Variable, as_variable
import dezero.functions as F

def softmax1d(x):
    x = as_variable(x)
    y = F.exp(x)
    sum_y = F.sum(y)
    return y / sum_y
```

函数内部的实现仅仅是使用 DeZero 函数对式子 47.1 进行编码（假定 DeZero 的 Exp 类和 exp 函数已经添加到 functions.py 中）。第一行的 x = as_variable(x) 确保 ndarray 实例 x 被转换为 Variable 实例。

在上面代码 y/sum_y 的计算中，由于 y 和 sum_y 的形状不同，所以通过广播使二者形状匹配。我们已经在 DeZero 中支持了广播。因此，在使用广播的情况下，反向传播也会正确进行。

下面我们来实际使用一下 softmax1d 函数。

steps/step47.py

```
x = Variable(np.array([[0.2, -0.4]]))
y = model(x)
p = softmax1d(y)
print(y)
print(p)
```

运行结果

```
variable([[-0.61505778 -0.42790161  0.31733289]])
variable([[0.21068638 0.25404893 0.53526469]])
```

结果 p 的每个元素都是 0 和 1 之间的值，它们的总和是 1。这样就成功地将神经网络的输出变换为概率了。

由于 softmax 函数的计算中有指数函数的计算，其值容易变大（或变小），所以，在实现 softmax 函数时，我们通常会采取防止溢出的措施。本书不对这部分内容进行介绍。关于如何更好地实现 softmax 函数，可以参阅《深度学习入门：基于 Python 的理论与实现》的 3.5.2 节。

下面对 softmax 函数进行扩展，使其能够批量处理数据，比如图 47-2 中的将 softmax 函数应用于每个样本数据的情况。

```
[[-0.615, -0.427,  0.317]    softmax    [[0.210, 0.254, 0.535]
 [-0.763, -0.249,  0.185]       →        [0.190, 0.318, 0.491]
 [-0.520, -0.962,  0.578]                [0.215, 0.138, 0.646]
 [-0.942, -0.503,  0.175]]               [0.178, 0.276, 0.545]]
```

图 47-2　对二维数据应用 softmax 函数的例子

我们要实现上图这种能应用于批量数据的 softmax 函数，其实现如下所示[①]。

dezero/functions.py

```python
def softmax_simple(x, axis=1):
    x = as_variable(x)
    y = exp(x)
    sum_y = sum(y, axis=axis, keepdims=True)
    return y / sum_y
```

假设参数 x 为二维数据，参数 axis 指定了 softmax 函数应用于哪个轴。如果 axis=1，则像图 47-2 那样使用 softmax 函数。求和时的参数 keepdims=True，这意味着对每一行都执行式子 47.1 的除法运算。

这里实现的 softmax_simple 函数只使用了 DeZero 函数。虽然它能输出正确的结果，但也有可改进的地方。更好的实现方式是实现继承 Function 类的 Softmax 类，然后实现 softmax 函数，这里不再赘述。代码在 dezero/functions.py 中，感兴趣的读者可以参考。

47.3　交叉熵误差

在线性回归中，我们使用均方误差作为损失函数，但在进行多分类时，需要使用专用的损失函数。最常用的是**交叉熵误差**（**cross entropy error**）。交叉熵误差的式子如下所示。

$$L = -\sum_k t_k \log p_k \tag{47.2}$$

式子中的 t_k 表示训练数据的第 k 个维度的值。这个训练数据的元素值的记录规则为，类别正确的元素值是 1，其他为 0。这种表示方法叫作 one-hot 向量。式子中的 p_k 是使用了神经网络的 softmax 函数后的输出。

[①] 这段代码在 dezero/functions.py 中。由于 exp 函数和 sum 函数的代码都在 dezero/functions.py 中，所以 DeZero 函数在调用 exp 时，只需使用 exp() 即可，无须使用 F.exp()。

交叉熵误差的式子47.2有更简化的表达形式。例如有 $t = (0, 0, 1)$，$p = (p_0, p_1, p_2)$，把它们代入式子47.2，得到 $L = -\log p_2$。这意味着交叉熵误差也可以通过提取正确类别编号的概率 p 来进行计算。因此，假设训练数据中正确类别的编号为 t，我们也可以通过下面的式子计算交叉熵误差。

$$L = -\log \boldsymbol{p}[t] \tag{47.3}$$

式子中的 $\boldsymbol{p}[t]$ 表示只从向量 $\boldsymbol{p}$ 中提取第 t 个元素。这个切片操作是本步骤开头向 DeZero 中添加的功能。

 此处介绍的交叉熵误差针对的是数据只有一个的情况。如果有 N 个数据，我们应计算每个数据的交叉熵误差，将它们相加，然后除以 N，由此求出平均交叉熵误差。

下面实现交叉熵误差。我们将 softmax 函数和交叉熵误差合二为一，实现 softmax_cross_entropy_simple(x, t) 函数。代码如下所示。

dezero/functions.py

```
def softmax_cross_entropy_simple(x, t):
    x, t = as_variable(x), as_variable(t)
    N = x.shape[0]

    p = softmax(x)  # 或者softmax_simple(x)
    p = clip(p, 1e-15, 1.0)  # 为了防止log(0)，将p设为大于1e-15的值
    log_p = log(p)  # 这个log是DeZero函数
    tlog_p = log_p[np.arange(N), t.data]
    y = -1 * sum(tlog_p) / N
    return y
```

上面代码中的输入参数 x 是使用神经网络的 softmax 函数之前的输出，t 是训练数据。假设训练数据是正确类别的编号(标签，非 one-hot 向量)。

代码中 p = softmax(x) 的 p 元素是 0 和 1 之间的值。在下一步进行 log 计算时，向 log 函数输入 0 会导致错误发生(准确来说是警告)。为了防止这种

情况出现，在输入为0的情况下，我们用一个较小的值1e-15来代替它。这个替换是由clip函数完成的。clip函数的用法是clip(x, x_min, x_max)。调用该函数时，如果x的元素（Variable实例）小于x_min，其值会被替换为x_min；如果大于x_max，其值会被替换为x_max。这里就不介绍clip函数的实现了（代码在dezero/functions.py中）。

另外，上面的代码通过np.range(N)创建了[0, 1, ..., N-1]的ndarray实例。使用log_p[np.arange(N), t.data]可提取出对应于训练数据的模型输出log_p[0, t.data[0]]、log_p[1, t.data[1]]……这是一个一维数组。

上面的softmax_cross_entropy_simple函数的实现比较简单。不过，dezero/functions.py中的softmax_cross_entropy函数是更好的实现方式。为了帮助大家理解，本步骤采用了简单的实现方式。

下面对进行多分类的神经网络使用具体数据来计算交叉熵误差。

```python
x = np.array([[0.2, -0.4], [0.3, 0.5], [1.3, -3.2], [2.1, 0.3]])
t = np.array([2, 0, 1, 0])
y = model(x)
loss = F.softmax_cross_entropy_simple(y, t)
# 或者F.softmax_cross_entropy(y, t)
print(loss)
```

运行结果
```
variable(1.4967442524053058)
```

上面的代码首先准备了输入数据x、训练数据t，训练数据中记录了正确类别的编号，然后用y = model(x)来变换数据，用F.softmax_cross_entropy_simple(y, t)来计算损失函数。现在我们已经做好实现多分类的准备了，下一步将实际进行操作。

步骤48
多分类

上一个步骤实现了softmax函数和交叉熵误差，到这里我们就做好了实现多分类的准备工作。本步骤将使用一个名为螺旋数据集的小型数据集来进行多分类。首先了解一下这个螺旋数据集。

48.1　螺旋数据集

DeZero有一个模块（文件）叫dezero/datasets.py。该模块包含与数据集有关的类和函数，它还内置了一些典型的机器学习的数据集。这里使用函数get_spiral加载其中的螺旋数据集。下面是一个简单的使用示例。

```python
import dezero

x, t = dezero.datasets.get_spiral(train=True)
print(x.shape)
print(t.shape)

print(x[10], t[10])
print(x[110], t[110])
```

运行结果

```
(300, 2)
(300,)
[0.05984409 0.0801167 ] 0
[-0.08959206 -0.04442143] 1
```

get_spiral 函数从参数获取标志位 train。如果 train=True，则返回训练数据；如果 train=False，则返回测试数据。实际返回的值是 x 和 t，x 是输入数据，t 是训练数据（标签）。这里的 x 是形状为 (300, 2) 的 ndarray 实例，t 是形状为 (300,) 的 ndarray 实例。这里处理的是 3 类分类问题，t 的元素值是 0、1、2 其中之一。图 48-1 展示了呈螺旋状分布的数据集。

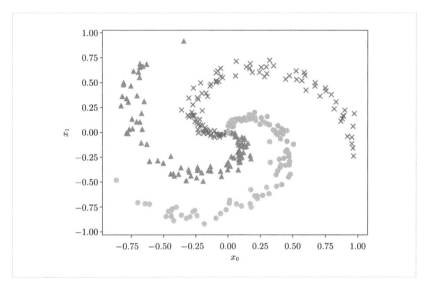

图 48-1 呈螺旋状分布的数据集

图 48-1 使用了 ○、△ 和 × 这 3 种不同的符号来绘制每个类别的数据点。从图中可以看出这是一个呈螺旋状分布的数据集。下面我们使用神经网络来看看能否对这些数据正确地进行分类。

48.2 用于训练的代码

下面是进行多分类的代码。由于代码量很大，这里笔者把它分成前后两部分来介绍，首先是代码的前半部分。

steps/step48.py

```python
import math
import numpy as np
import dezero
from dezero import optimizers
import dezero.functions as F
from dezero.models import MLP

# ①设置超参数
max_epoch = 300
batch_size = 30
hidden_size = 10
lr = 1.0

# ②读入数据 / 创建模型和Optimizer
x, t = dezero.datasets.get_spiral(train=True)
model = MLP((hidden_size, 3))
optimizer = optimizers.SGD(lr).setup(model)
```

上面的代码与此前我们见过的代码基本相同。首先在代码①处设置超参数。超参数是由人决定的参数，中间层的数量和学习率就属于此类。然后在②处加载数据集并创建模型和Optimizer。

上面的代码设置max_epoch = 300。轮（epoch）是训练单位。使用完所有事先准备的数据（"看过"所有数据）为1轮。代码中还有batch_size = 30，它表示一次处理30个数据。

这里要处理的数据总共有300条，比前面示例中的数据都多。在实际的工作中，要处理的数据通常会更多。在这种情况下，我们可以随机抽取一部分数据进行处理，而不是一次性处理所有的数据。这种部分数据的集合叫作**小批量（mini batch）**。

代码的后半部分如下所示。

steps/step48.py

```python
data_size = len(x)
max_iter = math.ceil(data_size / batch_size)  # 小数点向上取整
```

```
for epoch in range(max_epoch):
    # ③数据集索引重排
    index = np.random.permutation(data_size)
    sum_loss = 0

    for i in range(max_iter):
        # ④创建小批量数据
        batch_index = index[i * batch_size:(i + 1) * batch_size]
        batch_x = x[batch_index]
        batch_t = t[batch_index]

        # ⑤算出梯度 / 更新参数
        y = model(batch_x)
        loss = F.softmax_cross_entropy(y, batch_t)
        model.cleargrads()
        loss.backward()
        optimizer.update()

        sum_loss += float(loss.data) * len(batch_t)

    # ⑥输出每轮的训练情况
    avg_loss = sum_loss / data_size
    print('epoch %d, loss %.2f' % (epoch + 1, avg_loss))
```

代码③处使用 np.random.permutation 函数随机重新排列数据集的索引。如果调用 np.random.permutation(N)，那么这个函数将输出一个从 0 到 $N - 1$ 的随机排列的整数列表。上面的代码在每轮训练时都调用 index = np.random.permutation(data_size)，重新创建随机排列的索引列表。

代码④处创建小批量数据。小批量数据的索引（batch_index）是从之前创建的 index 中按顺序从头开始取出的。DeZero 函数需要 Variable 或 ndarray 实例作为输入。上面的例子中小批量数据的 batch_x 和 batch_t 都是 ndarray 实例。当然，通过 Variable(batch_x) 显式地将它们转换为 Variable 后，计算仍然会正确进行。

代码⑤处像往常一样求梯度，更新参数。代码⑥处记录每轮损失函数的结果。以上就是用于训练螺旋数据集的代码。

现在运行上面的代码。从结果可知，损失（loss）正在稳步减少。结果如图 48-2 所示。

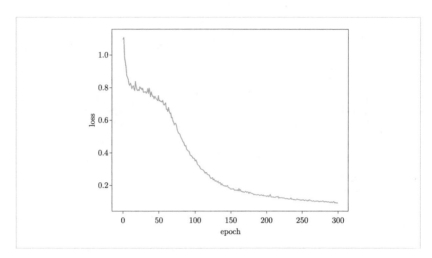

图48-2 损失的图像（横轴为轮，纵轴为每轮的平均损失）

如图48-2所示，随着训练的推进，损失逐渐减少。我们的神经网络看上去正在沿着正确的方向进行训练。下面对训练后的神经网络生成了什么样的分离区域，即决策边界（decision boundary）进行可视化操作。结果如图48-3所示。

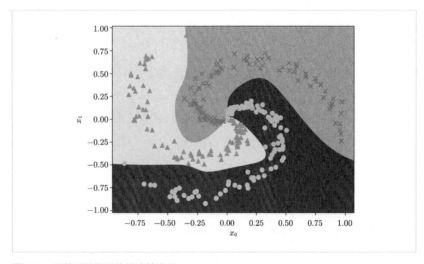

图48-3 训练后神经网络的决策边界

如图48-3所示，训练后的神经网络准确地识别出了"螺旋"模式。也就是说，它能够学习到非线性的分离区域。这说明神经网络能够通过隐藏层表示复杂的东西。通过增加更多的层来丰富表现力正是深度学习的一大特征。

步骤 49
Dataset 类和预处理

上一个步骤使用螺旋数据集进行了多分类。当时我们使用代码 x, t = dezero.datasets.get_spiral() 加载了数据。读取到的 x 和 t 是 ndarray 实例，x 的形状是 (300, 2)，t 的形状是 (300,)。换言之，我们在一个 ndarray 实例中保存了 300 条数据。

螺旋数据集是一个大约有 300 条数据的小数据集，所以我们能够把它当作一个 ndarray 实例进行处理。但是当我们处理大型数据集时，比如一个由 100 万个元素构成的数据集，这种数据形式就会出现问题。这是因为如果处理的是一个巨大的 ndarray 实例，我们必须将所有的元素都保存到内存中。为了解决此类问题，本步骤将创建一个数据集专用的 Dataset 类，之后在 Dataset 类中提供数据预处理的机制。

49.1 Dataset 类的实现

Dataset 类是作为基类实现的。我们让用户实际使用的数据集类继承 Dataset 类。Dataset 类的代码如下所示。

dezero/datasets.py

```
import numpy as np

class Dataset:
```

```
def __init__(self, train=True):
    self.train = train
    self.data = None
    self.label = None
    self.prepare()

def __getitem__(self, index):
    assert np.isscalar(index)   # 只支持index是整数(标量)的情况
    if self.label is None:
        return self.data[index], None
    else:
        return self.data[index], self.label[index]

def __len__(self):
    return len(self.data)

def prepare(self):
    pass
```

首先，初始化方法接收 train 参数。它是用于区分 "训练" 和 "测试" 的标志位。另外，Dataset 类由保存输入数据的实例变量 data 和保存标签的实例变量 label 构成。之后调用的 prepare 方法用于准备数据，用户需要在继承了 Dataset 的类中实现这个方法。

Dataset 类中最重要的是 __getitem__ 和 __len__ 这两个方法。拥有这两个方法(接口)是 DeZero 数据集的要求。只要固定了接口，我们就可以切换使用各种数据集。

__getitem__ 是一个特殊的 Python 方法，它定义了通过方括号访问元素(如 x[0] 和 x[1] 等)时的操作。Dataset 类的 __getitem__ 方法仅用来取出指定索引处的数据。如果没有标签数据，它将返回输入数据 self.data[index] 和标签数据 None(这是无监督学习的情况)。另外，__len__ 方法在使用 len 函数时被调用(如 len(x))，它用于查看数据集的长度。

除了 int 类型，__getitem__ 方法原本还支持切片参数。切片是指 x[1:3] 这样的操作。不过 DeZero 的 Dataset 类不支持切片操作，只支持 int 类型的索引。

以上就是Dataset类的代码。下面扩展Dataset类以实现螺旋数据集类。代码如下所示，类名为Spiral。

dezero/datasets.py

```
class Spiral(Dataset):
    def prepare(self):
        self.data, self.label = get_spiral(self.train)
```

上面代码的prepare方法仅仅将数据设置为实例变量data和label。现在我们可以像下面这样使用Spiral类来取出数据了，还可以得到数据的长度。

```
import dezero

train_set = dezero.datasets.Spiral(train=True)
print(train_set[0])
print(len(train_set))
```

运行结果
```
(array([-0.13981389, -0.00721657], dtype=float32), 1)
300
```

上面的代码通过train_set[0]访问数据，第0个输入数据和标签会以元组的形式返回。

49.2 大型数据集的情况

对于螺旋数据集这样的小型数据集，我们可以直接将ndarray实例保存在Dataset类的实例变量data和label中。但如果数据集很大，就不能使用这种实现方式了。对于这种情况，我们可以采取以下实现方式。

```
class BigData(Dataset):
    def __getitem__(index):
        x = np.load('data/{}.npy'.format(index))
        t = np.load('label/{}.npy'.format(index))
```

```
        return x, t

    def __len__():
        return 1000000
```

上面的示例假定data目录和label目录内分别存储了100万个数据(标签)。在这种情况下,我们不在BigData类初始化时加载数据,而是在访问数据时加载数据。具体来说,就是在调用__getitem__(index)时加载data目录中的数据(步骤53将介绍np.load函数)。这里再强调一次,DeZero的数据集类需要满足的要求是实现__getitem__和__len__这两个方法,上面的BigData类也满足了这个要求。因此,BigData类的使用方式与Spiral类的使用方式相同。

下面使用Spiral类编写训练代码。此时需要"连接"数据。

49.3　数据的连接

训练神经网络时会从数据集中取出一部分数据作为小批量数据。下面是使用Spiral类取出小批量数据的代码。

```
train_set = dezero.datasets.Spiral()

batch_index = [0, 1, 2]  # 取出第0个~第2个数据
batch = [train_set[i] for i in batch_index]
# batch = [(data_0, label_0), (data_1, label_1), (data_2, label_2)]
```

上面的代码首先通过索引操作提取多个数据(小批量数据)。代码中的batch是由多个数据组成的列表。要作为DeZero的神经网络的输入,我们还需将这些数据转换为ndarray实例。下面是用于转换的代码。

```
x = np.array([example[0] for example in batch])
t = np.array([example[1] for example in batch])

print(x.shape)
print(t.shape)
```

运行结果

```
(3, 2)
(3,)
```

上面的代码从 batch 的每个元素中提取数据（或标签），并将它们转换（连接）为一个 ndarray 实例。这样，这些数据就可以作为神经网络的输入使用了。

49.4 用于训练的代码

下面使用 Spiral 类进行训练。代码如下所示（这里省略了 Python 的导入代码，阴影部分是与上一个步骤的代码不同的部分）。

steps/step49.py

```python
max_epoch = 300
batch_size = 30
hidden_size = 10
lr = 1.0

train_set = dezero.datasets.Spiral()
model = MLP((hidden_size, 3))
optimizer = optimizers.SGD(lr).setup(model)

data_size = len(train_set)
max_iter = math.ceil(data_size / batch_size)

for epoch in range(max_epoch):
    index = np.random.permutation(data_size)
    sum_loss = 0

    for i in range(max_iter):
        # 取出小批量数据
        batch_index = index[i * batch_size:(i + 1) * batch_size]
        batch = [train_set[i] for i in batch_index]
        batch_x = np.array([example[0] for example in batch])
        batch_t = np.array([example[1] for example in batch])

        y = model(batch_x)
        loss = F.softmax_cross_entropy(y, batch_t)
        model.cleargrads()
        loss.backward()
```

```
        optimizer.update()

        sum_loss += float(loss.data) * len(batch_t)

    # Print loss every epoch
    avg_loss = sum_loss / data_size
    print('epoch %d, loss %.2f' % (epoch + 1, avg_loss))
```

运行结果

```
epoch 1, loss 1.35
epoch 2, loss 1.06
epoch 3, loss 0.98
epoch 4, loss 0.90
...
```

　　与上一个步骤不同的地方是这里使用了 Spiral 类，创建小批量数据的代码也得到了相应的修改，其余的代码与上一个步骤中的代码相同。运行上面的代码，可以看到结果和之前一样，损失(loss)逐渐减少。

　　这样我们就使用 Dataset 类训练了神经网络。当改用其他数据集进行训练时，我们会体会到使用 Dataset 类的好处。例如，当 BigData 类符合 DeZero 数据集的要求时，我们只要将上面代码中的 Spiral 改为 BigData，即可运行新的代码。确定数据集的接口后，我们就能以相同的方式处理各种数据集了。

　　最后为现在的 Dataset 类添加一些预处理功能。

49.5　数据集的预处理

　　在向机器学习的模型输入数据之前，通常要对数据进行一定的处理，比如从数据中减去某个值，或者改变数据的形状。常见的处理还有数据增强，即通过旋转或翻转图像等方式来人为地增加数据。为了支持这些预处理(以及数据增强)，我们向 Dataset 类中添加以下实现预处理功能的代码。

dezero/datasets.py

```python
class Dataset:
    def __init__(self, train=True, transform=None, target_transform=None):
        self.train = train
        self.transform = transform
        self.target_transform = target_transform
        if self.transform is None:
            self.transform = lambda x: x
        if self.target_transform is None:
            self.target_transform = lambda x: x

        self.data = None
        self.label = None
        self.prepare()

    def __getitem__(self, index):
        assert np.isscalar(index)
        if self.label is None:
            return self.transform(self.data[index]), None
        else:
            return self.transform(self.data[index]),\ ,\
                    self.target_transform(self.label[index])

    def __len__(self):
        return len(self.data)

    def prepare(self):
        pass
```

上面的代码在初始化阶段接收transform和target_transform等新的参数。这些参数是可调用的对象（如Python的函数等）。transform对单个输入数据进行转换处理，target_transform对单个标签进行转换处理。如果传来的参数是None，预处理则会被设置为lambda x:x，lambda表达式可以直接返回参数（即不做预处理）。有了设置预处理的功能后，我们可以写出以下代码。

```python
def f(x):
    y = x / 2.0
    return y

train_set = dezero.datasets.Spiral(transform=f)
```

上面的示例代码针对输入数据执行了将其缩放为一半的预处理。用户可以像这样对数据集添加任何预处理。DeZero在dezero/transforms.py中内置了常用的预处理转换，比如数据正则化处理及与图像数据（PIL.Image实例）相关的转换处理。下面是一个实际的使用示例。

```
from dezero import transforms

f = transforms.Normalize(mean=0.0, std=2.0)
train_set = dezero.datasets.Spiral(transforms=f)
```

如果输入是x，那么上面代码中的transform.Normalize(mean=0.0, std=2.0)就会将x转换为(x - mean) / std。如果想连续进行多个转换，可以编写以下代码。

```
f = transforms.Compose([transforms.Normalize(mean=0.0, std=2.0),
                        transforms.AsType(np.float64)])
```

transform.Compose类按顺序从头开始处理列表中的转换。上面的代码首先进行数据的正则化处理，然后将数据类型转换为np.float64。dezero/transform.py中内置了许多有用的转换处理，代码都很简单，这里不再赘述，感兴趣的读者可以查看。

步骤50
用于取出小批量数据的
DataLoader

上一个步骤创建了 Dataset 类，并建立了通过指定的接口访问数据集的机制。本步骤将实现 Dataset 类中创建小批量数据的 DataLoader（数据加载器）类，让这个类来完成创建小批量数据和数据集重排等工作。由此，用户编写的训练代码会变得更加简洁。这里笔者先介绍迭代器（iterator），然后介绍如何实现 DataLoader 类。

50.1　什么是迭代器

顾名思义，迭代器可以重复地（迭代）提取元素。Python 的迭代器提供了从列表和元组等具有多个元素的数据类型中依次取出数据的功能，具体示例如下。

```
>>> t = [1, 2, 3]
>>> x = iter(t)
>>> next(x)
1
>>> next(x)
2
>>> next(x)
3
>>> next(x)
Traceback (most recent call last):
  File "<stdin>", line 1, in <module>
StopIteration
```

我们可以使用iter函数将列表转换成迭代器。上面的代码基于列表t创建了迭代器x。next函数用于从迭代器中按顺序取出数据。在上面的例子中，每次执行next函数，函数都会依次取出列表中的元素。在第4次执行next时，由于下一个元素不存在，所以出现了StopIteration异常。

使用for语句从列表中取出元素时，其内部（用户看不见的地方）使用了迭代器功能。假设有t = [1, 2, 3]，那么在运行for x in t: x时，列表t会在语句内部转换为迭代器。

我们也可以创建一个Python迭代器。以下是自制的迭代器代码。

```python
class MyIterator:
    def __init__(self, max_cnt):
        self.max_cnt = max_cnt
        self.cnt = 0

    def __iter__(self):
        return self

    def __next__(self):
        if self.cnt == self.max_cnt:
            raise StopIteration()

        self.cnt += 1
        return self.cnt
```

上面是MyIterator类的代码。为了使这个类作为Python的迭代器使用，我们实现了特殊方法__iter__，它会返回自身（self）。然后实现了特殊方法__next__，它将返回下一个元素。如果没有要返回的元素，则执行raise StopIteration()。这样，MyIterator的实例就可以作为迭代器使用了。下面是它的使用示例。

```
obj = MyIterator(5)
for x in obj:
    print(x)
```

运行结果

```
1
2
3
4
5
```

上面的代码使用 for x in obj: 语句取出了元素。下面利用迭代器的机制，实现用于取出 DeZero 的小批量数据的 DataLoader 类。这个类从给定的数据集中按顺序从头开始取出数据，并根据需要重排数据集。DataLoader 的代码如下所示。

dezero/dataloaders.py

```python
import math
import random
import numpy as np

class DataLoader:
    def __init__(self, dataset, batch_size, shuffle=True):
        self.dataset = dataset
        self.batch_size = batch_size
        self.shuffle = shuffle
        self.data_size = len(dataset)
        self.max_iter = math.ceil(self.data_size / batch_size)

        self.reset()

    def reset(self):
        self.iteration = 0
        if self.shuffle:
            self.index = np.random.permutation(len(self.dataset))
        else:
            self.index = np.arange(len(self.dataset))

    def __iter__(self):
        return self
```

```
    def __next__(self):
        if self.iteration >= self.max_iter:
            self.reset()
            raise StopIteration

        i, batch_size = self.iteration, self.batch_size
        batch_index = self.index[i * batch_size:(i + 1) * batch_size]
        batch = [self.dataset[i] for i in batch_index]
        x = np.array([example[0] for example in batch])
        t = np.array([example[1] for example in batch])

        self.iteration += 1
        return x, t

def next(self):
    return self.__next__()
```

这个类在初始化时接收以下参数。

● dataset：具有Dataset接口的实例[1]

● batch_size：小批量数据的大小

● shuffle：在每轮训练时是否对数据集进行重排

初始化方法在将参数设置为实例变量的参数之后调用了reset方法。reset
方法将iteration实例变量的次数设置为0，并根据需要重排数据的索引。

__next__方法取出小批量数据，并将其转换为ndarray实例。它的代码与
前面编写的代码相同，这里不再赘述。

dezero/dataloaders.py中的**DataLoader**类的代码还包括向GPU传输数据
的机制。上面的代码省略了支持GPU的代码。步骤52将介绍相关内容。

最后，在dezero/__init__.py中添加导入语句from dezero.dataloaders

---

[1] "具有Dataset接口的实例"指的是实现了__getitem__和__len__方法的类的实例。

import DataLoader。这样，用户就可以通过 from dezero import DataLoader
导入 DataLoader（不必编写 from dezero.dataloaders import DataLoader）。

50.2　使用 DataLoader

　　现在我们来用一下 DataLoader 类。使用这个 DataLoader 类可以轻松取出
小批量数据。下面是在神经网络训练的场景使用 DataLoader 的示例，代码如
下所示。

```python
from dezero.datasets import Spiral
from dezero import DataLoader

batch_size = 10
max_epoch = 1

train_set = Spiral(train=True)
test_set = Spiral(train=False)
train_loader = DataLoader(train_set, batch_size)
test_loader = DataLoader(test_set, batch_size, shuffle=False)

for epoch in range(max_epoch):
    for x, t in train_loader:
        print(x.shape, t.shape)  # x、t是训练数据
        break

    # 在每轮训练结束时取出测试数据
    for x, t in test_loader:
        print(x.shape, t.shape)  # x、t是测试数据
        break
```

运行结果
```
(10, 2) (10,)
(10, 2) (10,)
```

　　上面的代码创建了两个 DataLoader，分别用于训练和测试。由于用于训练
的 DataLoader 在每轮训练时要对数据进行重排，所以被设置为 shuffle=True（默
认）；用于测试的 DataLoader 只用于精度评估，所以被设置为 shuffle=False。
设置好之后，DataLoader 就会进行小批量数据的取出和重排工作。

接下来，使用 DataLoader 类训练螺旋数据集。不过在此之前，我们再添加一个工具函数。

50.3　accuracy 函数的实现

这里添加一个用于评估识别精度的函数 accuracy。代码如下所示。

dezero/functions.py

```
def accuracy(y, t):
    y, t = as_variable(y), as_variable(t)

    pred = y.data.argmax(axis=1).reshape(t.shape)
    result = (pred == t.data)
    acc = result.mean()
    return Variable(as_array(acc))
```

accuracy 函数用于计算参数 y 相对于 t 的 "正确率"。其中，y 是神经网络的预测结果，t 是正确答案的数据。这两个参数是 Variable 实例或 ndarray 实例。

函数内部首先求出神经网络的预测结果 pred。为此需要找出神经网络预测结果最大的索引，并进行 reshape。然后将 pred 与正确答案的数据 t 进行比较，结果是 True/False 张量（ndarray）。计算张量为 True 的数据所占的比例（求平均值），得到的值就相当于正确率。

accuracy 函数返回的是 Variable 实例，但函数内部的计算是针对 ndarray 实例进行的。因此，不能对 accuracy 函数求导。

上面的最后一行代码 return Variable(as_array(acc)) 使用了 as_array 函数。这是因为 acc（= result.mean()）的数据类型是 np.float64 或 np.float32。使用 as_array 函数对 acc 进行转换，会得到 ndarray 实例（as_array 函数已在步骤9中实现）。

下面是使用 accuracy 函数计算正确率（识别精度）的示例。

```
import numpy as np
import dezero.functions as F

y = np.array([[0.2, 0.8, 0], [0.1, 0.9, 0], [0.8, 0.1, 0.1]])
t = np.array([1, 2, 0])
acc = F.accuracy(y, t)
print(acc)
```

运行结果

variable(0.6666666666666666)

上面代码中的 y 是神经网络对 3 个样本数据的预测结果（这是一个 3 类分类），训练数据 t 是每个样本数据的正确答案的索引。通过 accuracy 函数计算出的识别精度为 0.66...。

50.4　螺旋数据集的训练代码

下面使用 DataLoader 类和 accuracy 函数来训练螺旋数据集。代码如下所示（省略了导入部分）。

steps/step50.py

```
max_epoch = 300
batch_size = 30
hidden_size = 10
lr = 1.0

train_set = dezero.datasets.Spiral(train=True)
test_set = dezero.datasets.Spiral(train=False)
train_loader = DataLoader(train_set, batch_size)
test_loader = DataLoader(test_set, batch_size, shuffle=False)

model = MLP((hidden_size, 3))
optimizer = optimizers.SGD(lr).setup(model)

for epoch in range(max_epoch):
    sum_loss, sum_acc = 0, 0
```

```
for x, t in train_loader:  # ①用于训练的小批量数据
    y = model(x)
    loss = F.softmax_cross_entropy(y, t)
    acc = F.accuracy(y, t)  # ②训练数据的识别精度
    model.cleargrads()
    loss.backward()
    optimizer.update()

    sum_loss += float(loss.data) * len(t)
    sum_acc += float(acc.data) * len(t)

print('epoch: {}'.format(epoch+1))
print('train loss: {:.4f}, accuracy: {:.4f}'.format(
    sum_loss / len(train_set), sum_acc / len(train_set)))

sum_loss, sum_acc = 0, 0
with dezero.no_grad():  # ③无梯度模式
    for x, t in test_loader:  # ④用于测试的小批量数据
        y = model(x)
        loss = F.softmax_cross_entropy(y, t)
        acc = F.accuracy(y, t)  # ⑤测试数据的识别精度
        sum_loss += float(loss.data) * len(t)
        sum_acc += float(acc.data) * len(t)

print('test loss: {:.4f}, accuracy: {:.4f}'.format(
    sum_loss / len(test_set), sum_acc / len(test_set)))
```

接下来笔者对上面代码中的①~⑤加以说明。①处使用DataLoader取出小批量数据，②处使用accuracy函数计算识别精度，③处使用测试数据集对每轮的模型进行评估。由于测试阶段不需要反向传播，所以我们将这段代码置于with dezero.no_grad():的作用域内。这样可以省掉反向传播的处理，节约相关资源（no_grad函数已在步骤18中引入）。

④处从用于测试的DataLoader中取出小批量的数据进行评估。最后的⑤处使用accuracy函数计算识别精度。

现在运行上面的代码。图50-1是结果的可视化图形。

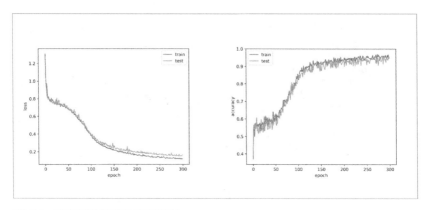

图50-1 损失和识别精度的变化情况

如图50-1所示，随着轮数的增加，损失（loss）逐渐减少，识别精度（accuracy）逐渐增加。这是训练正确进行的证据。图50-1还显示出训练（train）和测试（test）之间的差异很小。据此可以说我们的模型没有过拟合。

过拟合是模型过度拟合了特定训练数据的状态。无法预测未知数据的状态，或者说不能泛化的状态就是过拟合。由于神经网络可以创建表达能力较强的模型，所以经常出现过拟合。

以上就是本步骤的内容。下一个步骤将使用MNIST数据集来代替螺旋数据集。

步骤51
MINST 的训练

在前面的步骤，我们已经建立了易于处理数据集的机制，这里简单回顾一下。首先，我们通过Dataset类统一了数据集的处理（固定了接口）；然后，让数据集的预处理可以在Dataset类中设置；最后，让小批量数据可通过DataLoader类从Dataset中创建。这些类之间的关系如图51-1所示。

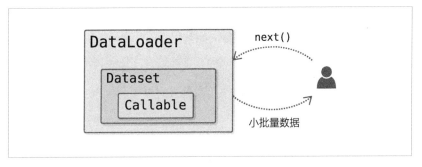

图 51-1　DeZero 数据集的类图

图 51-1 中的Callable是执行预处理的对象（可调用对象）。图中各类之间的关系是：Callable由Dataset持有，Dataset由DataLoader持有。用户（用户编写的训练代码）从DataLoader请求数据，获得小批量数据。

本步骤将使用前面的数据集机制来训练另一个新的数据集。这个新的数据集就是MNIST。我们首先来简单了解一下MNIST数据集。

51.1　MNIST数据集

DeZero在dezero/datasets.py中提供了MNIST类，这个MNIST类继承了Dataset类。它的使用示例如下所示。

```python
import dezero

train_set = dezero.datasets.MNIST(train=True, transform=None)
test_set = dezero.datasets.MNIST(train=False, transform=None)

print(len(train_set))
print(len(test_set))
```

运行结果
```
60000
10000
```

上面的代码分别获取了用于训练的数据和用于测试的数据。代码中通过设置transform=None来（显式地）指定不对数据进行预处理。之后查看了用于训练的数据（train_set）和用于测试的数据（test_set）的数据长度。结果是train_set为60000，test_set为10000。也就是说，有60000个训练数据和10000个测试数据。接下来运行以下代码。

```python
x, t = train_set[0]
print(type(x), x.shape)
print(t)
```

运行结果
```
<class 'numpy.ndarray'> (1, 28, 28)
5
```

上面的代码从train_set中抽取了第0个样本数据。取出的MNIST数据集的数据形式为(data, label)，即包含data（图像）和标签的元组。另外，MNIST的输入数据的形状是(1, 28, 28)，这意味着图像数据是1个通道（灰度）、28×28像素的数据。标签是作为正确答案的数字的索引（0～9）。下面尝试对数据执行可视化操作。

```
import matplotlib.pyplot as plt

# 数据示例
x, t = train_set[0]   # 取出第0个(data, label)
plt.imshow(x.reshape(28, 28), cmap='gray')
plt.axis('off')
plt.show()
print('label:', t)
```

运行结果

```
5
```

运行上面的代码，我们会看到图51-2所示的图像。

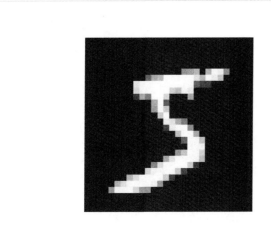

图51-2 MINST的图像示例

下面使用神经网络来训练这个手写图像的数据。在训练之前，我们需要对输入数据进行预处理。代码如下所示。

```
def f(x):
    x = x.flatten()
    x = x.astype(np.float32)
    x /= 255.0
    return x

train_set = dezero.datasets.MNIST(train=True, transform=f)
test_set = dezero.datasets.MNIST(train=False, transform=f)
```

首先将输入数据排成一列。这样，输入数据的形状就从 (1, 28, 28) 转换为 (784,)。然后将数据的类型转换为 np.float32 (32位浮点数)。最后除以 255.0，将输入数据转换为 0.0 和 1.0 之间的数值。这些预处理在 MNIST 类中是默认进行的。因此，编写 dezero.datasets.MNIST(train=True) 也会执行上述预处理 (dezero/datasets.py 包含使用 dezero/transfroms.py 中的类进行预处理的代码)。

51.2　训练 MNIST

接下来训练 MNIST。代码如下所示 (省略了导入语句的代码)。

steps/step51.py

```
max_epoch = 5
batch_size = 100
hidden_size = 1000

train_set = dezero.datasets.MNIST(train=True)
test_set = dezero.datasets.MNIST(train=False)
train_loader = DataLoader(train_set, batch_size)
test_loader = DataLoader(test_set, batch_size, shuffle=False)

model = MLP((hidden_size, 10))
optimizer = optimizers.SGD().setup(model)

for epoch in range(max_epoch):
    sum_loss, sum_acc = 0, 0

    for x, t in train_loader:
```

```
        y = model(x)
        loss = F.softmax_cross_entropy(y, t)
        acc = F.accuracy(y, t)
        model.cleargrads()
        loss.backward()
        optimizer.update()

        sum_loss += float(loss.data) * len(t)
        sum_acc += float(acc.data) * len(t)

    print('epoch: {}'.format(epoch+1))
    print('train loss: {:.4f}, accuracy: {:.4f}'.format(
        sum_loss / len(train_set), sum_acc / len(train_set)))

    sum_loss, sum_acc = 0, 0
    with dezero.no_grad():
        for x, t in test_loader:
            y = model(x)
            loss = F.softmax_cross_entropy(y, t)
            acc = F.accuracy(y, t)
            sum_loss += float(loss.data) * len(t)
            sum_acc += float(acc.data) * len(t)

    print('test loss: {:.4f}, accuracy: {:.4f}'.format(
        sum_loss / len(test_set), sum_acc / len(test_set)))
```

运行结果

```
epoch: 1
train loss: 1.9103, accuracy: 0.5553
test loss: 1.5413, accuracy: 0.6751
epoch: 2
train loss: 1.2765, accuracy: 0.7774
test loss: 1.0366, accuracy: 0.8035
epoch: 3
train loss: 0.9195, accuracy: 0.8218
test loss: 0.7891, accuracy: 0.8345
epoch: 4
train loss: 0.7363, accuracy: 0.8414
test loss: 0.6542, accuracy: 0.8558
epoch: 5
train loss: 0.6324, accuracy: 0.8542
test loss: 0.5739, accuracy: 0.8668
```

与上一个步骤相比，变化在于现在使用了 MNIST 数据集，以及修改了超参数的值。仅做这些修改就能训练 MNIST 了。由此，测试数据集上的识别精度达到了约86%。虽然增加轮数可以提高精度，但似乎还有别的方法可以从根本上改善精度。在本步骤的最后，我们会创建一个精度更高的模型。

51.3　改进模型

我们之前使用的神经网络的激活函数是sigmoid函数。在神经网络的历史上，sigmoid函数很早就被人们使用了。近来，人们经常使用ReLU（Rectified Linear Unit）函数来代替它。ReLU函数在输入大于0时按原样输出，在输入小于等于0时输出0。它的式子如下所示。

$$h(x) = \begin{cases} x & (x > 0) \\ 0 & (x \leqslant 0) \end{cases} \tag{51.1}$$

正如我们所看到的那样，ReLU函数是一个非常简单的函数。在DeZero中可以很轻松地实现ReLU函数，代码如下所示。

dezero/functions.py

```python
class ReLU(Function):
    def forward(self, x):
        y = np.maximum(x, 0.0)
        return y

    def backward(self, gy):
        x, = self.inputs
        mask = x.data > 0
        gx = gy * mask
        return gx


def relu(x):
    return ReLU()(x)
```

正向传播通过np.maximum(x, 0.0)取出x的元素和0.0中更大的值。在反向传播中，x中大于0.0的元素，其位置的梯度按原样通过，而其他位置的梯度则被设置为0。因此，我们需要准备一个用来表示梯度是否通过的mask，并将其与梯度相乘。

 ReLU 函数所做的就是"让信号通过"和"不让信号通过"两个处理。在正向传播中信号通过的元素的相应梯度会在反向传播中按原样通过,而在正向传播中信号没有通过的元素的相应梯度在反向传播中也不会通过(值是0)。

下面使用ReLU 函数创建新的神经网络。这里将本步骤的训练代码中创建模型的部分修改如下。

steps/step51.py

```
# model = MLP((hidden_size, 10))
model = MLP((hidden_size, hidden_size, 10), activation=F.relu)
```

与之前的代码相比,层数有所增加,神经网络变为3层。层数增加了,模型的表现力比之前更丰富了。另外,激活函数变为ReLU 函数,神经网络有望更高效地进行训练。我们将这个神经网络的优化方法从SGD改为Adam后,对其进行训练。结果,在训练数据上的识别精度约为99%,在测试数据上的识别精度约为98%。与之前的结果相比,精度得到了大幅改善。

★★★★★★★★

第4阶段的内容到此结束。在这个阶段,我们改进了DeZero以支持神经网络。对于基本的神经网络问题,使用现在的DeZero都可以轻松解决。DeZero已经升级为神经网络的框架和深度学习的框架了。更重要的是,我们到目前为止学到的知识也适用于PyTorch和Chainer等著名框架。

试着去读一下Chainer官方的examples中的MNIST训练代码吧(参考文献[30]),你会发现大部分的代码与我们本步骤的代码相似。再去看看PyTorch的MNIST代码(参考文献[31]),你也能马上理解它。尽管类名和模块名不同,但也只是接口和名称不同,它们在本质上与DeZero基本相同。我们现在掌握了可以灵活使用PyTorch和Chainer等真正框架的"活的知识"!

专栏：深度学习框架

　　早期的深度学习框架之间有很大差异，而现在的框架已经十分成熟。PyTorch、Chainer和TensorFlow等流行的框架大多朝着同一个方向发展。虽然它们特点不同，接口迥异，但它们的核心设计理念有许多共同之处。具体来说，有以下几点。

- 可以创建Define-by-Run风格的计算图
- 有一套函数、层等类的集合
- 有一套更新参数的类（优化器）的集合
- 可以将模型分为子类来实现
- 有管理数据集的类
- 除了CPU，还可以在GPU或专用的ASIC上运行
- 有可以作为静态计算图来运行的模式，以提高性能（以及用于产品）

　　上述特征是所有现代深度学习框架的共同特征。本专栏将结合具体的例子，详细探讨前3点。

严格来说，深度学习的框架不是工具或库。库和框架的区别在于由谁来控制程序。库是工具函数和数据结构的集合，用户从库中适当地取出必要的东西来使用。此时，程序的控制，即以怎样的顺序执行代码由用户决定。框架则是基础。拿深度学习的框架来说，它是自动微分的基础，用户在此基础上构建所需要的计算。此时，由框架来控制程序整体。总而言之，库和框架在程序由谁来控制这一点上是有区别的。

Define-by-Run方式的自动微分

　　深度学习框架中最重要的功能是自动微分。有了自动微分，我们可以毫不费力地求出导数，而且现代的框架使用的是Define-by-Run方式创建计算图。代码

会立即被执行，计算图会在幕后被创建。因此，使用Python的语法创建计算图
是可行的，例如在使用PyTorch的情况下可以编写以下代码。

```
import torch

x = torch.randn(1, requires_grad=True)

y = x
for i in range(5):
    y = y * 2

y.backward()
print(x.grad)
```

运行结果
```
tensor([32.])
```

PyTorch中处理张量的类是Tensor(DeZero中相应的类是Variable)。上面
的例子使用torch.randn方法创建了一个用随机数初始化的张量(torch.Tensor
实例)，然后使用for语句进行计算。此时计算被立即执行，计算的"连接"是在
幕后完成的。这就是Define-by-Run。之后使用y.backward()来求导。这种风格
与我们的DeZero相同。

除了Define-by-Run，PyTorch、Chainer 和 TensorFlow 的框架也有以
Define-and-Run(静态计算图)方式运行的模式。Define-by-Run适用于研究和开
发中的试错阶段，Define-and-Run更适用于注重性能的产品和边缘计算环境。

TensorFlow的版本1需要使用一种专有的领域特定语言来创建计算图。
不过从版本2开始，TensorFlow增加了以Define-by-Run方式(在
TensorFlow中叫作Eager Execution)运行的模式，并且以它为标准
模式。

层的类集

我们可以通过组合已准备好的 **Linear** 层和 **Sigmoid** 层等来建立神经网络模型。因此，深度学习的实现往往可以通过简单地组合现有的层来完成，就像搭乐高积木一样。当然，要做到这一点，需要框架提供一套层的类集，例如 Chainer 提供了图 D-1 所列的层。

Learnable connections

chainer.links.Bias	Broadcasted elementwise summation with learnable parameters.
chainer.links.Bilinear	Bilinear layer that performs tensor multiplication.
chainer.links.ChildSumTreeLSTM	Child-Sum TreeLSTM unit.
chainer.links.Convolution1D	1-dimensional convolution layer.
chainer.links.Convolution2D	Two-dimensional convolutional layer.
chainer.links.Convolution3D	3-dimensional convolution layer.
chainer.links.ConvolutionND	N-dimensional convolution layer.
chainer.links.Deconvolution1D	1-dimensional deconvolution layer.
chainer.links.Deconvolution2D	Two dimensional deconvolution function.
chainer.links.Deconvolution3D	3-dimensional deconvolution layer.
chainer.links.DeconvolutionND	N-dimensional deconvolution function.
chainer.links.DeformableConvolution2D	Two-dimensional deformable convolutional layer.
chainer.links.DepthwiseConvolution2D	Two-dimensional depthwise convolutional layer.
	Two-dimensional dilated

图 D-1 Chainer 提供的部分层的示例：Chainer 提供两种被称为层的模块，它们分别是 link 和 function。图中展示的是 link 的一部分（图片摘自参考文献 [32]）

如图 D-1 所示，Chainer 提供了各种层。用户可从中选择需要的层，并通过连接它们来建立一个神经网络。深度学习的框架就是像这样提供了各种层。这里，

关键的点在于这些层的类集是建立在自动微分的机制之上的。具体结构如图 D-2
所示。

图 D-2　框架提供的各种层的类集以自动微分机制为基础

如图 D-2 所示，深度学习框架以自动微分机制为基础，它们利用这种自动微
分机制提供了各种层。理解了该结构后，我们就可以站在更高的维度上看待框架
本身，而不会被各种框架的细节所迷惑。

优化器的类集

深度学习训练使用参数的梯度来依次更新参数。更新方法多种多样，现在人
们仍在提出新的方法。在此背景下，由独立模块负责参数更新是普遍的做法。例
如在 TensorFlow 中，这样的模块叫作优化器。TensorFlow 提供了一套优化器，
如图 D-3 所示。

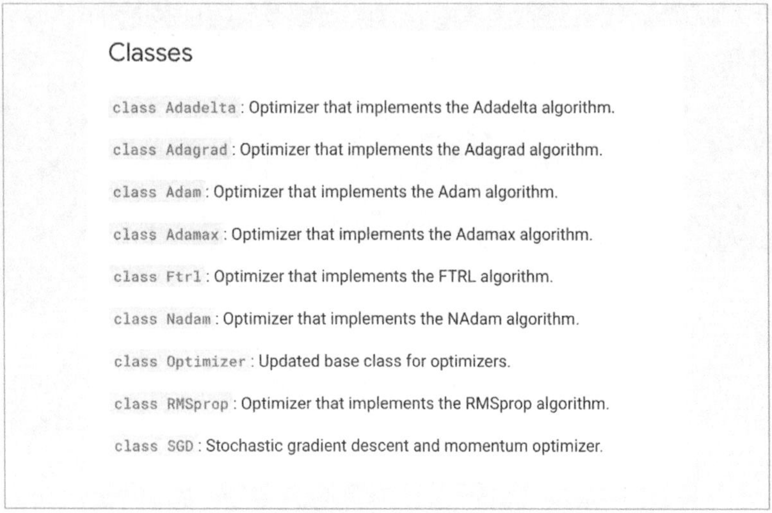

Classes

`class Adadelta` : Optimizer that implements the Adadelta algorithm.

`class Adagrad` : Optimizer that implements the Adagrad algorithm.

`class Adam` : Optimizer that implements the Adam algorithm.

`class Adamax` : Optimizer that implements the Adamax algorithm.

`class Ftrl` : Optimizer that implements the FTRL algorithm.

`class Nadam` : Optimizer that implements the NAdam algorithm.

`class Optimizer` : Updated base class for optimizers.

`class RMSprop` : Optimizer that implements the RMSprop algorithm.

`class SGD` : Stochastic gradient descent and momentum optimizer.

图D-3 TensorFlow提供的优化器列表（摘自参考文献[33]）

如图D-3所示，TensorFlow提供了各种优化器。有了这样的优化器的类集，用户就可以在更高的层面上思考更新参数的任务了。此外，在不同的优化器之间进行切换的操作也非常简单，便于试错。

小结

本专栏探讨的是深度学习框架的核心功能。总的来说，框架具有自动微分功能，在此基础上实现了层的类集，还有用于更新参数的优化器类集。这些功能如图D-4所示。

图D-4 深度学习框架的核心功能

图 D-4 中的 3 个功能是大多数框架具有的重要功能，其中作为框架支柱的是自动微分。有了自动微分功能，在此基础上创建各种层的类集，也就搭好了框架的骨架，再提供用于更新参数的优化器的类集，就能覆盖深度学习要做的大部分工作了。

了解了图 D-4 所示的 3 个核心功能的结构之后，我们就对框架有了整体印象，能够更为简单地看待它们。理解这种结构也有助于我们使用 PyTorch、Chainer 和 TensorFlow 等框架。

第5阶段

DeZero高级挑战

在第4阶段，我们向DeZero增加了机器学习，尤其是神经网络特有的功能。具体来说是Layer、Optimizer和DataLoader等类。有了这些类，我们就可以使用DeZero轻松地创建模型，高效地训练模型。DeZero已经具备了开发神经网络的基本功能。

接下来我们要将DeZero提高到一个新的水平。具体来说就是增加一些新的功能，比如在GPU上运行DeZero和将模型保存到外部文件等。此外，DeZero还将支持在训练和测试时改变行为的层（Dropout等）。有了这些功能，DeZero会成为一个优秀深度学习框架。

在这个阶段的后半部分，我们会实现CNN（卷积神经网络）和RNN（循环神经网络）。这些网络结构很复杂，看上去不容易实现，不过使用DeZero后，我们会发现这些复杂的网络结构非常好处理。现在我们进入最后一个阶段。

步骤52
支持GPU

深度学习所做的计算大多为矩阵的乘积。矩阵的乘积由乘法运算和加法运算构成，可以并行计算，GPU比CPU更擅长这种计算。本步骤将创建在GPU上运行DeZero的机制。

要在GPU上运行DeZero，从硬件方面来说，需要NVIDIA的GPU；从软件方面来说，需要Python的库CuPy。如果手头的环境不符合这些要求，也可以使用Google Colaboratory在云端的GPU上运行DeZero（从2020年2月开始可免费使用）。附录C介绍了Google Colaboratory的相关内容，感兴趣的读者可以查看。

52.1 CuPy的安装和使用方法

CuPy是用于在GPU上进行并行计算的库，可通过pip安装，安装命令如下所示。

```
$ pip install cupy
```

下面开始使用CuPy。它的优点是拥有与NumPy相同的API，所以我们掌握的NumPy知识可以直接用于CuPy。例如，我们可以使用CuPy编写下面这样的代码。

```
import cupy as cp

x = cp.arange(6).reshape(2, 3)
print(x)

y = x.sum(axis=1)
print(y)
```

运行结果

```
[[0 1 2]
 [3 4 5]]
[ 3 12]
```

上面的代码导入了CuPy并进行求和计算。正如我们看到的那样，这段代码几乎与NumPy完全相同，其实我们所做的不过是将np替换为cp，让cp进行必要的计算而已，而这个计算在幕后使用的是GPU。

因此，NumPy的代码很容易转换为GPU版本的代码。只要将NumPy代码中的np（numpy）替换为cp（cupy）即可。

 虽然CuPy与NumPy的许多API是相同的，但二者并不完全兼容。

下面让DeZero支持GPU。我们要做的是将DeZero中使用NumPy的代码切换为使用CuPy的代码。准确来说，我们要创建能够切换二者的机制。要做到这一点，我们需要了解关于CuPy的两件事。第一件事是在NumPy和CuPy之间转换多维数组的方法。代码示例如下。

```
import numpy as np
import cupy as cp

# numpy -> cupy
n = np.array([1,2,3])
c = cp.asarray(n)
```

```
assert type(c) == cp.ndarray

# cupy -> numpy
c = cp.array([1, 2, 3])
n = cp.asnumpy(c)
assert type(n) == np.ndarray
```

如代码所示，从 NumPy 转换为 CuPy 需要使用 cp.asarray 函数，从 CuPy 转换为 NumPy 需要使用 cp.asnumpy 函数。

使用 cp.asarray 函数和 cp.asnumpy 函数时，数据会从 PC 的内存传输到 GPU 的显存上（或者反方向传输）。这个传输处理往往会成为深度学习计算的瓶颈。因此，理想的做法是尽可能减少数据传输。

第二件事与函数 cp.get_array_module 有关。该函数根据数据返回相应的模块，具体的用法如下所示。

```
x = np.array([1, 2, 3])
xp = cp.get_array_module(x)
assert xp == np

x = cp.array([1, 2, 3])
xp = cp.get_array_module(x)
assert xp == cp
```

如上面的代码所示，如果 x 是一个 NumPy 或 CuPy 的多维数组，使用 xp = cp.get_array_module(x) 就可以返回该数组的模块。有了这个函数，即使不知道 x 是 NumPy 的数据还是 CuPy 的数据，也能获得相应的模块。利用它可以编写同时支持 CuPy 和 NumPy 的代码，例如，通过 xp = cp.get_array_module(x) 和 y = xp.sin(x)，就可以达到相应的效果。

关于 CuPy 的知识，了解这些就足够了。下面在 DeZero 中创建在 CuPy 和 NumPy 之间切换的机制。

52.2　cuda模块

　　在DeZero中，我们把CuPy相关的函数放到dezero/cuda.py模块（文件）中。顺便说一下，CUDA是NVIDIA提供的面向GPU的开发环境。首先，dezero/cuda.py的导入部分如下所示。

dezero/cuda.py

```
import numpy as np
gpu_enable = True
try:
    import cupy as cp
    cupy = cp
except ImportError:
    gpu_enable = False
from dezero import Variable
```

　　上面的代码导入了NumPy和CuPy。由于CuPy是可选库，所以我们还需要考虑它没有被安装的情况。因此，上面使用了try语句执行导入操作，如果发生ImportError，我们就设置gpu_enable = False。这样即使环境中没有安装CuPy也不会出现任何错误。接下来在dezero/cuda.py中添加以下3个函数。

dezero/cuda.py

```
def get_array_module(x):
    if isinstance(x, Variable):
        x = x.data

    if not gpu_enable:
        return np
    xp = cp.get_array_module(x)
    return xp

def as_numpy(x):
    if isinstance(x, Variable):
        x = x.data

    if np.isscalar(x):
```

```
            return np.array(x)
        elif isinstance(x, np.ndarray):
            return x
        return cp.asnumpy(x)

def as_cupy(x):
    if isinstance(x, Variable):
        x = x.data

    if not gpu_enable:
        raise Exception('CuPy cannot be loaded. Install CuPy!')
    return cp.asarray(x)
```

　　第一个函数get_array_module(x)返回参数x对应的模块,其中x是Variable
或ndarray(numpy.ndarray或cupy.ndarray)。它主要是对cp.get_array_module
函数进行封装,但也执行了cupy没有被导入时的处理。具体来说,如果gpu_
enable为False,它将总是返回np(numpy)。

　　剩下的两个函数是用于将参数转换为NumPy/CuPy多维数组的函数。
将参数转换为NumPy的ndarray的函数是as_numpy,将参数转换为CuPy的
ndarray的函数是as_cupy。以上就是dezero/cuda.py中的所有代码。这个模
块(文件)中的3个函数现在可在DeZero的其他类中使用。

52.3　向 Variable / Layer / DataLoader 类添加代码

　　接下来向DeZero的其他类添加支持GPU的代码。本节将向Variable、
Layer和DataLoader类添加支持GPU的代码。

　　首先将Variable类现有的__init__方法和backward方法修改如下。

dezero/core.py

```
...
try:
    import cupy
    array_types = (np.ndarray, cupy.ndarray)
except ImportError:
```

```
    array_types = (np.ndarray)

class Variable:
    def __init__(self, data, name=None):
        if data is not None:
            if not isinstance(data, array_types):
                raise TypeError('{} is not supported'.format(type(data)))
        ...

    def backward(self, retain_grad=False, create_graph=False):
        if self.grad is None:
            xp = dezero.cuda.get_array_module(self.data)
            self.grad = Variable(xp.ones_like(self.data))
        ...
```

　　__init__方法的参数data要修改为支持cupy.ndarray的情况。为此，当cupy被成功导入时，执行array_types=(np.ndarray, cupy.ndarray)，将array_types动态修改为需要检查的类型。

　　backward方法修改自动补全梯度(self.grad)的地方。修改后的方法会根据数据的类型(self.data)创建numpy或cupy的多维数组。

　　此前Variable类在实例变量data中持有NumPy的多维数组。下面我们来实现用于将数据移动到CPU的to_cpu函数，还有将数据移动到GPU的to_gpu函数。代码如下所示。

dezero/core.py

```
class Variable:
    ...

    def to_cpu(self):
        if self.data is not None:
            self.data = dezero.cuda.as_numpy(self.data)

    def to_gpu(self):
        if self.data is not None:
            self.data = dezero.cuda.as_cupy(self.data)
```

　　上面的代码只是使用了as_numpy函数或as_cupy函数。这样就可以将Variable数据从GPU传输到CPU，或者从CPU传输到GPU了。

下一个是Layer类。Layer是保存参数的类。这些参数是继承了Variable的Parameter类。接下来添加将Layer类的参数传输到CPU或GPU的函数。代码如下所示。

```python
class Layer:
    ...

    def to_cpu(self):
        for param in self.params():
            param.to_cpu()

    def to_gpu(self):
        for param in self.params():
            param.to_gpu()
```

最后向DataLoader类中添加以下阴影部分的代码。

```python
...
import numpy as np
from dezero import cuda

class DataLoader:
    def __init__(self, dataset, batch_size, shuffle=True, gpu=False):
        self.dataset = dataset
        self.batch_size = batch_size
        self.shuffle = shuffle
        self.data_size = len(dataset)
        self.max_iter = math.ceil(self.data_size / batch_size)
        self.gpu = gpu

        self.reset()

    def __next__(self):
        ...

        xp = cuda.cupy if self.gpu else np
        x = xp.array([example[0] for example in batch])
        t = xp.array([example[1] for example in batch])
```

```
        self.iteration += 1

        return x, t

    def to_cpu(self):
        self.gpu = False

    def to_gpu(self):
        self.gpu = True
```

　　DataLoader类的作用是从数据集创建小批量数据，这个小批量数据是在__next__方法中创建的。此前创建的小批量数据是NumPy多维数组。这里根据实例变量gpu的标志位在CuPy和NumPy之间进行切换，创建相应的多维数组。

　　以上就是针对DeZero的3个类Variable、Layer、DataLoader所做的修改。

52.4　函数的相应修改

　　关于DeZero的"GPU化"，剩下的主要任务是修改DeZero的函数。这些具体的函数实际上是在forward方法中进行计算的，比如Sin类，其代码如下所示。

dezero/functions.py

```
class Sin(Function):
    def forward(self, x):
        y = np.sin(x)
        return y

    def backward(self, gy):
        x, = self.inputs
        gx = gy * cos(x)
        return gx
```

　　代码中def forward(self, x):的参数x应为NumPy的ndarray实例。因此，我们可以对其使用np.sin(x)等NumPy的函数进行计算。如果想在

GPU上运行，参数x应为CuPy的ndarray实例。此时用cp.sin(x)来代替np.sin(x)。换言之，当x是NumPy时必须使用np.sin；当x是CuPy时必须使用cp.sin。基于以上内容，我们将Sin类修改如下。

dezero/functions.py

```python
from dezero import cuda

class Sin(Function):
    def forward(self, x):
        xp = cuda.get_array_module(x)
        y = xp.sin(x)
        return y

    def backward(self, gy):
        x, = self.inputs
        gx = gy * cos(x)
        return gx
```

　　上面的代码通过xp = cuda.get_array_module(x)提取x对应的模块。代码中的xp可以是cp，也可以是np。之后使用xp进行计算。现在的Sin类在CPU/GPU（NumPy/CuPy）上都能正确运行。

这里只展示了Sin类的代码，但上面的修改需要应用于dezero/functions.py中所有对应的地方。对应的地方指的是np.xxx()这种以np.开头的代码。我们要对这些地方执行与上面相同的修改。此外，还要对dezero/optimizers.py和dezero/layers.py执行同样的修改。

　　最后修改DeZero的四则运算的代码。具体来说，就是对dezero/core.py按如下内容进行修改。

dezero/core.py

```python
def as_array(x, array_module=np):
    if np.isscalar(x):
        return array_module.array(x)
    return x
```

```
def add(x0, x1):
    x1 = as_array(x1, dezero.cuda.get_array_module(x0.data))
    return Add()(x0, x1)

def mul(x0, x1):
    x1 = as_array(x1, dezero.cuda.get_array_module(x0.data))
    return Mul()(x0, x1)

# 对sub、rsub、div、rdiv进行同样的修改
...
```

　　首先向 as_array 函数添加新的参数 array_module。这个 array_module 的值为 numpy 或 cupy，函数将数据转换为 array_module 指定的模块的 ndarray。然后使用这个新的 as_array 函数修改 add 和 mul 等四则运算函数。在 add 函数中使用 as_array 函数，是为了能够运行 x + 1 这样的代码（x 是 Variable 实例）。即使 x.data 是 CuPy 数据，x + 1 这样的代码也能正确运行。

52.5　在 GPU 上训练 MNIST

　　经过这些修改之后，我们可以在 GPU 上运行 DeZero 了。这里尝试在 GPU 上运行 MNIST 的训练代码。代码如下所示。

steps/step52.py

```
import time
import dezero
import dezero.functions as F
from dezero import optimizers
from dezero import DataLoader
from dezero.models import MLP

max_epoch = 5
batch_size = 100

train_set = dezero.datasets.MNIST(train=True)
train_loader = DataLoader(train_set, batch_size)
model = MLP((1000, 10))
optimizer = optimizers.SGD().setup(model)
```

```
# GPU mode
if dezero.cuda.gpu_enable:
    train_loader.to_gpu()
    model.to_gpu()

for epoch in range(max_epoch):
    start = time.time()
    sum_loss = 0

    for x, t in train_loader:
        y = model(x)
        loss = F.softmax_cross_entropy(y, t)
        model.cleargrads()
        loss.backward()
        optimizer.update()
        sum_loss += float(loss.data) * len(t)

    elapsed_time = time.time() - start
    print('epoch: {}, loss: {:.4f}, time: {:.4f}[sec]'.format(
        epoch + 1, sum_loss / len(train_set), elapsed_time))
```

在GPU可用的环境下，上面的代码会将 DataLoader 和模型的数据传输到GPU。这样后续处理就会使用CuPy的函数了。

下面在GPU上实际运行上面的代码。结果显示损失像以前一样顺利减少，而且运行速度也比在CPU上要快。作为参考，图52-1展示了在Google Colaboratory中运行上面代码的结果。

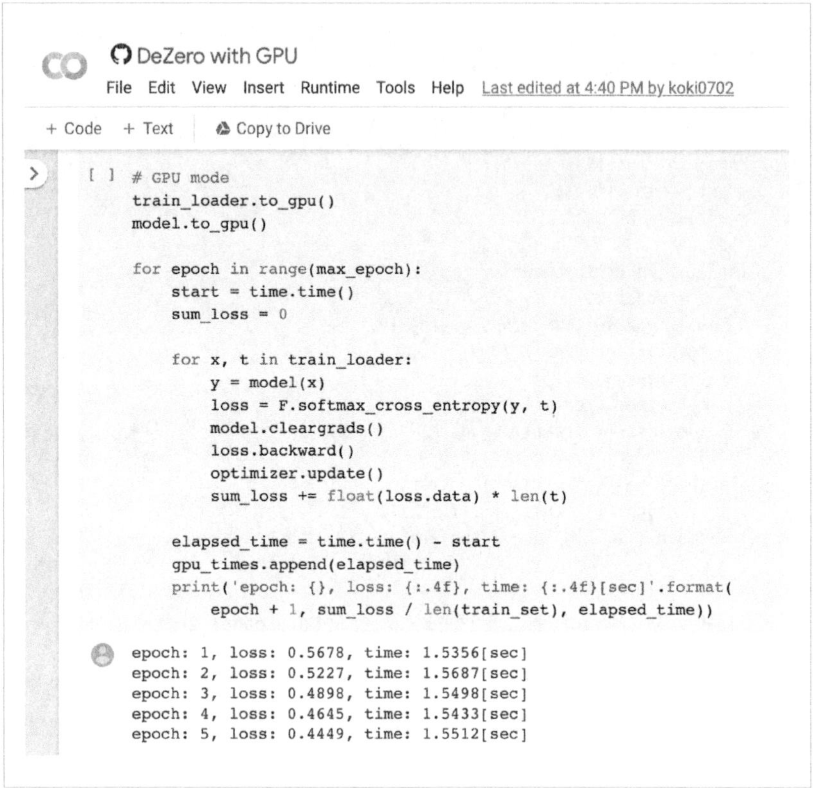
DeZero with GPU
File Edit View Insert Runtime Tools Help Last edited at 4:40 PM by koki0702
+ Code + Text Copy to Drive
[ ] # GPU mode
train_loader.to_gpu()
model.to_gpu()

for epoch in range(max_epoch):
    start = time.time()
    sum_loss = 0

    for x, t in train_loader:
        y = model(x)
        loss = F.softmax_cross_entropy(y, t)
        model.cleargrads()
        loss.backward()
        optimizer.update()
        sum_loss += float(loss.data) * len(t)

    elapsed_time = time.time() - start
    gpu_times.append(elapsed_time)
    print('epoch: {}, loss: {:.4f}, time: {:.4f}[sec]'.format(
        epoch + 1, sum_loss / len(train_set), elapsed_time))
epoch: 1, loss: 0.5678, time: 1.5356[sec]
epoch: 2, loss: 0.5227, time: 1.5687[sec]
epoch: 3, loss: 0.4898, time: 1.5498[sec]
epoch: 4, loss: 0.4645, time: 1.5433[sec]
epoch: 5, loss: 0.4449, time: 1.5512[sec]

图52-1　在Google Colaboratory中的运行结果

如图52-1所示，在使用GPU时，每轮计算可以在1.5秒左右完成。这个结果取决于Google Colaboratory的执行环境(如分配的GPU)。而在使用CPU时，每轮计算大约需要8秒，所用时间是使用GPU的5倍左右。到这里，DeZero就支持GPU了。

步骤 53
模型的保存和加载

　　在本步骤中，我们会实现将模型的参数保存到外部文件的功能，还会实现加载已保存的参数的功能。有了这些功能，我们就可以将训练过程中的模型保存为"快照"，也可以加载训练好的参数，只进行推理。

　　DeZero 的参数实现为 `Parameter` 类（它继承自 `Variable`）。`Parameter` 的数据则作为 ndarray 实例被保存在实例变量 `data` 中，所以，这里我们要把 ndarray 实例保存到外部文件。正好 NumPy 提供了一些用于保存（和加载）ndarray 的函数。我们首先看一下这些函数的用法。

如果在 GPU 上运行 DeZero，我们需要使用 CuPy 的 ndarray（`cupy.ndarray`）来代替 NumPy 的 ndarray。此时要把 CuPy 的张量换成 NumPy 的张量，然后把它们保存到外部文件。因此，在将数据保存到外部文件时，我们只考虑 NumPy 的情况。

53.1　NumPy 的 save 函数和 load 函数

　　NumPy 有 `np.save` 函数和 `np.load` 函数。使用这些函数可以保存和加载 ndarray 实例。代码如下所示。

```
import numpy as np

x = np.array([1, 2, 3])
np.save('test.npy', x)

x = np.load('test.npy')
print(x)
```

运行结果
```
[1 2 3]
```

首先是 np.save 函数。通过这个函数，我们可以将 ndarray 实例保存到外部文件中。然后使用 np.load 函数来加载数据。这样就可以保存和加载单个 ndarray 实例了。

 上面的代码将文件保存为 test.npy。如上面的例子所示，文件的扩展名必须是 .npy。如果没有为文件加 .npy 这个扩展名，那么 .npy 将被自动添加到文件名的末尾。

接下来保存和加载多个 ndarray 实例。为此我们需要使用 np.savez 函数和 np.load 函数。下面是使用示例。

```
x1 = np.array([1, 2, 3])
x2 = np.array([4, 5, 6])

np.savez('test.npz', x1=x1, x2=x2)

arrays = np.load('test.npz')
x1 = arrays['x1']
x2 = arrays['x2']
print(x1)
print(x2)
```

运行结果
```
[1 2 3]
[4 5 6]
```

　　上面的代码使用 np.savez('test.npz', x1=x1, x2=x2) 保存了多个 ndarray 实例。我们可以通过 x1=x1 和 x2=x2 将实例作为 "关键字参数" 传给函数，这样在加载实例时，数据就可以通过 arrays['x1'] 和 arrays['x2'] 取出。另外，在使用 np.savez 函数时，要保存的文件的扩展名必须是 .npz。

　　接下来对 Python 字典应用上面的操作。下面是实际的代码示例。

```python
x1 = np.array([1, 2, 3])
x2 = np.array([4, 5, 6])
data = {'x1':x1, 'x2':x2}

np.savez('test.npz', **data)

arrays = np.load('test.npz')
x1 = arrays['x1']
x2 = arrays['x2']
print(x1)
print(x2)
```

运行结果

```
[1 2 3]
[4 5 6]
```

　　上面的代码使用 np.savez('test.npz',**data) 保存了字典。在传递参数时，使用 **data 这种带两个星号的方式，可以展开字典并将其作为 "关键字参数" 传给函数。

　　以上就是 NumPy 中用于执行保存和加载操作的函数的使用方法，接下来我们会使用这里介绍的函数来实现将 DeZero 的参数保存到外部文件的功能。首先要做的是将存在于 Layer 类中的 Parameter "扁平地" 取出。

函数 np.savez_compressed 与 np.savez 的作用相同。该函数不但与 np.savez 的用法相同，还会压缩并保存文件。既然如此，我们就来使用这个 np.savez_compressed 函数吧。

53.2　Layer类参数的扁平化

首先回顾一下Layer类的层次结构。层次结构是一个嵌套的结构，Layer中还有别的Layer。具体示例如下所示。

```
layer = Layer()

l1 = Layer()
l1.p1 = Parameter(np.array(1))

layer.l1 = l1
layer.p2 = Parameter(np.array(2))
layer.p3 = Parameter(np.array(3))
```

上面的layer中包含另一个层l1。图53-1是这个层次结构的可视化图形。

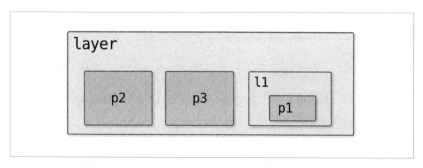

图53-1　Layer类的层次结构

现在考虑从图53-1所示的层次结构中将Parameter作为一个扁平的、非嵌套的字典取出。为此要在Layer类中添加一个名为_flatten_params的方法。我们先来看看这个方法的用法。

```
params_dict = {}
layer._flatten_params(params_dict)
print(params_dict)
```

运行结果

```
{'p2': variable(2), 'l1/p1': variable(1), 'p3': variable(3)}
```

上面的代码准备了字典 params_dict = {}，并将其作为参数传给函数，即 layer._flatten_params(params_dict)。然后，layer 中包含的参数被 "扁平地" 取出。实际上，l1 层中的 p1 参数是用 l1/p1 这个键存储的。下面是 _flatten_params 方法的代码。

dezero/layers.py

```
class Layer:
    ...

    def _flatten_params(self, params_dict, parent_key=""):
        for name in self._params:
            obj = self.__dict__[name]
            key = parent_key + '/' + name if parent_key else name

            if isinstance(obj, Layer):
                obj._flatten_params(params_dict, key)
            else:
                params_dict[key] = obj
```

这个方法接收的参数是字典 params_dict 和文本 parent_key。顺带提一下，Layer 类的实例变量 _params 保存的是 Parameter 的实例变量名称或者 Layer 的实例变量名称。因此我们需要通过 obj = self.__dict__[name] 将实际的对象取出。之后，如果取出的 obj 是 Layer，则调用该 obj 的 _flatten_params 方法。通过（递归）调用，我们就能以扁平的结构取出 Parameter。

53.3 Layer 类的 save 函数和 load 函数

到这里，我们就完成了将 Layer 类的参数保存到外部文件的准备。下面添加新方法 save_weights 和 load_weights。

dezero/layers.py

```
import os

class Layer:
    ...

    def save_weights(self, path):
        self.to_cpu()

        params_dict = {}
        self._flatten_params(params_dict)
        array_dict = {key: param.data for key, param in params_dict.items()
                         if param is not None}
        try:
            np.savez_compressed(path, **array_dict)
        except (Exception, KeyboardInterrupt) as e:
            if os.path.exists(path):
                os.remove(path)
            raise

    def load_weights(self, path):
        npz = np.load(path)
        params_dict = {}
        self._flatten_params(params_dict)
        for key, param in params_dict.items():
            param.data = npz[key]
```

save_weights方法首先通过self.to_cpu()确保数据在主内存中(数据是NumPy的ndarray),然后创建保存ndarray实例的值的字典(array_dict),之后使用np.savez_compressed函数将数据保存为外部文件。load_weights方法使用np.load函数来加载数据,并将相应键的数据设置为参数。

上面的代码在保存文件时使用了try语句,该语句用于处理由用户发起的键盘中断(例如用户按下了Ctrl+C键)。在这种情况(在保存过程中收到了中断信号的情况)下,正在保存的文件会被删除,由此可以防止创建(和加载)不完整状态的文件。

下面以MNIST的训练为例保存和加载参数。代码如下所示。

```python
import os
import dezero
import dezero.functions as F
from dezero import optimizers
from dezero import DataLoader
from dezero.models import MLP

max_epoch = 3
batch_size = 100

train_set = dezero.datasets.MNIST(train=True)
train_loader = DataLoader(train_set, batch_size)
model = MLP((1000, 10))
optimizer = optimizers.SGD().setup(model)

# 加载参数
if os.path.exists('my_mlp.npz'):
    model.load_weights('my_mlp.npz')

for epoch in range(max_epoch):
    sum_loss = 0

    for x, t in train_loader:
        y = model(x)
        loss = F.softmax_cross_entropy(y, t)
        model.cleargrads()
        loss.backward()
        optimizer.update()
        sum_loss += float(loss.data) * len(t)

    print('epoch: {}, loss: {:.4f}'.format(
        epoch + 1, sum_loss / len(train_set)))

model.save_weights('my_mlp.npz')
```

首次运行上面的代码时，my_mlp.npz文件并不存在，所以和往常一样，我们让模型的参数在随机初始化的状态下开始训练，最后通过`model.save_weights('my_mlp.npz')`保存模型的参数。

再次运行上面的代码时，my_mlp.npz文件已经存在，该文件会被加载。由此，之前训练得到的参数会赋给模型。到这里，我们就实现了保存和加载模型参数的功能。

步骤 54
Dropout 和测试模式

过拟合是神经网络中常见的问题。过拟合发生的主要原因有以下几点。

1. 训练数据少
2. 模型的表现力太强

针对第一个原因，我们可以采取的措施有增加数据或使用**数据增强**（data augmentation）。

针对第二个原因，可以采取的措施有权重衰减（weight decay）、Dropout（参考文献 [34]）和批量正则化（batch normalization）（参考文献 [35]）。尤其是 Dropout 这种方法简单又有效，在实践中经常被使用。因此，本步骤会将 Dropout 添加到 DeZero 中。此外，在训练和测试时需要改变 Dropout 的处理，所以本步骤还会创建区分训练阶段和测试阶段的机制。

54.1　什么是 Dropout

Dropout 是一种通过随机删除（禁用）神经元进行训练的方法。模型在训练时随机选择隐藏层的神经元，并删除选中的神经元。如图 54-1 所示，被删除的神经元不传递任何信号。

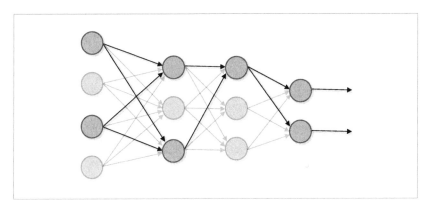

图54-1　Dropout在训练时的行为

　　在使用Dropout训练时，每当有数据流过，它都会随机选择要删除的神经元。假设有一个由10个神经元组成的层，我们想通过该层后面的Dropout层随机删除60%的神经元。这时可以编写如下代码。

```
import numpy as np

dropout_ratio = 0.6
x = np.ones(10)

mask = np.random.rand(10) > dropout_ratio
y = x * mask
```

　　代码中的mask是元素为True或False的数组。mask的创建方法为首先用np.random.rand(10)生成10个0 ~ 1的随机值，然后将这些值与dropout_ratio(=0.6)进行比较，只有大于dropout_ratio的元素会转换为True，其余的元素变为False。这个例子创建的是False所占比例为60%的mask。

　　创建mask后，运行y = x * mask。这会使与mask的False相对应的x的元素变为0(即删除它们)。结果导致平均每次只有4个神经元的输出被传递到下一层。在训练期间，每次传递数据时，Dropout层都会做上面的处理。

在机器学习中，我们经常使用集成学习（ensemble learning）。集成学习是单独训练多个模型，在推理时对多个模型的输出取平均值的方法。以神经网络为例，我们可以准备5个具有相同（或类似）结构的网络，并单独训练每个网络，然后在测试时将5个输出的平均值作为答案。经过实验发现，这种做法可以使神经网络的识别精度提高几个百分点。集成学习与Dropout相似。之所以这么说，是因为Dropout在训练时会随机删除神经元，这可以解释为每次都在训练不同的模型。换言之，我们可以把Dropout当作一种在一个网络上达到与集成学习相同效果的伪实现。

上面的代码是Dropout在训练时所做的处理。而在测试时，模型需要使用所有的神经元，"模仿"训练时集成学习的行为。这可以通过使用所有的神经元计算输出，然后"弱化"其输出来实现。弱化的比例是在训练时幸存下来的神经元的比例。具体代码如下所示。

```
# 训练时
mask = np.random.rand(*x.shape) > dropout_ratio
y = x * mask

# 测试时
scale = 1 - dropout_ratio
y = x * scale
```

上面的代码在测试时的转换比例为y = x*scale。用具体数字来说，就是平均有40%的神经元在训练时存活。考虑到这一点，测试时要使用所有的神经元进行计算，然后将输出乘以0.4。这样就可以使训练和测试在缩放幅度上保持一致。

以上是"常规的Dropout"。之所以说它是"常规的"，是因为Dropout还有其他的实现方式，这种实现方式叫作Inverted Dropout（反向Dropout）。接下来笔者将介绍Inverted Dropout。为了加以区分，今后我们将此前介绍的Dropout称为Direct Dropout（直接Dropout）。

54.2　Inverted Dropout

Inverted Dropout在训练时进行缩放处理。回忆一下,之前在测试时乘以 scale 以实现缩放。现在为了避免在测试时做相应的处理,我们要在训练时先将神经元的值乘以 $\frac{1}{\text{scale}}$,这样就不必在测试时做任何缩放转换。Inverted Dropout的代码如下所示。

```
# 训练时
scale = 1 - dropout_ratio
mask = np.random.rand(*x.shape) > dropout_ratio
y = x * mask / scale

# 测试时
y = x
```

Inverted Dropout的工作原理与Direct Dropout的工作原理相同。不过Inverted Dropout有一个优点,那就是它在测试时不做任何处理,所以它在测试时的处理速度(略)快。如果只使用推理处理,这倒是一个理想的特性。

Inverted Dropout还支持在训练时动态地改变 dropout_ratio。例如我们可以在第1次流转数据时设置 dropout_ratio = 0.43455,在下一次流转数据时设置 dropout_ratio = 0.56245。而Direct Dropout需要固定 dropout_ratio 进行训练。如果在训练过程中改变了数值,它就会与测试时的行为不一致。出于这些优点,许多深度学习框架采用了 Inverted Dropout方式,DeZero也采用了该方式。

54.3　增加测试模式

在使用Dropout的情况下,我们需要区分训练阶段和测试阶段。为此,可以继续使用在步骤18创建的禁用反向传播模式(with dezero.no_grad():)。首先,在dezero/core.py的 Config 类附近添加以下阴影部分的代码。

dezero/core.py

```
class Config:
    enable_backprop = True
    train = True

@contextlib.contextmanager
def using_config(name, value):
    old_value = getattr(Config, name)
    setattr(Config, name, value)
    yield
    setattr(Config, name, old_value)

def test_mode():
    return using_config('train', False)
```

上面的代码在Config类中添加了类变量train。这个变量的默认值是True。另外在dezero/__init__.py中有一行代码是from dezero.core import Config，由此其他文件可以引用dezero.Config.train。

之后增加了test_mode函数。通过与with语句相结合，我们能够只在代码块内将Config.train切换为False。由于用户也要直接使用这个函数，所以dezero/__init__.py中增加了代码from dezero.core import test_mode。这样用户可以通过from dezero import test_mode导入test_mode函数。

54.4 Dropout的实现

最后来实现Dropout，具体代码如下[1]。

dezero/functions.py

```
def dropout(x, dropout_ratio=0.5):
    x = as_variable(x)

    if dezero.Config.train:
```

---

[1] 我们还可以通过定义继承Function类的Dropout类的方式实现DeZero的Dropout。虽然这种实现方式的处理效率更高，但由于Dropout的处理很简单，而且在推理过程中不做任何处理，所以本书没有对这种实现方式进行详细介绍。

```
        xp = cuda.get_array_module(x)
        mask = xp.random.rand(*x.shape) > dropout_ratio
        scale = xp.array(1.0 - dropout_ratio).astype(x.dtype)
        y = x * mask / scale
        return y
    else:
        return x
```

代码中的 x 是 Variable 实例或 ndarray 实例。考虑到它也可能是 CuPy 的 ndarray 实例，我们使用 xp = cuda.get_array_module(x) 来获得实际的包。剩余的代码都是介绍过的内容。下面是 dropout 的使用示例。

steps/step54.py

```
import numpy as np
from dezero import test_mode
import dezero.functions as F

x = np.ones(5)
print(x)

# 训练时
y = F.dropout(x)
print(y)

# 测试时
with test_mode():
    y = F.dropout(x)
    print(y)
```

运行结果

```
[1. 1. 1. 1. 1.]
variable([0. 2. 2. 0. 0.])
variable([1. 1. 1. 1. 1.])
```

我们可以按照上面的方式使用 F.dropout 函数。此外，我们也实现了指定训练阶段和测试阶段的机制。今后在发生过拟合时，请积极地使用 Dropout 吧。

步骤 55
CNN 的机制（1）

下面用几个步骤的篇幅来探讨 CNN 的内容。CNN 是 Convolutional Neural Network 的缩写，意为卷积神经网络。它是一种在图像识别、语音识别和自然语言处理等领域使用的神经网络。尤其是在图像识别领域，大多数深度学习方法基于 CNN。接下来笔者将介绍 CNN 的机制，特别是用于图像的 CNN 的机制。

本书从 CNN 的实现出发，仅对其机制进行说明。这里不会解释 CNN 为什么擅长图像识别，为什么可以提取图像的特征值。相关内容请参考本书前作《深度学习入门：基于 Python 的理论与实现》等资料。

55.1　CNN 的网络结构

CNN 和我们之前见过的神经网络相同，也是由各层组合而成的。不过在 CNN 中出现了新的层——卷积层（convolution layer）和池化层（pooling layer）。后面会解释卷积层和池化层的具体内容，这里我们先看看 CNN 是由什么样的层组合而成的。图 55-1 是一个 CNN 模型的示例。

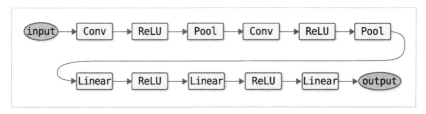

图55-1　CNN模型的示例(本计算图以层为单位绘制,只展示输入变量和输出变量。卷积层用Conv表示,池化层用Pool表示)

如图55-1所示,CNN中新添加了Conv层和Pool层。CNN中各层的连接顺序是Conv→ReLU→(Pool)(Pool层有时会被省略)。我们可以认为是Conv→ReLU→(Pool)替代了此前的Linear→ReLU。另外,图55-1的输出附近的层则使用了之前的组合Linear→ReLU。以上是CNN的常见配置。

55.2　卷积运算

CNN中使用了卷积层。卷积层中执行的处理是卷积运算,它相当于图像处理中的过滤操作。下面笔者以图55-2为例对卷积操作进行说明。

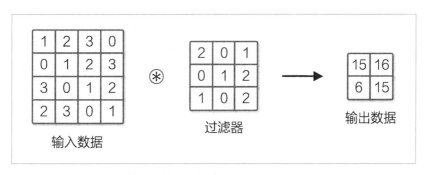

图55-2　卷积运算的例子(卷积运算用 ⊛ 表示)

如图55-2所示,卷积操作对输入数据应用过滤器。在这个例子中,输入数据拥有垂直方向和水平方向这两个维度,过滤器也同样拥有垂直方向和水平方向两个维度。如果按照(height, width)的顺序来描述数据的形状,那么在这个例子中输入大小为 (4，4)，过滤器大小为 (3，3)，输出大小为 (2，2)。此时的卷积运算会按照图55-3所示的顺序进行。

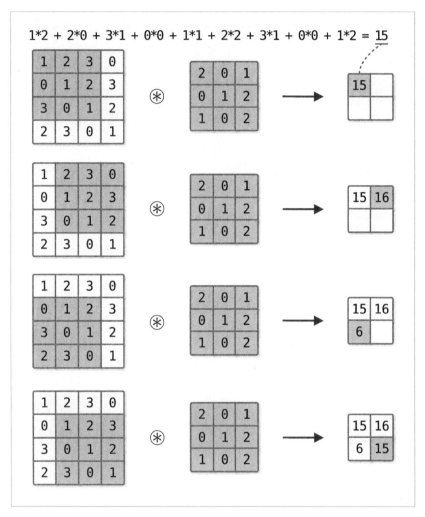

图55-3 卷积运算的计算顺序

卷积运算一边以一定的间隔移动过滤器窗口，一边使用输入数据。如图55-3所示，最终求出的是过滤器和输入的相应元素相乘，然后各项相加的结果。

这个结果会存储在相应的位置。通过对所有位置执行这一过程，可得到卷积运算的输出。另外，这里所说的过滤器在一些资料中用卷积核来表示，本书把过滤器与卷积核看作同一个术语。

仔细观察图 55-3 中的过滤器，我们会发现它在水平和垂直两个方向上移动。由于这是一个在两个维度上移动的过滤器，所以是二维卷积层。以此类推，如果过滤器只在一个方向移动，就是一维卷积层；如果过滤器在三个方向移动，就是三维卷积层。对于图像，我们主要处理的是二维卷积层。在 DeZero 中，二维卷积层是以 Conv2d 这个名字来实现的。

在全连接层的神经网络中，除权重参数之外还有偏置。卷积层也有偏置。包括偏置在内的卷积运算的处理流程如图 55-4 所示。

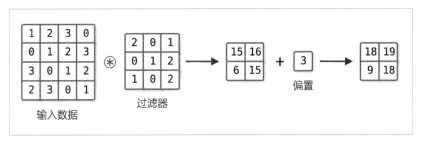

图 55-4　卷积运算的偏置

如图 55-4 所示，偏置的加法运算针对的是应用了过滤器之后的数据。请注意，这里只有一个偏置（在这个例子中，应用过滤器之后的数据有 4 个，偏置只有 1 个）。在应用过滤器后，该值会加到所有元素中。

接下来介绍卷积层中的填充（padding）和步幅（stride）这两个术语。

55.3　填充

在进行卷积层的主要处理之前，有时要在输入数据的周围填充固定的数据（例如 0）。这个处理叫作填充。例如，在图 55-5 所示的例子中，针对大小为 (4,

4) 的输入数据使用了幅度为1的填充。

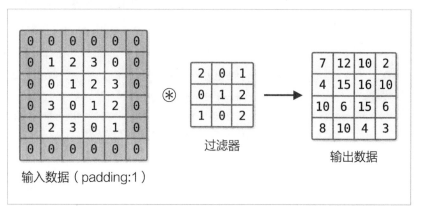

图55-5　卷积运算的填充处理

　　如图55-5所示，大小为 (4，4) 的输入数据经过填充后变为 (6,6) 的形状。然后应用大小为 (3,3) 的过滤器，生成了大小为 (4,4) 的输出数据。这个例子中的填充被设置为1，但其实它也可以被设置为2或3等任意整数。我们也可以为垂直方向和水平方向单独设置填充。

使用填充的主要目的是调整输出的大小。例如，对大小为 (4，4) 的输入数据应用大小为 (3，3) 的过滤器后，输出大小变为 (2，2)，相当于输出大小比输入大小缩小了2个元素。对重复进行卷积运算的深度网络来说，这是一个问题，因为如果每次进行卷积运算时都会缩小空间，那么在某个时间点就不能再进行卷积运算了。为了避免出现这种情况，需要使用填充。在前面的例子中，通过将填充的幅度设置为1，输入大小变成了 (6，6)。此时再经过过滤器，输出大小将变成 (4，4)，大小不变。

55.4　步幅

　　应用过滤器的位置之间的间隔称为步幅。前面例子中的步幅都是1，如果把步幅设置为2，如图55-6所示，应用过滤器的窗口的间隔就会变为两个元素。

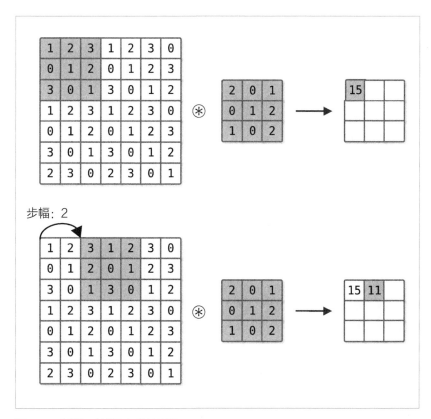

图 55-6　步幅为 2 的卷积运算的例子

　　在图 55-6 的例子中，步幅为 2 的过滤器应用于输入大小为 (7, 7) 的数据。将步幅设置为 2，输出大小则为 (3, 3)。从例子可以看出，步幅指定了应用过滤器的间隔。我们还可以分别设置垂直方向和水平方向的步幅。

55.5　输出大小的计算方法

　　从前面的例子可以看出，步幅越大，输出大小越小。另外，填充越大，输出大小越大。也就是说，输出大小受步幅和填充的影响。除步幅和填充之外，如果给定了输入数据和过滤器的大小，那么输出的大小就是唯一的。其计算方法如下所示。

steps/step55.py

```python
def get_conv_outsize(input_size, kernel_size, stride, pad):
    return (input_size + pad * 2 - kernel_size) // stride + 1
```

函数的所有参数都应为int类型。input_size是输入数据的大小，kernel_size是过滤器的大小，stride是步幅的大小，pad是填充的大小。

 上面代码中的//是除法运算。计算结果不能被整除时，小数部分会被舍去。

下面实际使用这里实现的get_conv_outsize函数。结果如下所示。

steps/step55.py

```python
H, W = 4, 4  # input_shape
KH, KW = 3, 3  # kernel_shape
SH, SW = 1, 1  # stride(垂直方向的步幅，水平方向的步幅)
PH, PW = 1, 1  # padding(垂直方向的填充，水平方向的填充)

OH = get_conv_outsize(H, KH, SH, PH)
OW = get_conv_outsize(W, KW, SW, PW)
print(OH, OW)
```

运行结果

```
4 4
```

上面的代码成功计算出了输出大小。考虑到将来也要用这个get_conv_outsize函数，我们把它添加到dezero/utils.py中。

介绍完卷积运算的基本内容后，本步骤也就结束了。在下一个步骤中，我们将探讨CNN机制的其他主题(通道和池化)。

步骤 56
CNN 的机制（2）

　　上一个步骤介绍了在垂直方向和水平方向上排列的二维数据（二阶张量）的卷积运算。不过对图像来说，除在垂直方向和水平方向之外，数据还在通道方向上排列，因此 DeZero 要能处理这种三维数据（三阶张量）。本步骤，我们将使用与上一个步骤相同的做法来研究三阶张量的卷积运算，之后会探讨池化。

56.1　三阶张量

　　我们先看一个卷积运算的例子，图 56-1 是对通道数为 3 的数据进行卷积运算的情形。

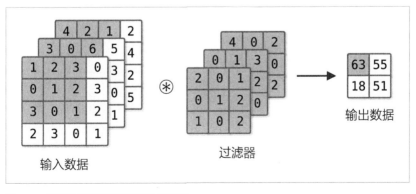

图56-1　对三阶张量进行卷积运算的例子

图56-1中的卷积运算的计算步骤与二阶张量的相同。除了在更深的方向上增加数据，过滤器的工作方式和计算方法都没有发生变化。这里需要注意的是，输入数据的通道数和过滤器的通道数相同。图56-1的输入数据和过滤器的通道数都是3。另外，我们可以将过滤器在垂直方向和水平方向上的大小设置为任意数字。在上面的例子中，过滤器的大小是(3, 3)，我们也可以把它设置为其他的值，如(1, 2)或(2,1)。

与上一个步骤一样，图56-1中的过滤器在水平方向和垂直方向这两个维度上移动，因此，该过滤器被分类到二维卷积层中(尽管是针对三阶张量进行的卷积运算)。在许多深度学习框架中，该处理被实现为Conv2d或Convolution2d类。

56.2 结合方块进行思考

如果把三阶张量看作方块，就容易理解它的卷积运算了。如图56-2所示，笔者结合三维的方块来介绍三阶张量。

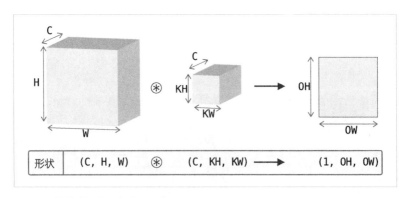

图56-2 结合方块来思考卷积运算

图56-2中数据的书写顺序是(channel, height, width)。例如，通道数为C、高度为H、宽度为W的数据的形状可写为(C, H, W)。过滤器的情况也一样，按照(channel, height, width)的顺序书写即可。如果通道数为C、过滤器的

高度为KH ^{①}，宽度为KW，则写为(C, KH, KW)。

输出被称为"特征图"。在图56-2的例子中，输出以一个特征图的形式显示出来。假设我们想让通道方向上有多个特征图。要达到这样的效果，需要用到多个过滤器(权重)。具体如图56-3所示。

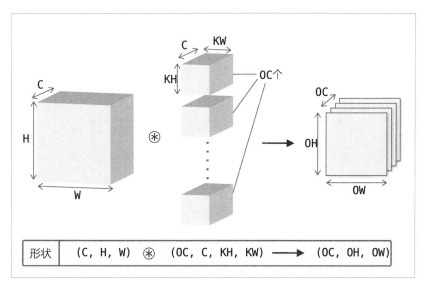

| 形状 | (C, H, W) | ⊛ | (OC, C, KH, KW) | ⟶ | (OC, OH, OW) |

图56-3　基于多个过滤器的卷积运算的例子

图56-3中的各张量分别应用了OC ^{②}个过滤器。于是有OC个特征图会被创建出来。这OC个特征图汇总在一起就是(OC, OH, OW)形状的方块。

从图56-3可以看出，关于卷积运算的过滤器，其数量也是我们需要考虑的要素。为此，我们要把过滤器的权重数据设为一个四阶张量，将其数据形状规定为(output_channel, input_channel, height, width)。如果有20个通道数为3、大小为(5,5)的过滤器，那么该过滤器的形状为(20, 3, 5, 5)。

---

① KH是Kernel Height的首字母缩写，KW是Kernel Width的首字母缩写。
② OC是Output Channel的首字母缩写。

卷积运算中（和全连接层相同）也存在偏置。图56-4在图56-3的基础上添加了偏置的加法处理。

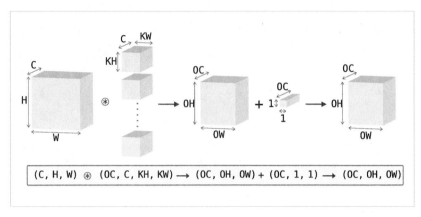

$$(C, H, W) \circledast (OC, C, KH, KW) \longrightarrow (OC, OH, OW) + (OC, 1, 1) \longrightarrow (OC, OH, OW)$$

图56-4　卷积运算的处理流程（又添加了偏置项）

如图56-4所示，每个通道只有一个偏置。这里，偏置的形状是(OC, 1, 1)，应用过滤器后的输出的形状是(OC, OH, OW)。由于形状不同，偏置在被广播处理之后加到结果中。以上就是包含了偏置加法运算的卷积运算。

56.3　小批量处理

在神经网络的训练过程中，输入数据会被合并起来进行处理（这种处理方式叫作小批量处理）。卷积运算也会进行小批量处理。因此，流经各层的数据会被视为四阶张量。图56-5是对由 N 个数据组成的小批量数据进行卷积运算的过程。

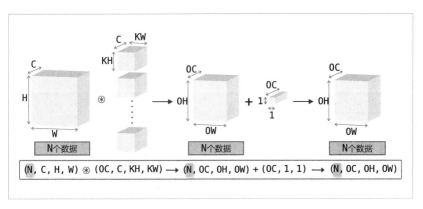

图56-5　卷积运算的处理流程（小批量处理）

图56-5 的数据在前面增加了用于小批量的维度。因此，数据格式变为
(batch_size, channel, height, width)。小批量处理对这个四阶张量中的每
个样本数据（单独）进行相同的卷积运算。

到这里就介绍完 CNN 中的卷积层的计算了。接下来讨论 CNN 中的池化层。

56.4　池化层

池化处理是缩小垂直方向和水平方向空间的操作。图56-6 的例子展示
了步幅为2的 2×2 的最大池化的处理过程。最大池化是取最大值的运算，
2×2 表示池化目标区域的大小。如图所示，此处从 2×2 区域取出值最大的
元素。另外，在这个例子中，由于步幅被设置为2，所以 2×2 窗口的移动
间隔是两个元素。一般来说，池化窗口的大小和步幅应设置为相同的值，例
如 3×3 池化的步幅为3，4×4 池化的步幅为4，以此类推。

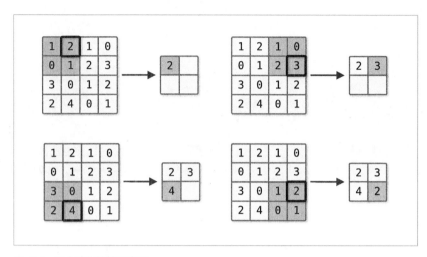

图56-6　最大池化的处理步骤

除最大池化之外，还有平均池化。最大池化是从对象区域中取出最大值的计算，平均池化则是计算对象区域的平均值。由于在图像识别领域主要使用的是最大池化，所以本书在提到池化层时指的是最大池化。

以上就是对池化层的介绍。池化层具有以下特点。

没有学习参数

与卷积层不同，池化层没有任何学习参数。这是因为池化只取对象区域中的最大值（或平均值）。

通道数量不发生变化

池化计算不改变输入数据和输出数据的通道数量。如图56-7所示，计算是按通道独立进行的。

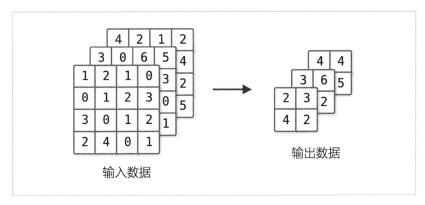

图56-7 池化的通道数量

对微小的位置变化具有鲁棒性

对于输入数据中的微小差异，池化的结果是相同的。因此，它对输入数据的微小差异具有鲁棒性(健壮性)。例如图56-8中的3×3池化的情景，从中我们可以看出池化可以吸收输入数据的差异。右图中的输入数据在水平方向上移动了一个元素，但输出是相同的(结果与数据有关，有时候也会出现输出不同的情况)。

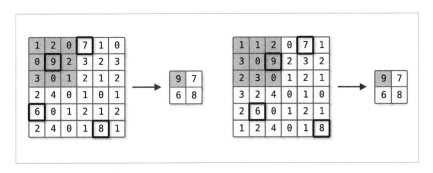

图56-8 当输入数据有微小差异时的比较

以上就是对 CNN 机制的介绍。前面主要探讨了卷积层和池化层。在下一个步骤，我们将把这两个处理实现为 DeZero 函数。

步骤 57
conv2d 函数和 pooling 函数

步骤 55 和步骤 56 介绍了卷积层和池化层。如果自己从头实现卷积运算，编写出的代码将会包含多层 for 语句的嵌套。这样的代码很烦琐，而且在 NumPy 中使用 for 语句会使处理速度变慢。所以这里我们不使用 for 语句，而是使用 im2col 这个工具函数来实现目标。im2col 是 image to column 的缩写，意思是从图像到列。

 在 DeZero 中，神经网络的转换处理是以函数的形式实现的，而具有参数的层则继承于 Layer 类来管理参数。这里将卷积层所做的处理以 conv2d（或 conv2d_simple）函数的形式实现，然后实现继承于 Layer 类的 Conv2d 层。另外，由于池化层没有参数，所以我们只实现 pooling 函数。

57.1　使用 im2col 展开

im2col 是一个用于展开输入数据的函数，它将输入数据展开为卷积核易于处理的形式。如图 57-1 所示，它从作为输入数据的三阶张量中取出了应用卷积核的区域（准确来说是从包括批量大小在内的四阶张量中取出应用卷积核的区域）。

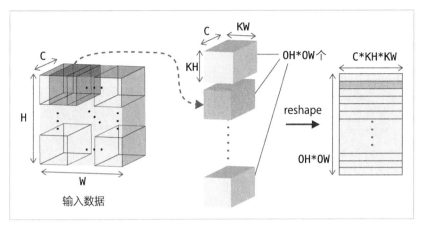

图 57-1　展开卷积核的应用区域

　　如图 57-1 所示，首先取出应用卷积核的区域，然后将取出的区域变为一列，最终将其转换为矩阵(二阶张量)。这就是 im2col 函数所做的处理。

 　Chainer 的 im2col 执行了图 57-1 中第一阶段的处理(不包括 reshape 部分的处理)。这是因为一旦取出了应用卷积核的区域，后面就可以通过张量积[1]进行必要的计算。由于我们使用了矩阵的乘积，所以本书需要完成到 reshape 部分的处理。另外，DeZero 中使用的 im2col 函数有一个名为 to_matrix 的标志位，只有当这个标志位为 True 时，图 57-1 中的 reshape 部分才会被一并处理。

　　通过 im2col 将输入数据展开后，将卷积层的卷积核(过滤器)扩展为一列，然后计算两个矩阵的乘积，具体如图 57-2 所示。

---

[1] 简单来说，张量积是矩阵乘积的扩展。它可以在任意的张量之间指定张量的轴，进行乘积累加运算。我们可以使用 NumPy 的 np.tensordot 和 np.einsum 来计算张量积。

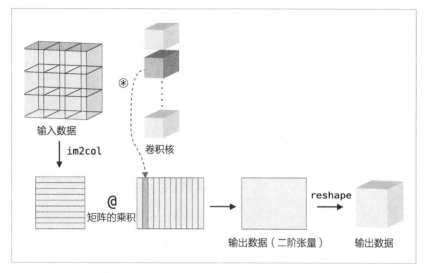

图 57-2　基于输入数据和卷积核的矩阵乘积的计算

如图 57-2 所示，首先计算矩阵的乘积。这个矩阵乘积的输出也是矩阵（二阶张量）。最后，输出转换为三阶张量（准确来说是包含批量大小在内的四阶张量）。以上就是卷积层的实现流程。

在进行卷积运算时使用 im2col 展开输入数据后，元素的数量大多会大于原来的数量。因此，使用了 im2col 的实现需要大量的内存空间。不过由于可以使用矩阵的乘积进行计算，所以矩阵库优化过的函数能发挥很大的作用。

57.2　conv2d 函数的实现

本书把 DeZero 的 im2col 函数当作黑盒使用（不关注其内部实现）。im2col 函数是对 Variable 实例的输入进行计算的 DeZero 函数，其导数可以通过 backward 求得。

由于 CNN 的函数代码较多，所以我们不将 CNN 相关的代码保存在 dezero/functions.py 中，而 是 保 存 在 dezero/functions_conv.py 中。DeZero 的 im2col 函数也在 dezero/functions_conv.py 中。另外，dezero/functions.py 中导入了 dezero/functions_conv.py 中实现的 DeZero 函数。这样用户就能从 dezero/functions.py 导入所有的函数。

现在来看 DeZero 的 im2col 函数，它有以下参数。表 57-1 是对其参数的说明。

```
im2col(x, kernel_size, stride=1, pad=0, to_matrix=True)
```

表 57-1　im2col 函数的参数

参数	类型	说明
x	Variable 或 ndarray	输入数据
kernel_size	int 或 (int, int)	卷积核大小
stride	int 或 (int, int)	步幅
pad	int 或 (int, int)	填充
to_matrix	bool	是否变形为矩阵

kernel_size 参数可以是 int 或 (int, int)（元组）。如果传来的值是 (int, int)，那么第一个元素对应于高度，第二个元素对应于宽度；如果只传 int，那么高度和宽度是同一个值。参数 stride 和 pad 的类型也一样。最后的参数 to_matrix 是标志位，如果为 True，则指示函数在取出应用卷积核的区域后将其变为矩阵（这样就能以矩阵的乘积进行计算了）。

下面来实际使用这个 im2col 函数。

steps/step57.py

```python
import numpy as np
import dezero.functions as F

x1 = np.random.rand(1, 3, 7, 7)
col1 = F.im2col(x1, kernel_size=5, stride=1, pad=0, to_matrix=True)
print(col1.shape)
```

```
x2 = np.random.rand(10, 3, 7, 7)  # 10个数据
kernel_size = (5, 5)
stride = (1, 1)
pad = (0, 0)
col2 = F.im2col(x2, kernel_size, stride, pad, to_matrix=True)
print(col2.shape)
```

运行结果

```
(9, 75)
(90, 75)
```

上面的代码展示了两个例子。第一个是形状为 (1, 3, 7, 7) 的数据，即数据的批量大小为 1，通道数为 3，高为 7，宽为 7。第二个例子是将第一个例子的批量大小增加到 10 的情况。分别对两个数据集应用 im2col 函数后，第二维的元素数都变为 75。这与卷积核的元素数（通道数为 3，大小为 (5, 5)）一致。另外，批量大小为 1 的 im2col 的结果大小为 (9, 75)。第二个例子的批量大小为 10，所以结果大小为 (90, 75)，是第一个例子的 10 倍。

接下来使用 im2col 函数来实现进行卷积运算的 DeZero 的函数。在此之前，首先实现工具函数 pair(x)。

dezero/utils.py

```
def pair(x):
    if isinstance(x, int):
        return (x, x)
    elif isinstance(x, tuple):
        assert len(x) == 2
        return x
    else:
        raise ValueError
```

如果参数 x 是 int，函数 pair(x) 将返回 (x, x)。如果 x 是有两个元素的元组，pair(x) 则将其按原样返回。在使用这个函数的情况下，不管输入是 int 还是 (int, int)，我们都可以得到具有两个元素的元组。示例如下所示。

```
from dezero.utils import pair

print(pair(1))
print(pair((1, 2)))
```

运行结果
```
(1, 1)
(1, 2)
```

下面实现进行卷积运算的函数 conv2d_simple（将以下代码添加到 dezero/functions_conv.py，而不是 dezero/functions.py 中）。

dezero/functions_conv.py

```
from dezero.utils import pair, get_conv_outsize

def conv2d_simple(x, W, b=None, stride=1, pad=0):
    x, W = as_variable(x), as_variable(W)

    Weight = W  # 为了避免W(Width和Weight)冲突
    N, C, H, W = x.shape
    OC, C, KH, KW = Weight.shape
    SH, SW = pair(stride)
    PH, PW = pair(pad)
    OH = get_conv_outsize(H, KH, SH, PH)
    OW = get_conv_outsize(W, KW, SW, PW)

    col = im2col(x, (KH, KW), stride, pad, to_matrix=True)  # ①
    Weight = Weight.reshape(OC, -1).transpose()  # ②
    t = linear(col, Weight, b)  # ③
    y = t.reshape(N, OH, OW, OC).transpose(0, 3, 1, 2)  # ④
    return y
```

上面代码中重要的部分用阴影表示。①处使用 im2col 展开输入数据，②处将卷积核（Weight）像图57-2那样并排展开为一列。通过在 Weight.reshape(OC, -1) 中指定 -1 可以做到这一点，这是 reshape 函数的一个便利的功能。如果 reshape 函数的参数被指定为 -1，在保持多维数组元素数量不变的情况下，元素会被降维合并到一起。例如，形状为 (10, 3, 5, 5) 的数组的元素数是 750，对这个数组使用 reshape(10, -1)，它将变换为形状是 (10, 75) 的数组。

③处计算矩阵的乘积，这一行使用了用于线性变换的 linear 函数进行包含偏置的计算。最后的④处将输出变换为合适的形状。在变换时使用了 DeZero 的 transpose 函数。步骤38中曾经介绍过 transpose 函数可以用来交换张量的轴的顺序，这里我们以图57-3的形式改变轴的顺序。

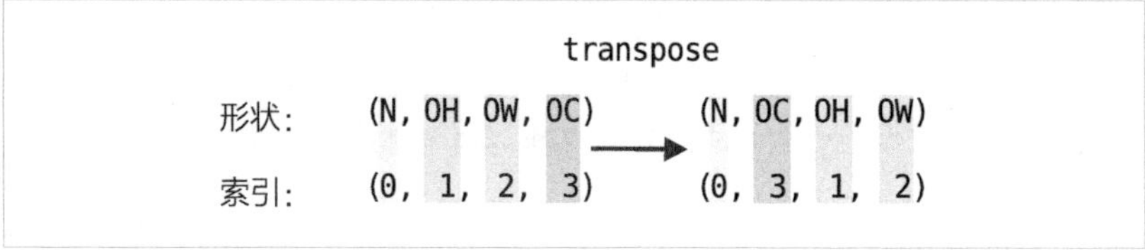

transpose

形状：　(N, OH, OW, OC)　　　→　　(N, OC, OH, OW)

索引：　(0, 1, 2, 3)　　　　　　　　(0, 3, 1, 2)

图57-3　通过 transpose 函数交换轴的顺序

以上就是 conv2d_simple 函数的实现。由于我们在实现卷积运算时使用的是此前实现的 DeZero 函数，所以它的反向传播也可以正确进行。例如，我们可以按以下方式使用 conv2d_simple 函数。

steps/step57.py

```
N, C, H, W = 1, 5, 15, 15
OC, (KH, KW) = 8, (3, 3)

x = Variable(np.random.randn(N, C, H, W))
W = np.random.randn(OC, C, KH, KW)
y = F.conv2d_simple(x, W, b=None, stride=1, pad=1)
y.backward()

print(y.shape)
print(x.grad.shape)
```

运行结果

```
(1, 8, 15, 15)
(1, 5, 15, 15)
```

上面的代码成功地执行了卷积运算。这里展示的卷积运算采用了普通的实现方式（因此函数也被命名为 conv2d_simple），更好的实现方式是实现继承 Function 类的 Conv2d 类。Conv2d 类和 conv2d 函数的代码在 dezero/functions_conv.py 中。感兴趣的读者可以查阅。

Conv2d 类在正向传播阶段使用 im2col 方法，并通过张量积进行计算。另外，通过 im2col 展开的二阶张量（这里称之为 col）在使用后会立即从内存中删除（因为 col 非常大，会占用很多内存）。之后的反向传播阶段通过转置卷积[①]来进行计算。

57.3 Conv2d 层的实现

接下来实现作为层的 Conv2d 类（不是函数）。代码如下所示。

dezero/layers.py

```python
class Conv2d(Layer):
    def __init__(self, out_channels, kernel_size, stride=1,
                 pad=0, nobias=False, dtype=np.float32, in_channels=None):
        super().__init__()
        self.in_channels = in_channels
        self.out_channels = out_channels
        self.kernel_size = kernel_size
        self.stride = stride
        self.pad = pad
        self.dtype = dtype

        self.W = Parameter(None, name='W')
        if in_channels is not None:
            self._init_W()

        if nobias:
            self.b = None
        else:
            self.b = Parameter(np.zeros(out_channels, dtype=dtype), name='b')

    def _init_W(self, xp=np):
        C, OC = self.in_channels, self.out_channels
        KH, KW = pair(self.kernel_size)
        scale = np.sqrt(1 / (C * KH * KW))
        W_data = xp.random.randn(OC, C, KH, KW).astype(self.dtype) * scale
        self.W.data = W_data
```

---

① 转置卷积也称为逆卷积，它进行的是卷积的逆变换。

```
def forward(self, x):
    if self.W.data is None:
        self.in_channels = x.shape[1]
        xp = cuda.get_array_module(x)
        self._init_W(xp)

    y = F.conv2d_simple(x, self.W, self.b, self.stride, self.pad)
    # 或者  y = F.conv2d(x, self.W, self.b, self.stride, self.pad)
    return y
```

上面的代码首先继承了 Layer 类，然后实现了 Conv2d 类。初始化时接收表 57-2 中的参数。

表 57-2　Conv2d 类的初始化参数

参数	类型	说明
out_channels	Int	输出数据的通道数
kernel_size	int 或 (int, int)	卷积核大小
stride	int 或 (int, int)	步幅
pad	int 或 (int, int)	填充
nobias	bool	是否使用偏置
dtype	numpy.dtype	权重的初始化数据类型
in_channels	int 或 None	输入数据的通道数

表 57-2 中需要注意的是 in_channels 的默认值是 None。如果它是 None，in_channels 的值将从 forward(x) 中的 x 的形状中获得，同时权重数据也会被初始化。具体做法与全连接层的 Linear 层相同。

主处理用到了刚刚实现的函数 conv2d_simple（或 conv2d）。以上是 Conv2d 层的实现。

57.4　pooling 函数的实现

最后实现 pooling 函数。与 conv2d_simple 函数一样，这个函数也使用 im2col 展开输入数据。不过与卷积层不同的是，在池化时各通道方向是独立的。也就是说，池化的应用区域按通道单独展开。具体如图 57-4 所示。

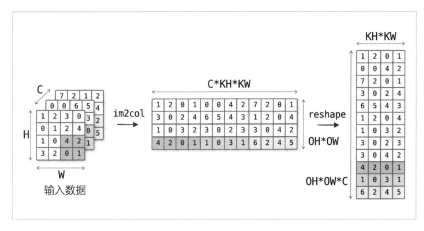

图57-4　对输入数据展开池化应用区域（2 × 2池化的例子）

　　如果以这种方式展开数据，之后只要针对展开后的矩阵求出其中每一行的最大值，将结果变形为合适的形状即可。这个过程如图57-5所示。

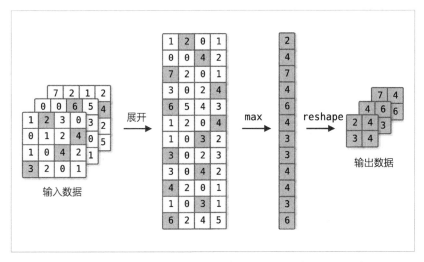

图57-5　pooling 函数的实现流程（池化应用区域中数值最大的元素用阴影表示）

　　以上就是pooling 函数的实现流程。代码如下所示。

dezero/functions_conv.py

```
def pooling_simple(x, kernel_size, stride=1, pad=0):
    x = as_variable(x)

    N, C, H, W = x.shape
    KH, KW = pair(kernel_size)
    PH, PW = pair(pad)
    SH, SW = pair(stride)
    OH = get_conv_outsize(H, KH, SH, PH)
    OW = get_conv_outsize(W, KW, SW, PW)

    col = im2col(x, kernel_size, stride, pad, to_matrix=True)  # ①展开
    col = col.reshape(-1, KH * KW)}
    y = col.max(axis=1)  # ②最大值
    y = y.reshape(N, OH, OW, C).transpose(0, 3, 1, 2)  # ③变换
    return y
```

pooling 函数（准确来说是 pooling_simple 函数）的实现分 3 步进行：①处展开输入数据，②处计算每一行的最大值，③处变换为合适的输出大小。

在计算最大值时用到了 DeZero 的 max 函数。这个 max 函数指定的参数可以与 NumPy 的 np.max 的参数相同。上面的代码通过指定 axis 参数来计算每个指定的轴上的最大值。

以上就是 pooling 函数的代码。从代码中可以看出，只要将输入数据展开为易于进行池化的形式，后续的实现就会变得非常简单。

步骤 58
具有代表性的CNN(VGG16)

我们在上一个步骤实现了Conv2d层和pooling函数。在本步骤，我们将使用它们来实现一个著名的模型VGG16，同时使用训练后的权重进行推理。

58.1 VGG16的实现

VGG(参考文献[36])是在2014年的ILSVRC比赛中获得亚军的模型。在参考文献[36]中的文章中，作者通过改变模型中使用的层数等方式提出了几种变体，这里我们将实现其中一个名为VGG16的模型，其网络构成如图58-1所示。

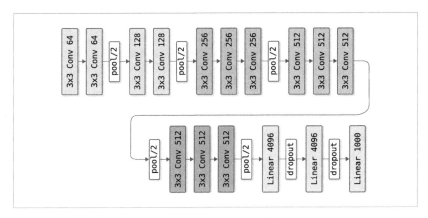

图58-1　VGG16的网络构成(图中省略了激活函数ReLU)

图 58-1 中的 "3×3 conv 64" 表示卷积核大小为 3×3, 输出通道数为 64。另外, "pool/2" 表示 2×2 的池化, "linear 4096" 表示输出大小为 4096 的全连接层。VGG16 有以下几个特点。

- 使用 3×3 的卷积层(填充为 1×1)
- 卷积层的通道数量(基本上)在每次池化后变为原来的 2 倍(64→128→256→512)
- 在全连接层使用 Dropout
- 使用 ReLU 作为激活函数

现在参照图 58-1 来实现 VGG16。代码如下所示。

dezero/models.py

```python
import dezero.functions as F
import dezero.layers as L

class VGG16(Model):
    def __init__(self):
        super().__init__()
        # ①只指定输出的通道数
        self.conv1_1 = L.Conv2d(64, kernel_size=3, stride=1, pad=1)
        self.conv1_2 = L.Conv2d(64, kernel_size=3, stride=1, pad=1)
        self.conv2_1 = L.Conv2d(128, kernel_size=3, stride=1, pad=1)
        self.conv2_2 = L.Conv2d(128, kernel_size=3, stride=1, pad=1)
        self.conv3_1 = L.Conv2d(256, kernel_size=3, stride=1, pad=1)
        self.conv3_2 = L.Conv2d(256, kernel_size=3, stride=1, pad=1)
        self.conv3_3 = L.Conv2d(256, kernel_size=3, stride=1, pad=1)
        self.conv4_1 = L.Conv2d(512, kernel_size=3, stride=1, pad=1)
        self.conv4_2 = L.Conv2d(512, kernel_size=3, stride=1, pad=1)
        self.conv4_3 = L.Conv2d(512, kernel_size=3, stride=1, pad=1)
        self.conv5_1 = L.Conv2d(512, kernel_size=3, stride=1, pad=1)
        self.conv5_2 = L.Conv2d(512, kernel_size=3, stride=1, pad=1)
        self.conv5_3 = L.Conv2d(512, kernel_size=3, stride=1, pad=1)
        self.fc6 = L.Linear(4096)  # ②只指定输出的大小
        self.fc7 = L.Linear(4096)
        self.fc8 = L.Linear(1000)

    def forward(self, x):
        x = F.relu(self.conv1_1(x))
        x = F.relu(self.conv1_2(x))
```

```
        x = F.pooling(x, 2, 2)
        x = F.relu(self.conv2_1(x))
        x = F.relu(self.conv2_2(x))
        x = F.pooling(x, 2, 2)
        x = F.relu(self.conv3_1(x))
        x = F.relu(self.conv3_2(x))
        x = F.relu(self.conv3_3(x))
        x = F.pooling(x, 2, 2)
        x = F.relu(self.conv4_1(x))
        x = F.relu(self.conv4_2(x))
        x = F.relu(self.conv4_3(x))
        x = F.pooling(x, 2, 2)
        x = F.relu(self.conv5_1(x))
        x = F.relu(self.conv5_2(x))
        x = F.relu(self.conv5_3(x))
        x = F.pooling(x, 2, 2)
        x = F.reshape(x, (x.shape[0], -1))}   # ③变形
        x = F.dropout(F.relu(self.fc6(x)))
        x = F.dropout(F.relu(self.fc7(x)))
        x = self.fc8(x)
        return x
```

代码很长，但结构很简单。初始化方法创建需要的层，`forward`方法使用层和函数来进行处理。接下来补充说明上面代码中标记的3处。

首先①处在创建卷积层时没有指定输入数据的通道数。输入数据的通道数是从正向传播的数据流中获得的，同时权重参数也会被初始化。②处的`L.Linear(4096)`同样只指定了输出大小。输入的大小是由实际流入的数据自动确定的，所以②处只指定输出大小即可。

最后③处为了从卷积层切换到全连接层对数据进行了变形。卷积层处理的是四阶张量，全连接层处理的是二阶张量。因此，在向全连接层传播数据之前，要使用`reshape`函数将数据变形为二阶张量。以上就是`VGG16`类的实现。

58.2　已训练的权重数据

`VGG16`是在大型数据集 ImageNet 上训练的，训练后的权重数据已开放下载。这里向刚才实现的`VGG16`类中添加用于加载已训练的权重数据的函数。

VGG16模型基于 Creative Commons Attribution 许可协议开放下载。另外，为了使DeZero能够读取模型原始的权重数据而对该模型施加了微小修改的权重文件可从GitHub上获得。

向 VGG16 类添加的代码如下所示。

dezero/models.py

```python
from dezero import utils

class VGG16(Model):
    WEIGHTS_PATH = 'https://github.com/koki0702/dezero-models/' \
                    'releases/download/v0.1/vgg16.npz'

    def __init__(self, pretrained=False):
        ...

        if pretrained:
            weights_path = utils.get_file(VGG16.WEIGHTS_PATH)
            self.load_weights(weights_path)
```

上面的代码在 VGG16 类的初始化方法中添加了参数 pretrained=False。如果参数为 True，则从指定位置下载并读取权重文件（DeZero 专用的转换过的权重文件）。加载权重文件是步骤53 中增加的功能。

dezero/utils.py 中有一个 get_file 函数。该函数从指定的 URL 下载文件，然后返回下载文件（在PC上）的绝对路径。如果下载的文件已经在缓存目录中，它会返回该文件的绝对路径。DeZero 的缓存目录是 ~/.dezero。

以上就是 VGG16 类的实现。VGG16 类的代码在 dezero/models.py 中。下面是使用已训练的 VGG16 的实例代码。

```
import numpy as np
from dezero.models import VGG16

model = VGG16(pretrained=True)

x = np.random.randn(1, 3, 224, 224).astype(np.float32)  # 虚拟数据
model.plot(x)
```

为了实现可视化操作，上面的代码还创建了VGG16的计算图。结果如图58-2所示。

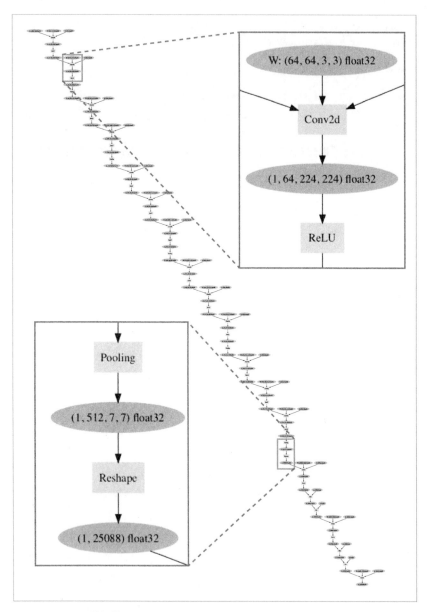

图58-2 VGG16的计算图

58.3　使用已训练的VGG16

接下来使用已训练的VGG16进行图像识别。首先要做的是加载样本图像。

```
import dezero
from PIL import Image

url = 'https://github.com/oreilly-japan/deep-learning-from-scratch-3/' \
      'raw/images/zebra.jpg'
img_path = dezero.utils.get_file(url)
img = Image.open(img_path)
img.show()
```

上面的代码使用前面介绍的`dezero.utils.get_file`函数下载图像文件，然后使用PIL包读取已下载的图像。执行上述代码，会显示图58-3中的图像。

图58-3　使用PIL读取的样本图像

　PIL(Python Image Library)是一个图像处理库，针对图像提供了读取、保存、转换等功能。我们可以通过`pip install pillow`来安装PIL。

前面代码中的img = Image.open(img_path)用于读取图像，img的类型是PIL. Image。但是DeZero处理的数据是ndarray类型，因此我们需要使用执行转换处理的函数。我们在DeZero的VGG16类中准备一个静态方法preprocess。该方法可按以下方式使用。

```
from models import VGG16

x = VGG16.preprocess(img)
print(type(x), x.shape)
```

运行结果

```
<class 'numpy.ndarray'> (3, 224, 224)
```

preprocess是静态方法，它可以从类调用，无须通过实例。它接收的参数是PIL.Image类型的数据。内部所做的处理是将数据调整为高224、宽224的大小，然后将其转换为ndarray实例。这里的大小(224，224)是VGG16的输入图像的大小。VGG16.preprocess方法也做了一些其他的预处理，如按照BGR的顺序排列颜色通道、减去固定值等。这些是用VGG16训练ImageNet时要做的预处理。

在使用已训练的权重数据推断未知数据时，需要做与训练模型时相同的预处理，否则输入到模型的数据将是不同的，模型无法正确进行识别。

准备工作已经完成。下面使用已训练的VGG16进行分类。以下是step/step58.py中的所有代码。

steps/step58.py

```
import numpy as np
from PIL import Image
import dezero
from dezero.models import VGG16
```

```
url = 'https://github.com/oreilly-japan/deep-learning-from-scratch-3/' \
      'raw/images/zebra.jpg'
img_path = dezero.utils.get_file(url)
img = Image.open(img_path)
x = VGG16.preprocess(img)
x = x[np.newaxis]  # 增加用于小批量处理的轴

model = VGG16(pretrained=True)
with dezero.test_mode():
    y = model(x)
predict_id = np.argmax(y.data)

model.plot(x, to_file='vgg.pdf')  # 计算图的可视化
labels = dezero.datasets.ImageNet.labels()  # ImageNet 的标签
print(labels[predict_id])
```

运行结果
zebra

　　上面的代码首先读取图像，进行预处理，然后在数据的前面添加用于小批量的轴。这会使 x 的形状由 (3, 224, 224) 变为 (1, 3, 224, 224)。之后将数据传给 VGG16，让它进行推理。输出层(1000 个类别)中数值最大的索引就是模型分类的结果。

　　另外，dezero/datasets.py 中还准备了 ImageNet 的标签(键为对象 ID、值为标签名的字典)。使用它可以从对象 ID 中取出标签名称。结果 zebra(斑马)表明图像被正确识别了出来。到这里就完成了 VGG16 的实现。

　　除 VGG16 之外，dezero/models.py 中还有其他著名的模型，如 ResNet(参考文献 [37]) 和 SqueezeNet(参考文献 [38])。感兴趣的读者可以参考。

步骤59
使用RNN处理时间序列数据

我们此前见到的神经网络是具有前馈(feed forward)结构的网络。前馈指信号向一个方向前进，它的特点是输出只取决于输入。而RNN(循环神经网络)是具有如图59-1所示的循环结构的网络。

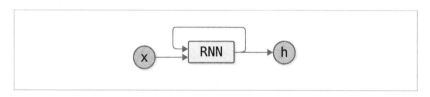

图59-1　RNN的结构

图59-1中的循环结构使RNN的输出前馈到自身。所以，RNN网络拥有"状态"。也就是说，当数据输入到RNN时，状态被更新，输出由状态决定。

本步骤的主题是RNN。RNN在计算上比前馈网络更复杂。但有了DeZero，如此复杂的计算也能简单地实现。在本步骤，笔者将结合RNN的实现来介绍RNN的原理。

59.1　RNN层的实现

首先使用式子来介绍RNN。我们以输入为时间序列数据x_t、输出为隐藏状态h_t的RNN为例进行思考。这里的t指的是时间序列数据的时间t(或

第 t 个)。另外,由于 RNN 的状态被称为隐藏状态(hidden state),所以在式子中用 h 来表示 RNN 的状态。下面是 RNN 的正向传播的式子。

$$h_t = \tanh(h_{t-1}W_h + x_t W_x + b) \tag{59.1}$$

先来看一下式子59.1中的符号。RNN 有两个权重:一个是权重 W_x,用于将输入 x 转换为隐藏状态 h;另一个是权重 W_h,用于将前一个时刻的 RNN 的输出转换为下一个时刻的输出。另外还有偏置 b。这里的 h_{t-1} 和 x_t 是行向量。

式子59.1中首先进行矩阵乘积的计算,然后使用 tanh 函数(双曲正切函数)对它们的和进行转换。其结果是时刻 t 的输出 h_t。这个 h_t 既用在其他层,也用在下一个时刻的 RNN 层(自身)。

下面来实现 DeZero 的 RNN 层。按照之前的方法进行操作,RNN 层继承于 Layer 类,它的 forward 方法中是正向传播的处理。下面是 RNN 层的代码(将此代码添加到 dezero/layers.py 中)。

dezero/layers.py

```python
class RNN(Layer):
    def __init__(self, hidden_size, in_size=None):
        super().__init__()
        self.x2h = Linear(hidden_size, in_size=in_size)
        self.h2h = Linear(hidden_size, in_size=in_size, nobias=True)
        self.h = None

    def reset_state(self):
        self.h = None

    def forward(self, x):
        if self.h is None:
            h_new = F.tanh(self.x2h(x))
        else:
            h_new = F.tanh(self.x2h(x) + self.h2h(self.h))
        self.h = h_new
        return h_new
```

首先，初始化方法 __init__ 接收 hidden_size 和 in_size。如果 in_size 为 None，则意味着只指定了隐藏层的大小。在这种情况下，输入大小会自动从正向传播时传来的数据中获得。__init__ 方法创建以下两个线性层。

- x2h：将输入 x 转换为隐藏状态 h 的全连接层
- h2h：将上一个隐藏状态转换为下一个隐藏状态的全连接层

之后 forward 方法的实现中根据 self.h（隐藏状态）是否存在来切换处理。第1次 self.h == None，所以只能从输入 x 计算隐藏状态。从第2次之后，forward 方法使用以前的隐藏状态（self.h）计算新的隐藏状态。另外，RNN 层中准备了一个叫 reset_state 的方法，这是用于重置隐藏状态的方法。

如式子 59.1 所示，RNN 的偏置只有一个。因此，我们只使用 x2h 的偏置，省略 h2h（Linear层）的偏置（上面的代码将 h2h 初始化为 nobias=True）。

现在向上面的 RNN 层传入实际的数据。尝试运行下面的代码。

```
import numpy as np
import dezero.layers as L

rnn = L.RNN(10)  # 只指定隐藏层的大小
x = np.random.rand(1, 1)
h = rnn(x)
print(h.shape)
```

运行结果

```
(1, 10)
```

上面的代码创建的是虚拟的数据，即形状为 (1, 1) 的 x。这表示批量大小为1（即有一个数据），数据的维度为1。将这个输入 x 传给 rnn，可得隐藏状态 h。此时的计算图如图 59-2 所示。

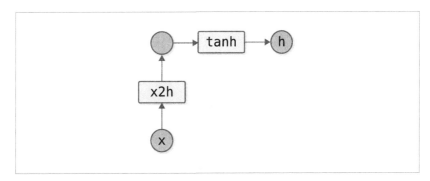

图59-2　第一次传 x 时的计算图（x2h 是 Linear 层）

接下来继续传数据。假设紧接着前面的代码运行 y = rnn(np.random.rand (1, 1))，此时的计算图如图59-3所示。

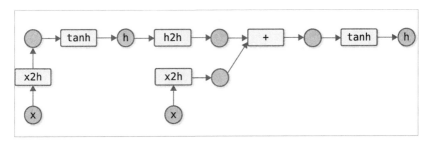

图59-3　处理完第2个输入数据后的计算图

图59-3是在图59-2的计算图的基础上"成长"起来的计算图。正是RNN 的隐藏状态使得这种"成长"成为可能。通过使用之前保存的隐藏状态，RNN 的计算图与之前的计算图建立了连接。

如图59-3所示，RNN 创建了包含所有输入数据的计算图。因此，RNN 可以学习输入数据之间的"关系"。在图59-3中出现了2个x2h实例，但它们是同一个 Linear 实例，而且使用了相同的权重。

59.2　RNN模型的实现

下面使用RNN层来实现神经网络（模型）。这里要用到将RNN层的隐藏状态转换为输出的Linear层。代码如下所示，类名为SimpleRNN。

steps/step59.py

```python
from dezero import Model
import dezero.functions as F
import dezero.layers as L

class SimpleRNN(Model):
    def __init__(self, hidden_size, out_size):
        super().__init__()
        self.rnn = L.RNN(hidden_size)
        self.fc = L.Linear(out_size)

    def reset_state(self):
        self.rnn.reset_state()

    def forward(self, x):
        h = self.rnn(x)
        y = self.fc(h)
        return y
```

上面的代码向Linear层添加了实例变量fc。这个Linear层接收RNN层的隐藏状态并计算输出。另外，上面的模型使用reset_state方法重置RNN层的隐藏状态。现在试着用这个模型进行训练。这里使用均方误差（mean_squared_error函数）作为损失函数。求梯度的代码如下所示。

```python
seq_data = [np.random.randn(1, 1) for _ in range(1000)]  # 虚拟的时间序列数据
xs = seq_data[0:-1]
ts = seq_data[1:]  # xs的下一个时间步的数据

model = SimpleRNN(10, 1)

loss, cnt = 0, 0
for x, t in zip(xs, ts):
    y = model(x)
    loss += F.mean_squared_error(y, t)
```

```
cnt += 1
if cnt == 2:
    model.cleargrads()
    loss.backward()
    break
```

　　首先创建虚拟的时间序列数据 seq_data。我们想训练的是基于该时间序列数据预测下一个时间步的数据的模型。为此需要保存训练数据，即输入数据的下一个时间步的数据。

　　然后是关键的反向传播，上面的代码只是一个示例，它在第 2 个输入数据到来时进行反向传播。传第 2 个输入数据时的计算图如图 59-4 所示。

　　创建了如图 59-4 所示的计算图后，我们就可以通过 loss.backward() 求出每个参数的梯度。这种在由一系列的输入数据组成的计算图上进行的反向传播叫作**基于时间的反向传播**（Backpropagation Through Time，**BPTT**），它表示回溯时间进行反向传播。

RNN 可以学到输入数据的排列方式的模式。数据排列的"顺序"对应于时间序列数据的"时间"。因此，Backpropagation Through Time 中用到了 Time（时间）一词。

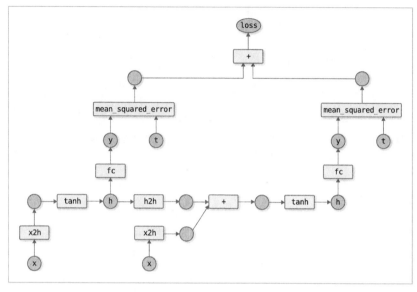

图 59-4　应用损失函数后的计算图

　　图 59-4 是有两个输入数据时的计算图。当然，输入数据可以是 10 个、100 个，甚至是任何数量。计算图将根据输入数据的数量变长。不过为了更好地执行反向传播，计算图到一定的长度后需要"截断"，这就是 Truncated BPTT（truncate 的意思是"截断"或"切断"）。在上面的例子中，截断发生在两个输入数据处。

　　在进行 Truncated BPTT 时，需要注意保留 RNN 的隐藏状态。我们可以思考一下对图 59-4 的计算图进行反向传播后，传入下一个输入数据的情况。在此情况下，RNN 的隐藏状态需要从前一个隐藏状态开始。具体如图 59-5 所示。

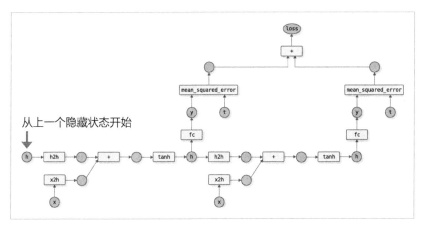

图59-5　在下一次迭代中创建的计算图

图 59-5 中的第一个隐藏状态从上一个隐藏状态开始。对于该隐藏状态的变量，我们需要切断计算上的连接。这样一来，梯度将不再向上一次训练的计算图传播（这就是"截断的BPTT"）。

59.3　切断连接的方法

接下来在 Variable 类中添加用于切断连接的方法。Variable 类位于 dezero/core.py 中。我们在 Variable 类中添加下面的 unchain 方法。

dezero/core.py

```
class Variable:
    ...

    def unchain(self):
        self.creator = None
```

unchain 方法只是将创造者 self.creator 设为 None。这样就切断了与作为创造者的函数之间的连接。

随后我们再增加用于切断连接的方法。这个方法是 unchain_backward。

当这个方法被调用时，它会被调用的变量反向回溯计算图，并调用图中出现的所有变量的unchain方法。代码如下所示。

dezero/core.py

```python
class Variable:
    ...

    def unchain_backward(self):
        if self.creator is not None:
            funcs = [self.creator]
            while funcs:
                f = funcs.pop()
                for x in f.inputs:
                    if x.creator is not None:
                        funcs.append(x.creator)
                        x.unchain()
```

代码实现中反向回溯变量和函数，并调用变量的unchain方法。这个逻辑与Variable类的backward方法的逻辑相同。但由于这里不用考虑回溯变量的顺序（变量的"辈分"），所以这个实现比backward方法的代码更简单。

59.4　正弦波的预测

基于以上实现，我们来尝试训练RNN。这里将包含噪声的正弦波作为数据集使用。我们可以使用dezero/datasets.py中的SinCurve类加载数据集，代码如下所示。

```python
import numpy as np
import dezero
import matplotlib.pyplot as plt

train_set = dezero.datasets.SinCurve(train=True)
print(len(train_set))
print(train_set[0])
print(train_set[1])
print(train_set[2])
```

```
# 绘制图形
xs = [example[0] for example in train_set]
ts = [example[1] for example in train_set]
plt.plot(np.arange(len(xs)), xs, label='xs')
plt.plot(np.arange(len(ts)), ts, label='ts')
plt.show()
```

运行结果

```
999
(array([-0.03458701]), array([0.01726473]))
(array([0.01726473]), array([0.04656735]))
(array([0.04656735]), array([0.03284844]))
```

上面的代码输出了train_set的第0个、第1个和第2个数据。这些数据都是元组,元组的第1个元素是输入数据,第2个元素是训练数据(标签)。另外,上面的代码还可以绘制出图59-6这样的图形。

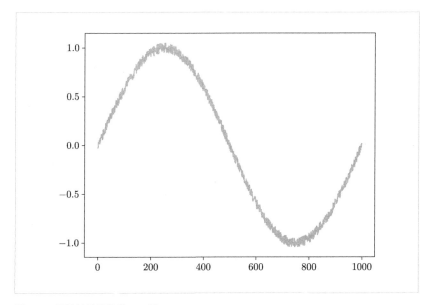

图59-6　正弦波数据集的plot图

从图59-6可以看出这是一个有噪声的正弦波。图中实际上绘制了xs和

ts这两组数据，但我们只能看到一条曲线。其实ts是xs的下一个时间步的数据，因此，图59-6中绘制的两条曲线几乎是相互重叠的。

正弦波数据集的训练数据是输入数据的未来一个时间步的数据。以上面的代码为例，二者的关系是xs[1:] == ts[:-1]。这样的数据集可以用于预测时间序列数据的问题，即基于过去的数据预测下一个数据的问题。

下面用RNN来训练正弦波数据集，代码如下所示（省略了导入部分）。

steps/step59.py

```python
# 设置超参数
max_epoch = 100
hidden_size = 100
bptt_length = 30  # BPTT的长度

train_set = dezero.datasets.SinCurve(train=True)
seqlen = len(train_set)

model = SimpleRNN(hidden_size, 1)
optimizer = dezero.optimizers.Adam().setup(model)

# 训练开始
for epoch in range(max_epoch):
    model.reset_state()
    loss, count = 0, 0

    for x, t in train_set:
        x = x.reshape(1, 1)  # ①形状转换为(1, 1)
        y = model(x)
        loss += F.mean_squared_error(y, t)
        count += 1

        # ②调整Truncated BPTT的时机
        if count % bptt_length == 0 or count == seqlen:
            model.cleargrads()
            loss.backward()
            loss.unchain_backward()  # ③切断连接
            optimizer.update()

    avg_loss = float(loss.data) / count
    print('| epoch %d | loss %f' % (epoch + 1, avg_loss))
```

下面只对以上代码补充3点内容。首先①处将x的形状转换为(1, 1)。DeZero神经网络的输入数据必须是二阶张量或四阶张量(在使用CNN时)。因此，即使输入数据只有一个，也必须把它转换为(1, 1)。

②处判断调用backward方法的时机——要么在数据流转了30次之后，要么在到达数据集的终点(末尾)时。最后③处通过unchain_backward方法切断RNN隐藏状态的连接。

> 通过调用loss.backward_unchain()，从loss开始回溯，切断所有出现的变量的连接。因此，RNN的隐藏状态的连接也被切断。

运行上面的代码可知，损失(loss)在稳步下降。下面我们来使用一下训练后的模型。这次将新的(无噪音的)余弦波作为输入数据，并尝试预测下一步的数值。代码如下所示，结果如图59-7所示。

steps/step59.py

```python
import matplotlib.pyplot as plt

xs = np.cos(np.linspace(0, 4 * np.pi, 1000))
model.reset_state()  # 重置模型
pred_list = []

with dezero.no_grad():
    for x in xs:
        x = np.array(x).reshape(1, 1)
        y = model(x)
        pred_list.append(float(y.data))

plt.plot(np.arange(len(xs)), xs, label='y=cos(x)')
plt.plot(np.arange(len(xs)), pred_list, label='predict')
plt.xlabel('x')
plt.ylabel('y')
plt.legend()
plt.show()
```

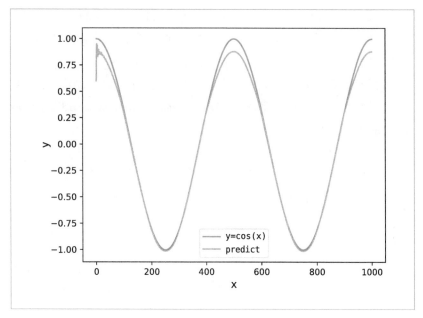

图59-7 模型对新数据的预测结果(y=cos(x))

从图59-7可以看出,预测结果还不错。不过在目前的实现中,数据是
一个个处理的(因为批量大小是1),所以处理时间较长。如果增大批量大小,
每轮的处理时间将会变短。下一个步骤中我们会修改代码,使数据可以作为
小批量数据一次性得到处理,还会使用LSTM层实现更好的模型。

步骤 60

步骤 60
LSTM 与数据加载器

　　上一个步骤使用RNN进行了时间序列数据（正弦波）的训练，本步骤将对上一个步骤的代码做两项改进。

　　第一项改进是编写用于时间序列数据的数据加载器。上一个步骤对一个数据（批量大小为1的数据）进行了模型的正向传播。本步骤将使用针对时间序列数据的数据加载器，对由多个数据组成的小批量数据进行正向传播。

　　第二项改进是使用LSTM层来代替RNN层。LSTM层的识别精度更高。最后在完成这两项改进之后，我们再次尝试训练正弦波。

60.1　用于时间序列数据的数据加载器

　　上一个步骤按顺序依次取出时间序列数据（批量大小为1）。本步骤将把多个数据整理成小批量数据进行训练。为此我们要创建专用的数据加载器。

　　为了将时间序列数据合并为小批量数据，在传递数据时，我们可以"偏移"每个小批量数据的起始位置。假设时间序列数据由1000个数据组成，我们要创建的是大小为2的小批量数据。在这种情况下，第一个样本数据是从时间序列数据的开头（第0个）依次取出的。第二个样本数据则以第500个数据作为起始位置，并从该处依次取出数据（起始位置偏移500）。

　　基于以上内容，下面实现用于时间序列数据的数据加载器。代码如下所示。

```python
class SeqDataLoader(DataLoader):
    def __init__(self, dataset, batch_size, gpu=False):
        super().__init__(dataset=dataset, batch_size=batch_size, shuffle=False,
                        gpu=gpu)

    def __next__(self):
        if self.iteration >= self.max_iter:
            self.reset()
            raise StopIteration

        jump = self.data_size // self.batch_size
        batch_index = [(i * jump + self.iteration) % self.data_size for i in
                        range(self.batch_size)]
        batch = [self.dataset[i] for i in batch_index]

        xp = cuda.cupy if self.gpu else np
        x = xp.array([example[0] for example in batch])
        t = xp.array([example[1] for example in batch])

        self.iteration += 1
        return x, t
```

　　首先修改的是初始化的部分。由于数据重排会改变数据的顺序，所以在时间序列数据的情况下，设置shuffle=False。

　　在__next__方法中，我们编写了取出下一个小批量数据的代码。重要的部分用阴影标出。首先求偏移量jump，然后将用于取出每个样本数据的索引的起始位置设置为batch_index，最后从数据集self.dataset中取出数据。

　　以上是用于实现时间序列数据的数据加载器的代码。下面是这个SeqDataLoader类的使用示例。

```python
train_set = dezero.datasets.SinCurve(train=True)
dataloader = SeqDataLoader(train_set, batch_size=3)
x, t = next(dataloader)
print(x)
print('---------------')
print(t)
```

运行结果

```
[[-0.04725922]
 [ 0.83577416]
 [-0.83650972]]
---------------
[[ 0.04529467]
 [ 0.83116588]
 [-0.88256346]]
```

60.2　LSTM层的实现

接下来是第二项改进。这里我们会实现LSTM层，并用它来代替RNN层。下面用式子来表示LSTM所做的计算。

$$
\begin{aligned}
\boldsymbol{f}_t &= \sigma(\boldsymbol{x}_t \boldsymbol{W}_x^{(f)} + \boldsymbol{h}_{t-1} \boldsymbol{W}_h^{(f)} + \boldsymbol{b}^{(f)}) \\
\boldsymbol{i}_t &= \sigma(\boldsymbol{x}_t \boldsymbol{W}_x^{(i)} + \boldsymbol{h}_{t-1} \boldsymbol{W}_h^{(i)} + \boldsymbol{b}^{(i)}) \\
\boldsymbol{o}_t &= \sigma(\boldsymbol{x}_t \boldsymbol{W}_x^{(o)} + \boldsymbol{h}_{t-1} \boldsymbol{W}_h^{(o)} + \boldsymbol{b}^{(o)}) \\
\boldsymbol{u}_t &= \tanh(\boldsymbol{x}_t \boldsymbol{W}_x^{(u)} + \boldsymbol{h}_{t-1} \boldsymbol{W}_h^{(u)} + \boldsymbol{b}^{(u)})
\end{aligned}
\tag{60.1}
$$

$$
\boldsymbol{c}_t = \boldsymbol{f}_t \odot \boldsymbol{c}_{t-1} + \boldsymbol{i}_t \odot \boldsymbol{u}_t
\tag{60.2}
$$

$$
\boldsymbol{h}_t = \boldsymbol{o}_t \odot \tanh(\boldsymbol{c}_t)
\tag{60.3}
$$

上面的式子是LSTM所做的计算。LSTM除了使用隐藏状态 $\boldsymbol{h}$，还使用记忆单元 $\boldsymbol{c}$。式子60.2和式子60.3中的 $\odot$ 是哈达玛积的符号，表示每对相应元素的乘积。对式子的介绍到此为止，下面我们在DeZero中实现上面的式子。

　本书只介绍LSTM的主要内容，更详细的说明请参考本书前作《深度学习进阶：自然语言处理》第6章的内容。

下面在DeZero中实现式子60.1、式子60.2和式子60.3。代码如下所示。

dezero/layers.py

```python
class LSTM(Layer):
    def __init__(self, hidden_size, in_size=None):
        super().__init__()

        H, I = hidden_size, in_size
        self.x2f = Linear(H, in_size=I)
        self.x2i = Linear(H, in_size=I)
        self.x2o = Linear(H, in_size=I)
        self.x2u = Linear(H, in_size=I)
        self.h2f = Linear(H, in_size=H, nobias=self)
        self.h2i = Linear(H, in_size=H, nobias=self)
        self.h2o = Linear(H, in_size=H, nobias=self)
        self.h2u = Linear(H, in_size=H, nobias=self)
        self.reset_state()

    def reset_state(self):
        self.h = None
        self.c = None

    def forward(self, x):
        if self.h is None:
            f = F.sigmoid(self.x2f(x))
            i = F.sigmoid(self.x2i(x))
            o = F.sigmoid(self.x2o(x))
            u = F.tanh(self.x2u(x))
        else:
            f = F.sigmoid(self.x2f(x) + self.h2f(self.h))
            i = F.sigmoid(self.x2i(x) + self.h2i(self.h))
            o = F.sigmoid(self.x2o(x) + self.h2o(self.h))
            u = F.tanh(self.x2u(x) + self.h2u(self.h))

        if self.c is None:
            c_new = (i * u)
        else:
            c_new = (f * self.c) + (i * u)

        h_new = o * F.tanh(c_new)

        self.h, self.c = h_new, c_new
        return h_new
```

　　上面的代码虽然有点多，但主要的工作是将LSTM的式子转换为代码。有了DeZero，即使是LSTM的复杂式子也可以轻松实现。最后再次尝试训练上一个步骤的正弦波。训练代码如下所示。

steps/step60.py

```python
import numpy as np
import dezero
from dezero import Model
from dezero import SeqDataLoader
import dezero.functions as F
import dezero.layers as L

max_epoch = 100
batch_size = 30
hidden_size = 100
bptt_length = 30

train_set = dezero.datasets.SinCurve(train=True)
# ①使用时间序列数据的数据加载器
dataloader = SeqDataLoader(train_set, batch_size=batch_size)
seqlen = len(train_set)

class BetterRNN(Model):
    def __init__(self, hidden_size, out_size):
        super().__init__()
        self.rnn = L.LSTM(hidden_size)       # ②使用LSTM
        self.fc = L.Linear(out_size)

    def reset_state(self):
        self.rnn.reset_state()

    def forward(self, x):
        y = self.rnn(x)
        y = self.fc(y)
        return y

model = BetterRNN(hidden_size, 1)
optimizer = dezero.optimizers.Adam().setup(model)

for epoch in range(max_epoch):
    model.reset_state()
    loss, count = 0, 0

    for x, t in dataloader:
        y = model(x)
        loss += F.mean_squared_error(y, t)
        count += 1

        if count % bptt_length == 0 or count == seqlen:
            # dezero.utils.plot_dot_graph(loss)  # 绘制计算图
```

```
        model.cleargrads()
        loss.backward()
        loss.unchain_backward()
        optimizer.update()
    avg_loss = float(loss.data) / count
    print('| epoch %d | loss %f' % (epoch + 1, avg_loss))
```

　　只有两处与上一个步骤不同。第一处是使用 SeqDataLoader 类创建数据加载器；第二处是使用 LSTM 层设计模型。以这种方式进行训练，训练速度会比上一个步骤的更快。现在使用训练好的模型来对新的数据（无噪音的余弦波）进行预测。结果如图 60-1 所示。

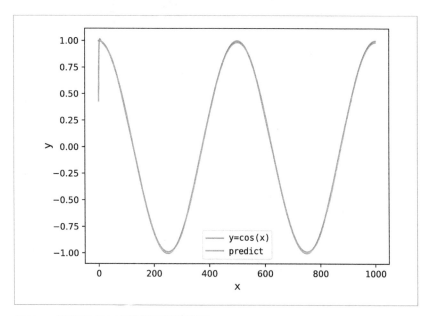

图60-1　使用了 LSTM 层的模型的预测结果

　　图 60-1 表明预测结果良好，比上一个步骤的结果（图 59-7）的精度更高。我们已经成功实现了 LSTM 这种复杂的层，并完成了时间序列数据处理这一复杂任务。最后一起来看一下由前面的代码创建的计算图，计算图如图 60-2 所示。

图60-2　使用LSTM模型训练时间序列数据时创建的计算图

如图 60-2 所示，这里创建的是一个相当复杂的计算图。如果没有
DeZero这样的框架，我们很难创建如此复杂的计算图。DeZero的灵活性使
得这样一个复杂的计算图的创建工作变得异常简单。不管将来碰到多么复杂
的计算，DeZero都可以轻松解决。

本书的60个步骤到此就全部结束了。到达此处意味着我们已经实现了
创建深度学习框架的宏伟目标。感谢大家跟随我的脚步走完了这个漫长的旅

程。作为本书的作者，我很开心大家能花这么多时间读完这么多页的内容。

回顾这段旅程，DeZero从最开始的一只小小的"箱子"起步，一点点地扩展，在我们解决各种问题，进行各种实验的同时，DeZero也在不断成长。经过一点点的积累，DeZero已经成长为一个优秀的深度学习框架。现在的DeZero已经具备了许多现代框架应该具备的功能。

虽然本书到此结束，但我们还有很多工作要做。请大家继续走下去，自由地走下去。无论是使用从本书获得的知识来创建自己的原创框架，还是进一步扩展DeZero，或是改用PyTorch或TensorFlow等框架，请尽情享受新的旅程。后面的专栏探讨了DeZero未来的发展方向，感兴趣的读者可以参考。

专栏：走向未来

本专栏会介绍几个未来针对 DeZero 可做的工作，其中总结了笔者想到的一些内容，如将来如何扩展 DeZero，作为 OSS（开源软件）如何进行开发，需要哪些材料等。此外，本专栏还列举了正文中没有提到的 DeZero 开发过程中的故事（如图标的创作）等。

增加函数和层

本书实现了许多 DeZero 的函数和层。当然，还有一些函数和层尚未实现。例如，进行张量积计算的 tensorDot 函数和用于批量正则化的 batchNorm 函数等。另外，与其他深度学习框架比较一下，我们也会发现还有哪些函数和层尚未实现。例如，通过阅读 PyTorch 的文档，可以整理出 DeZero 中缺少的函数。

提高内存的使用效率

提高深度学习框架的内存效率是一个重要的课题，尤其是在大型网络中，由于网络会使用大量的内存，所以深度学习框架经常会出现物理内存不足的问题。在内存的使用效率方面，我们还可以对 DeZero 做一些改进。最重要的改进是让 DeZero 保留所有正向传播计算的结果（数据的 ndarray 实例），也就是预想反向传播的计算要用到这些结果，在 DeZero 中保留所有中间计算的结果。但是有些函数不需要保留中间计算的结果。例如 tanh 函数就能在没有正向传播输入的情况下计算反向传播，因此，在这种情况下，正向传播的输入数据应被立即删除。考虑到这一点，我们可以设计一种机制，根据函数来决定要保留的数据。Chainer 和 PyTorch 其实已经实现了这一机制。感兴趣的读者可以参考 Chainer 的 Aggressive Buffer Release（参考文献 [24]）等。

静态计算图与ONNX

DeZero采用Define-by-Run(动态计算图)的方式创建计算图,不提供Define-and-Run(静态计算图)的方式。静态计算图适用于对性能有要求的场景,而且静态计算图在经过编译(转换)后,可以在非Python的环境中运行。考虑到这些,或许有些用户希望DeZero也能够运行静态计算图。

另外,在深度学习领域,还有一种叫作ONNX(参考文献[40])的数据格式。ONNX是用来表示深度学习模型的格式,许多框架支持该格式。ONNX的优势在于训练好的模型可以轻松移植到其他框架。如果DeZero也支持ONNX,它就可以与各种框架联动,通用性会更强。

发布到PyPI

软件开发结束之后,为了让用户使用,我们需要将代码汇总成包发布。在Python领域,常用的软件库是PyPI(Python Package Index)。软件包发布到PyPI后,用户就可以使用`pip install ...`命令来安装软件包,这样任何人都可以轻松使用它。

DeZero已经发布到PyPI了。网上有很多介绍如何将代码发布到PyPI的文章,大家可自行参考。笔者也欢迎大家基于本书的DeZero开发自己的原创框架,并发布到网上供世人使用。有机会请试一试。

准备文档

在发布框架(或库)时,提供文档会方便用户使用。许多有名的框架提供了关于如何使用其函数、类等(API)的文档。

Python提供了`docstring`(文档字符串)方案。`docstring`是为Python函数或类等编写的说明文字(注释),需要以固定格式编写在代码中。

DeZero的实际代码中也有写好的`docstring`。例如dezero/cuda.py中`as_cupy`函数的代码,具体如下所示。

```
def as_cupy(x):
    """Convert to `cupy.ndarray`.

    Args:
        x (`numpy.ndarray` or `cupy.ndarray`): Arbitrary object that can be
            converted to `cupy.ndarray`.
    Returns:
        `cupy.ndarray`: Converted array.
    """
    if isinstance(x, Variable):
        x = x.data

    if not gpu_enable:
        raise Exception('CuPy cannot be loaded. Install CuPy!')
    return cp.asarray(x)
```

　　上面代码中的注释部分包含了函数的基本信息、参数类型、返回值类型等的说明。说明风格有 NumPy 风格和 Google 风格等几种比较有名的风格。DeZero 采用了 Google 风格。上面的说明能帮助读者理解函数。当然，这些说明也可以用母语来写（考虑到本书可能会被翻译为多种语言，所以笔者在 DeZero 中用英语写了 docstring）。另外，写好 docstring 后，可以通过 Sphinx（参考文献 [39]）工具等将其输出为 HTML、PDF 等形式。在使用 Sphinx 的情况下，我们可以不费吹灰之力创建出一个专用页面。

制作图标

　　创建 OSS 时，我们也可以考虑为它制作一个图标。拥有一个有吸引力的图标有助于得到用户的认可。当然，图标可以由开发者自己制作，但要想使设计更有吸引力，不妨考虑请专业人士来制作。DeZero 的图标也是在众包网站上以竞标的形式请人制作的。非常感谢设计者的完美设计。

增加实现示例（examples）

　　前面介绍的是创建 DeZero 的过程，而真正有趣的是使用创建的 DeZero 来实现有名的研究成果或自己设计的新模型。我们可以考虑增加使用DeZero的实现实例。用DeZero实现GAN（参考文献[41]）、VAE（参考文献[42]）和Style Transfer（参考文献[43]）等著名的研究成果是展示如何使用DeZero的一个好办法。通过这样的工作，我们还可以发现DeZero缺失的功能。另外，在dezero/examples中有一些使用DeZero的实现示例（预计会继续增加），感兴趣的读者可以参考。

附录 A
in-place 运算
(步骤 14 的补充内容)

本附录内容是对步骤 14 的补充，这里笔者会对步骤 14 中所说的"在导数加法计算时不使用 +="的原因进行说明。

A.1 问题确认

首先对这个问题进行梳理。在步骤 14 中，为了能够重复使用同一个变量，我们对 Variable 类的 backward 方法做了如下修改。

```python
class Variable:
    ...
    def backward(self):
        if self.grad is None:
            self.grad = np.ones_like(self.data)

        funcs = [self.creator]
        while funcs:
            f = funcs.pop()
            gys = [output.grad for output in f.outputs]
            gxs = f.backward(gys)

            for x, gx in zip(f.inputs, gxs):
                if x.grad is None:
                    x.grad = gx
                else:
                    x.grad = x.grad + gx

                if x.creator is not None:
                    funcs.append(x.creator)
```

阴影部分是修改的地方。简单来说，第一次传播导数（梯度）时，进行的是赋值操作，即x.grad = gx，之后进行的是加法运算，即x.grad = x.grad + gx。其中的gx是ndarray实例。步骤14提到将加法运算的代码改写为x.grad += gx在某些情况下会出现问题，这里说明其原因。

A.2 关于复制和覆盖

首先作为预备知识了解一下ndarray实例的"复制"和"覆盖"。先看看下面的代码。

```
>>> import numpy as np
>>> x = np.array(1)
>>> id(x)
4370746224

>>> x += x  # 覆盖
>>> id(x)
4370746224

>>> x = x + x  # 复制(新创建)
>>> id(x)
4377585368
```

从id(x)的结果可以看出，x（ndarray实例）要么在内存中被覆盖，要么被重新创建。在使用加法赋值运算符+=时，x的对象ID不变，也就是说内存位置相同，所以只有值被改写了。这种不执行复制操作，直接覆盖内存中的值的运算叫作in-place运算。

而x = x + x导致对象的ID不同。这说明新的ndarray实例在内存的另一个位置被创建。从内存使用的角度来看，使用in-place运算更好（如果in-place运算没有问题）。

函数id返回Python对象的ID。id函数的返回值取决于实际运行的时间和环境。

A.3　DeZero 的反向传播

在 DeZero 的反向传播中，导数是作为 ndarray 实例传播的。这里我们思考一下将第 2 次及之后的反向传播的导数的代码以 in-place 运算的方式改为 x.grad += gx 的情况。将 step/step14.py 中的代码以 in-place 运算的方式进行替换后运行以下代码。

```python
x = Variable(np.array(3))
y = add(x, x)
y.backward()

print('y.grad: {}({})'.format(y.grad, id(y.grad)))
print('x.grad: {}({})'.format(x.grad, id(x.grad)))
```

运行结果

```
y.grad: 2 (4427494384)
x.grad: 2 (4427494384)
```

上面代码的运行结果是 x 的导数和 y 的导数都是 2，ndarray 的 ID 相同。也就是说，二者引用的是同一个 ndarray。这里的问题是 y 的导数不正确，y 的导数应该是 1。

这个问题发生的原因是 in-place 运算覆盖了这个值。由于 y.grad 和 x.grad 引用的是同一个值，所以 y.grad 变为了错误的结果。我们把代码改为 x.grad = x.grad + gx。再次运行这段代码，结果如下所示。

运行结果

```
y.grad: 1 (4755624944)
x.grad: 2 (4755710960)
```

这次 y 和 x 引用的是不同的 ndarray，而且引用的值是正确的值，这就解决了前面所说的问题。以上就是步骤 14 没有使用 +=（in-place 运算）的原因。

附录B
实现 get_item 函数
(步骤47的补充内容)

步骤47只介绍了DeZero的函数get_item的使用方法,这里笔者将介绍其实现。首先看一下GetItem类和get_item函数的代码。

dezero/functions.py

```python
class GetItem(Function):
    def __init__(self, slices):
        self.slices = slices

    def forward(self, x):
        y = x[self.slices]
        return y

    def backward(self, gy):
        x, = self.inputs
        f = GetItemGrad(self.slices, x.shape)
        return f(gy)

def get_item(x, slices):
    return GetItem(slices)(x)
```

上面的代码在初始化阶段接受进行切片操作的参数slices。之后的forward(x)方法只是通过x[self.slices]取出元素。

DeZero的 forward(x) 中的x是ndarray实例,而backward(gy) 中的gy
是Variable实例。在实现反向传播的过程中,需要使用DeZero的函数对
Variable实例进行计算。

另外，DeZero中没有与切片操作相对应的反向传播的计算。为此，笔者另外准备了名为GetItemGrad的新的DeZero函数类。换言之，我们要通过GetItemGrad的正向传播来实现GetItem的反向传播的处理。

接下来是GetItemGrad类的代码，如下所示。

dezero/functions.py

```python
class GetItemGrad(Function):
    def __init__(self, slices, in_shape):
        self.slices = slices
        self.in_shape = in_shape

    def forward(self, gy):
        gx = np.zeros(self.in_shape)
        np.add.at(gx, self.slices, gy)
        return gx

    def backward(self, ggx):
        return get_item(ggx, self.slices)
```

首先在初始化阶段接收执行切片操作的参数（slices）和输入数据的形状（in_shape）。然后，在主计算（forward）中准备元素为零的多维数组作为输入的梯度，之后执行np.add.at(gx, self.slices, gy)。这行代码针对gx在self.slices指定的位置上加上了gy。我们可以从下面的代码示例清楚地了解到np.add.at函数的用法。

```python
>>> import numpy as np
>>> a = np.zeros((2, 3))
>>> a
array([[0., 0., 0.],
       [0., 0., 0.]])
>>> b = np.ones((3,))
>>> b
array([1., 1., 1.])

>>> slices = 1
>>> np.add.at(a, slices, b)
>>> a
array([[0., 0., 0.],
       [1., 1., 1.]])
```

如果通过多维数组的切片操作一次提取出多个元素，那么在反向传播中就需要加上相应的梯度。因此，上面的代码通过 np.add.at 函数进行了加法计算。

接着需要实现与 np.add.at 函数对应的反向传播，有趣的是，我们刚刚实现的 get_item 函数就是。到这里，get_item 函数就全部完成了。

附录 C
在 Google Colaboratory 上运行

Google Colaboratory(以下简称 "Google Colab")是一个在云端运行的 Jupyter Notebook 环境。只要有浏览器,任何人都可以使用它。它不仅支持 CPU,还支持 GPU。

本附录将介绍如何使用 Google Colab 运行 DeZero。作为示例,这里运行步骤 52 中的代码(MNIST 的训练代码)。首先访问以下链接。

https://colab.research.google.com/github/oreilly-japan/deep-learning-from-scratch-3/blob/master/examples/mnist_colab_gpu.ipynb

在浏览器中打开上面的链接,会显示图 C-1 中的界面。图 C-1 中 Notebook 的内容被分为一个个单元格。单元格可以是文本,也可以是用 Python 或用其他语言编写的代码。在运行单元格中的代码时,要先点击单元格来选择它,然后点击代码左边的播放按钮。我们也可以使用键盘快捷键 "command+return" 或 "Ctrl+Enter" 来运行代码。

图 C-1 中显示的数据是本书 GitHub 仓库中的 examples/mnist_colab_gpu. ipynb。GitHub 上的 ipynb 文件可以从 Google Colab 打开。

图 C-1　Google Colab 的界面 [①]

 下面的内容以图 C-1 的 Notebook 为基础。建议读者一边在 Google Colab 上运行单元格一边阅读本部分的内容。另外，在首次运行单元格时，会看到警告。选择"直接运行"，单元格就会继续运行下去。

这个 Notebook 首先会安装 DeZero。由于 DeZero 已发布到 PyPI 中，所以我们可以通过 pip install dezero 命令来安装它。

---

① 图中代码请参考随书下载的代码文件。——译者注

安装完成后，使用GPU运行DeZero。

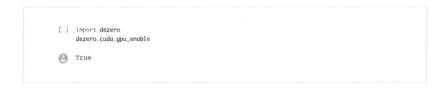

```
[ ]  import dezero
     dezero.cuda.gpu_enable
```
True

如果是True，则说明GPU处于可用的状态；如果是False，则说明我们需要在Google Colab中对GPU进行设置。设置方法如下所示。

- 从菜单的"运行时"中选择"改变运行时类型"
- 从"硬件加速器"下拉菜单选择"GPU"

下面使用DeZero训练MNIST。首先在CPU上运行。

```
[ ]  import time
     import dezero
     import dezero.functions as F
     from dezero import optimizers
     from dezero import DataLoader
     from dezero.models import MLP

     max_epoch = 5
     batch_size = 100
     cpu_times = []

     train_set = dezero.datasets.MNIST(train=True)
     train_loader = DataLoader(train_set, batch_size)
     model = MLP((1000, 10))
     optimizer = optimizers.SGD().setup(model)

     for epoch in range(max_epoch):
         start = time.time()
         sum_loss = 0

         for x, t in train_loader:
             y = model(x)
             loss = F.softmax_cross_entropy(y, t)
             model.cleargrads()
             loss.backward()
             optimizer.update()
             sum_loss += float(loss.data) * len(t)

         elapsed_time = time.time() - start
         cpu_times.append(elapsed_time)
         print('epoch: {}, loss: {:.4f}, time: {:.4f}[sec]'.format(
             epoch + 1, sum_loss / len(train_set), elapsed_time))
```
```
epoch: 1, loss: 1.9140, time: 7.8949[sec]
epoch: 2, loss: 1.2791, time: 7.8918[sec]
epoch: 3, loss: 0.9211, time: 7.9565[sec]
epoch: 4, loss: 0.7381, time: 7.8198[sec]
epoch: 5, loss: 0.6339, time: 7.9302[sec]
```

接下来使用 GPU 进行计算。

```
[ ] gpu_times = []

    # GPU mode
    train_loader.to_gpu()
    model.to_gpu()

    for epoch in range(max_epoch):
        start = time.time()
        sum_loss = 0

        for x, t in train_loader:
            y = model(x)
            loss = F.softmax_cross_entropy(y, t)
            model.cleargrads()
            loss.backward()
            optimizer.update()
            sum_loss += float(loss.data) * len(t)

        elapsed_time = time.time() - start
        gpu_times.append(elapsed_time)
        print('epoch: {}, loss: {:.4f}, time: {:.4f}[sec]'.format(
            epoch + 1, sum_loss / len(train_set), elapsed_time))

    epoch: 1, loss: 0.5678, time: 1.5356[sec]
    epoch: 2, loss: 0.5227, time: 1.5687[sec]
    epoch: 3, loss: 0.4898, time: 1.5498[sec]
    epoch: 4, loss: 0.4645, time: 1.5433[sec]
    epoch: 5, loss: 0.4449, time: 1.5512[sec]
```

作为参考，比较一下 DeZero 在 CPU 和 GPU 上的速度。结果如下所示。

```
[ ] cpu_avg_time = sum(cpu_times) / len(cpu_times)
    gpu_avg_time = sum(gpu_times) / len(gpu_times)

    print('CPU: {:.2f}[sec]'.format(cpu_avg_time))
    print('GPU: {:.2f}[sec]'.format(gpu_avg_time))
    print('GPU speedup over CPU: {:.1f}x'.format(cpu_avg_time/gpu_avg_time))

    CPU: 7.90[sec]
    GPU: 1.55[sec]
    GPU speedup over CPU: 5.1x
```

以上就是对 Google Colab 的介绍。除了本附录中展示的例子，它还可以运行 DeZero 的其他示例代码。当然，我们也可以运行自己用 DeZero 编写的原创代码。大家不妨将 Google Colab 灵活用在各个地方。

后 记

感谢大家陪伴我走过创建 DeZero 的旅程。希望通过本书，大家能对深度学习框架和深度学习本身有新的认识。如果能达到这样的效果，作为作者，我会非常高兴。在本书的最后，我想简单介绍一下本书的创作过程。

本书的写作开始于 2018 年 10 月左右，最终这本书用了大约一年半的时间完成。刚开始写作时，我想着花大半年的时间就能写完，不过大家也知道我每次都会预测错。这可能给周围的人添了麻烦，借此机会向他们表示歉意。

本书的主题是创建一个深度学习的"迷你框架"。之所以选择这样一个主题，主要有 3 个原因（也是我决定写本书的理由）。

第 1 个原因是现代深度学习框架已经过了过渡期，各技术社区在最大程度上确定了共通的功能。我认为现在是写本书的最佳时机。

第 2 个原因是还没有任何能在实现层面上帮助大家理解框架内容的图书或资料。就我自身而言，我从 Chainer 和 PyTorch 等的代码（框架内的代码）中学到了很多。我希望能以正确且有趣的方式来介绍这些技术，这是一件有价值的事情。

第 3 个原因是 Chainer 的代码很优美。Chainer 设计得很超前，实现了 Define-by-Run 这个引领时代的方案。我被它的思想和代码所吸引，这也是我编写本书的巨大动力。不过 Chainer 的内容（对初学者而言）是庞大且复杂的。因此，我的目标是在 Chainer 的基础上创建一个具有现代功能并且尽可能简单的框架。

考虑到上述情况，本书的方向顺利地确定下来。不过我对本书的构成，即如何帮助读者更好地理解，如何传达其中的"乐趣"没有什么好的想法。当时有一段摸索和试错的时期。大约在开始写作三个月之后，我意识到只能以渐进的方式一边开发一边讲解。从那时起，我花了很多时间来思考合适的结构（按步骤创建的结构），由此就出现了本书中的60个步骤。

对了，当时我买了DeAgostini出版集团出品的周刊 *Robi*，制作了用双腿行走的机器人Robi（这个系列共有70卷）。我一边读周刊，一边思考如何创建框架，这让我有了一段无比难忘的经历（Robi的制作过程很有趣，我很好地放松了心情）。

于是本书的结构确定了下来，写作过程开始有了节奏感。这使得我在写本书时感到非常愉快，尤其是我对开发自创的框架DeZero感到特别兴奋。我记得自己当时废寝忘食地编写代码，思考设计，还研究了其他代码。我再次从开发软件的工作中体会到了乐趣。

现在这本书终于写完了，我松了一口气，但也渴望继续写一些内容。虽然本书到步骤60就结束了，但随着离目标越来越近，我的脑海里也涌现出超越这个目标的更加有趣的想法。例如，我曾想增加一个步骤，用DeZero实现更高级的模型（GAN、VAE、DQN和BERT等）。我甚至想过继续扩展下去，将本书的内容扩展到步骤100。

但本书内容已经足够多了，也圆满实现了创建框架的目标。更重要的是，DeZero的发展超出了最初的预期，所以我打算把步骤100留作我自己（或读者）的"课后作业"。最后再次感谢花时间阅读本书的读者，谢谢你们。

谢辞

在本书的写作过程中，我得到了许多人的帮助，在此向他们表示感谢。Preferred Networks公司的得居诚也和我就Chainer的内容进行了各种讨论，斋藤俊太就本书的结构和内容给了我建议。此外，编写本书的想法源自我与西川彻、冈之原大辅、奥田辽介的交流。我非常感谢能有这样的机会编写本书。

此外，本书采用了公开审阅的方法进行校对。在公开审阅的过程中，手稿在网上公开，任何人都可以阅读和评论。我最终收到了来自100多人的2000多条评论。在此，我向参与审阅的人表示衷心的感谢。正是因为有你们的帮助，我才能进一步打磨本书。当然，如果本书有任何不足或错误，都是我的责任，与各位审稿人无关。

本书依旧由O'Reilly Japan公司的宫川直树、岩佐未央、小柳彩良负责编辑。本书的设计（主要是排版和封面设计）由Top Studio公司的武藤健志、增子萌负责。承蒙各位帮助，本书才得以面世。最后我要感谢一直陪在我身边并给予我支持的家人，谢谢你们。

审稿

齐藤三千雄	佐藤亮介	小泽辽	增宫雄一	山崎祐太
平田恭嘉	石原祥太郎	中村雄一郎	加藤皓也	石崎一明
远藤嵩良	高桥英树	熊谷直也	铃木淳哉	饭田啄巳
长滨直智	清水敦	高原裕	笹川大河	后藤雅弘
山内健太	野口宗之	高嶋航大	长野将吾	日隈雅也
浦优太	山本雄大	竹中诚	丰田胜之	坂口生有
柏田祐树	山下耕太郎	稻田高明	森长诚	石川智贵
芝田将	竹之内俊昭	安藤巧	今井健男	宫林优
村井龙马	三桥晟	金亲智	藤波靖	利弘俊策
桦山绘里	松桥慎也	为安圭介	柳英生	水谷宗隆
荻岛真治	古木友子	堀直人	滨田祐介	志田刚
关阳介	冲山智	田渊大将	清水俊树	稻留隆之
深泽骏介	吉村哲	三田雅	石川雄太郎	佐野弘实
小内伸之介	斋藤航贵	小林久美子	新里伦子	铃木慎太郎
渡边启太	荻野甫	大泷启介	本川哲哉	柴田敦也
加藤贵大	高野刚	家城博隆	锻岛康裕	长坂瑛
河田孝允	西平政隆	高濑健司	轻部俊和	今村功一
安藤朋昭	尾形胜弥	大前谦友	村松将尚	都筑俊介
齐藤友诚	刘超	堀井良威	ryo	kk2170

制作

武藤健志
增子萌

编辑

宫川直树
岩佐未央
小柳彩良

参考文献

第1阶段：自动微分

[1] Todd Young, Martin J. Mohlenkamp. Introduction to Numerical Methods and Matlab Programming for Engineers[M]. Athens: Ohio University, 2019.

[2] Wengert, Robert Edwin. A simple automatic derivative evaluation program[J]. Communications of the ACM , 1964, 7(8): 463-464.

[3] Automatic Reverse-Mode Differentiation: Lecture Notes.

[4] Automatic differentiation in pytorch.

[5] CS231n: Convolutional Neural Networks for Visual Recognition.

[6] Baydin, Atilim Gunes, et al. Automatic differentiation in machine learning: a survey[J]. Journal of machine learning research, 2018, 18(153).

[7] Maclaurin, Dougal. Modeling, inference and optimization with composable differentiable procedures[D]. Cambridge : Harvard University, 2016.

[8] unittest—ユニットテストフレームワーク.

[9] Travis CI官网.

第2阶段：用自然的代码表达

[10] Hertz, Matthew, and Emery D. Berger. Quantifying the performance of garbage collection vs. explicit memory management[J]. Proceedings of the 20th annual ACM SIGPLAN conference on Object-oriented programming, systems, languages, and applications, 2005.

[11] PyPI. Memory Profiler.

[12] Python Document. contextlib.

[13] Wikipedia. Test functions for optimization.

[14] Christopher Olah. Neural Networks, Types, and Functional Programming.

[15] Yann LeCun. Differentiable Programming.

[16] PyTorch Document, TORCHSCRIPT.

[17] Swift for TensorFlow.

第3阶段：实现高阶导数

[18] Graphviz - Graph Visualization Software.

[19] Wikipedia, Rosenbrock function.

[20] PyTorch Document, torch.optim.LBFGS.

[21] Gulrajani, Ishaan, et al. Improved training of wasserstein gans[J]. Advances in neural information processing systems. 2017.

[22] Finn, Chelsea, Pieter Abbeel, Sergey Levine. Model-agnostic meta-learning for fast adaptation of deep networks[J]. JMLR, 2017.

[23] Schulman, John, et al. Trust region policy optimization[J]. International conference on machine learning, 2015, 37: 1889–1897.

第4阶段：创建神经网络

[24] Seiya Tokui. Aggressive Buffer Release.

[25] LeCun, Yann A., et al. Efficient backprop[J]. Neural networks: Tricks

of the trade, 2012.

[26] Pascanu, Razvan, Tomas Mikolov, and Yoshua Bengio. On the difficulty of training recurrent neural networks[J]. International conference on machine learning. 2013, 28:1310–1318.

[27] Duchi, John, Elad Hazan, and Yoram Singer. Adaptive subgradient methods for online learning and stochastic optimization[J]. Journal of Machine Learning Research 2011, 12: 2121–2159.

[28] Zeiler, Matthew D. ADADELTA: an adaptive learning rate method[J]. arXiv preprint arXiv:1212.5701, 2012.

[29] Loshchilov, Ilya, and Frank Hutter. Fixing weight decay regularization in adam[J]. arXiv preprint arXiv:1711.05101, 2017.

[30] Chainer MNIST Example.

[31] PyTorch MNIST Example.

[32] Chainer Document. Link and Chains.

[33] TensorFlow API Document. Module: tf.keras.optimizers.

第5阶段：DeZero高级挑战

[34] Srivastava, Nitish, et al. Dropout: a simple way to prevent neural networks from overfitting[J]. The journal of machine learning research 2014: 1929–1958.

[35] Ioffe, Sergey, Christian Szegedy. Batch normalization: Accelerating deep network training by reducing internal covariate shift[J]. arXiv preprint arXiv:1502.03167, 2015.

[36] Simonyan, Karen, Andrew Zisserman. Very deep convolutional networks for large-scale image recognition[J]. arXiv preprint arXiv:1409.1556, 2014.

[37] He, Kaiming, et al. Deep residual learning for image recognition[R]. Proceedings of the IEEE conference on computer vision and pattern

recognition. 2016.

[38] Iandola, Forrest N., et al. SqueezeNet: AlexNet-level accuracy with 50x fewer parameters and <0.5 MB model size[J]. arXiv preprint arXiv:1602.07360, 2016.

[39] SPHINX documentation.

[40] ONNX官网.

[41] Goodfellow, Ian, et al. Generative adversarial nets[J]. Advances in neural information processing systems. 2014.

[42] Kingma, Diederik P., Max Welling. Auto-encoding variational bayes[J]. arXiv preprint arXiv:1312.6114 , 2013.

[43] Gatys, Leon A., Alexander S. Ecker, and Matthias Bethge. Image style transfer using convolutional neural networks[R]. Proceedings of the IEEE conference on computer vision and pattern recognition. 2016.

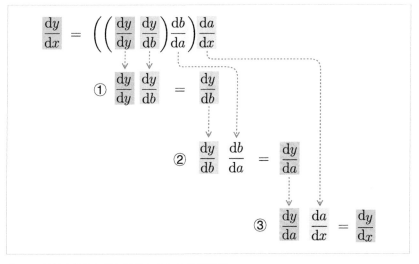

图 5-2　从输出端的导数开始依次进行计算的流程

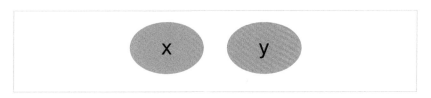

图 25-2　改变节点的颜色

图 25-3　圆形（椭圆形）和矩形节点的例子

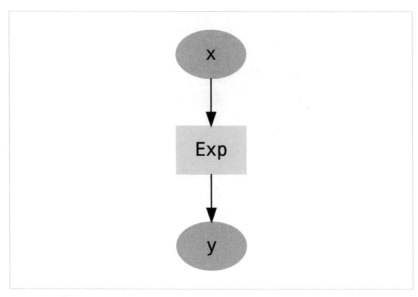

图 25-4 有箭头连接的节点

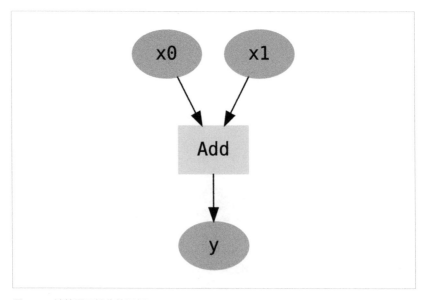

图 26-1 计算图可视化的示例

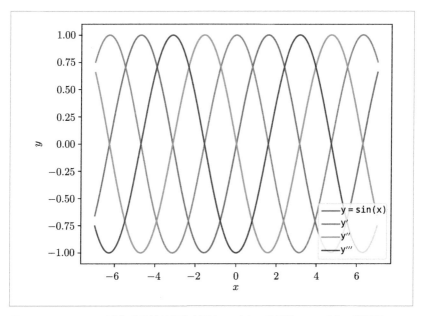

图 34-1　y=sin(x) 及其高阶导数的图像（标签 y′ 对应一阶导数，y″ 对应二阶导数，y‴ 对应三阶导数。）